A全農ミートフーズ㈱の
国産銘柄豚肉〔ご案内〕

生産地：青森県
奥入瀬ガーリックポーク
取扱部署
東日本営業本部

生産地：秋田県
十和田湖高原ポーク桃豚
取扱部署
東日本営業本部

生産地：秋田県
八幡平ポーク
取扱部署
東日本営業本部

生産地：岩手県
八幡平ポークあい
取扱部署
東日本営業本部

生産地：山形県
庄内グリーンポーク ぶーみん
取扱部署
東日本営業本部

生産地：宮城県
宮城野ポーク
取扱部署
東日本営業本部

生産地：茨城県
ローズポーク
取扱部署
東日本営業本部

生産地：埼玉県
彩の国黒豚
取扱部署
東日本営業本部

生産地：千葉県
房総ポーク
取扱部署
東日本営業本部

生産地：神奈川県
やまゆりポーク
取扱部署
東日本営業本部

生産地：愛媛県
ふれ愛・媛ポーク
取扱部署
西日本営業本部

生産地：福岡県
こめ豚
取扱部署
九州営業本部

生産地：福岡県
糸島玄海ポーク
取扱部署
九州営業本部

生産地：佐賀県
佐賀天山高原豚
取扱部署
九州営業本部

生産地：大分県
九重夢ポーク
取扱部署
九州営業本部

生産地：長崎県
大西海SPF豚
取扱部署
九州営業本部

生産地：熊本県
熊本県産りんどうポーク
取扱部署
九州営業本部

生産地：鹿児島県
鹿児島県産黒豚
取扱部署
東日本営業本部 西日本営業本部

生産地：沖縄県
沖縄県産あぐー豚
取扱部署
九州営業本部

全農 JA全農ミートフーズ株式会社

本　　社	食肉事業戦略室	TEL：03-5783-9717
東日本営業本部	豚 肉 営 業 部	TEL：048-421-4124
西日本営業本部	豚肉・加工品営業部	TEL：0798-43-2055
中部営業本部		TEL：0568-76-5316
九州営業本部		TEL：092-928-4214

『JA全農ミートフーズ㈱経営理念』
○JAグループの一員として食肉販売を通じて消費者と国内畜産農家の懸け橋になり、畜産農家の経営の維持・発展に貢献します。
○消費者に、「安全・安心」で「価値ある豊かな食」を提供します。

JA全農グループ

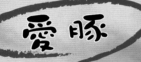

おいしさって、愛だ。

目の前にあらわれた湯気のたつ肉。

ひとくちで旨味が奥へひろがり、口角が上がる。

その幸福を、誰かとわかちあう喜び。

本当においしい肉には、そんなちからがある。

はじめは20頭の豚しかいなかった。

電気も水道も道路もない南の果ての原野で、

原動力は仲間と夢だけ。

安全でおいしい肉をつくる。

そのこたえは、農場から食卓まで、

すべて自分たちの手を通じて届けることだった。

おいしさって、愛だ。つくづくそう思う。

いろんな人の想いがつまって、味になる。

まだ原野しかなかったあの頃から、

かわらない私たちの基本。

それが、世界へ届くまで。

南州農場

本書で紹介する銘柄豚肉は、全国のすべての銘柄を網羅するものではありませんが、各都道府県畜産課や生産組合等にアンケートを実施して集まった銘柄について掲載しております。

　項目の中で説明が必要なものを下記に記します。

●品種
　12～14ページを参照して下さい。

●交雑種交配様式
　日本で肉用に飼育されている豚は、その多数が複数の品種を掛け合わせた「交雑種」です。交配様式は、その掛け合わせの内容を示します。

　たとえば、「(ランドレース×大ヨークシャー)×デュロック」とあるのは、ランドレースの雌に大ヨークシャーの雄を掛け、生まれた雌にデュロックの雄を掛けたことを示します。

　系統造成豚の指定がある場合は、それを示しました。

●品質規格
　食肉処理施設では、(公社)日本食肉格付協会の格付員が、生産された豚肉について格付を行っています。それは「日格協枝肉取引規格」(略称「日格協規格」)と呼ばれ、豚肉の品質に対して極上・上・中・並・等外の5段階評価をしたものです。

　各銘柄説明の品質規格で、「上」、「中」などカギカッコで示したものは、この等級を示します。

●出荷形態
　「枝肉」とは、豚をと畜したあと放血、剥皮、内臓摘出し、頭部、四肢端および尾などを除いたものを言い、背骨で左右を半分に切断した「半丸枝肉」の形で取引単位としているものです。

　「部分肉」とは、枝肉を部位ごとに大分割したものを指します。

●出荷量
　年間の出荷頭数を指します。

●ハンドブックに掲載された銘柄豚肉の種類の推移
　平成12年3月　　１７９銘柄
　平成15年3月　　２０８銘柄
　平成17年3月　　２５５銘柄
　平成21年8月　　３１２銘柄
　平成24年6月　　３８０銘柄
　平成26年4月　　３９８銘柄
　平成28年4月　　４１５銘柄
　平成30年4月　　４４１銘柄
　令和2年4月　　　４２０銘柄

銘柄豚肉ハンドブック 2020　　目次

金星佐賀豚	佐 賀 県	179	狭山丘陵チェリーポーク	埼 玉 県	101
クイーンポーク	群 馬 県	82	参協味蕾豚	宮 崎 県	198
郡上クラシックポーク	岐 阜 県	139	三州豚	愛 知 県	154
くまもとＳＰＦ豚	熊 本 県	188	三代目まるやま豚	群 馬 県	84
くまもとのりんどうポーク	熊 本 県	188	三味豚	鹿児島県	212
蔵尾ポーク（バームクーヘン豚）	滋 賀 県	159	しあわせぽーく	群 馬 県	85
くりこま高原ロータスポーク	宮 城 県	45	じーにあすポーク	長 崎 県	185
くりん豚・信州くりん豚	長 野 県	125	Ｇ１ポーク	群 馬 県	85
群馬の黒豚 "とんくろ〜"	群 馬 県	83	シザワポーク・米仕上げ	千 葉 県	108
ぐんま麦豚	群 馬 県	83	静岡型銘柄豚ふじのくに「いきいき」ポーク	静 岡 県	147
渓谷・味豚	北 海 道	19	静岡型銘柄豚ふじのくに　すそのポーク	静 岡 県	148
元気豚	千 葉 県	107	静岡型銘柄豚ふじのくに浜名湖そだち	静 岡 県	148
恋する豚	千 葉 県	107	紫峰もち豚	茨 城 県	63
髙座豚	神奈川県	118	島根ポーク	島 根 県	167
甲州信玄豚	山 梨 県	122	下仁田ポーク	群 馬 県	86
甲州乳酸菌豚　クリスタルポーク	山 梨 県	122	下仁田ポーク米豚	群 馬 県	86
甲州富士桜ポーク	山 梨 県	123	霜ふりハーブ	茨 城 県	64
紅酔豚	長 野 県	126	しもふりレッド	宮 城 県	45
神戸ポーク	兵 庫 県	162	JAPAN　X	宮 城 県	46
神戸ポークプレミアム	兵 庫 県	163	秀麗豚	愛 知 県	154
郷 Pork	奈 良 県	165	熟成美豚	宮 城 県	46
小江戸黒豚	埼 玉 県	97	純白のビアンカ	新 潟 県	135
ゴールデン・ボア・ポーク（淡路いのぶた）	兵 庫 県	163	純味豚	長 野 県	127
黄金豚・那須こくみ豚	栃 木 県	72	上州米豚	群 馬 県	87
国産こだわりポーク	全 　 国	224	上州ステビア育ち	群 馬 県	87
国産美味豚	全 　 国	225	上州蒼天豚	群 馬 県	88
九重夢ポーク	大 分 県	192	上州麦育ち	群 馬 県	88
越乃黄金豚	新 潟 県	134	上州麦豚	群 馬 県	89
御殿場金華豚	静 岡 県	147	上州六穀豚	群 馬 県	89
五島ＳＰＦ「美豚」	長 崎 県	184	「庄内SPF豚」最上川ポーク	山 形 県	54
駒ケ岳山麓豚	長 野 県	126	SHONAI GREEN PORK BOOMIN	山 形 県	55
こめっこ地養豚	青 森 県	35	湘南ポーク	神奈川県	119
米の娘ぶた	山 形 県	54	湘南みやじ豚	神奈川県	120
米の恵み	大 分 県	192	白河高原清流豚	福 島 県	60
小谷野さんちのさきたま黒豚	埼 玉 県	97	白ゆりポーク	岩 手 県	40
【さ】埼玉県産いもぶた	埼 玉 県	98	知床ポーク	北 海 道	20
彩の国　愛彩三元豚	埼 玉 県	98	しろねポーク	新 潟 県	136
彩の国いちばん豚	埼 玉 県	99	志波姫ポーク	宮 城 県	47
彩の国黒豚	埼 玉 県	99	信州Ａポーク	長 野 県	127
サイボクゴールデンポーク	埼 玉 県	100	信州オレイン豚	長 野 県	128
サイボク美肌豚	埼 玉 県	100	信州香原豚	長 野 県	128
佐賀天山高原豚	佐 賀 県	180	信州米豚	長 野 県	129
さがみあやせポーク	神奈川県	119	信州そだち蓼科麦豚	長 野 県	129
サクセス森産ＳＰＦ豚	北 海 道	20	信州太郎ぽーく	長 野 県	130
桜王	大 分 県	193	スーパーゴールデンポーク	埼 玉 県	102
桜島美湯豚	鹿児島県	210	瀬戸内六穀豚	広 島 県	169
彩桜豚	埼 玉 県	101	千本松豚	栃 木 県	73
幸豚	群 馬 県	84	曽我の屋の豚	栃 木 県	74
さつきポーク	栃 木 県	73	【た】大黒もち豚	兵 庫 県	164
さつま美食豚	鹿児島県	210	大雪さんろく笹豚	北 海 道	21
薩摩美豚	鹿児島県	211	大山ルビー	鳥 取 県	166
さつま六穀豚	鹿児島県	211	大万吉豚	宮崎県・鹿児島県	198
佐渡島黒豚	新 潟 県	135	ダイヤモンドポーク	千 葉 県	108

高城の里	宮崎県	199
匠の豚　サチク麦王	北海道	21
匠味豚	千葉県	109
武熊たくま豚	茨城県	64
館ヶ森高原豚	岩手県	40
伊達の純粋赤豚	宮城県	47
丹沢高原豚	神奈川県	120
知多豚	愛知県	155
知多ポーク	愛知県	155
千歳産う米豚	北海道	22
千葉県産いもぶた	千葉県	109
千葉県産美味豚	千葉県	110
千葉県産マーガレットポーク	千葉県	110
茶美豚	鹿児島県	212
美ら島あぐー	沖縄県	219
千代福豚	長野県	130
つがる豚	青森県	35
つくば豚	茨城県	65
都築ぽーく	愛知県	156
つなんポーク（越ノ光ポーク）	新潟県	136
妻有ポーク	新潟県	137
TEA豚	静岡県	149
テラポーク　地球豚	千葉県	111
天恵美豚	鹿児島県	213
天元豚	山形県	55
とうきび豚	北海道	22
TOKYO X	東京都	116
とうべつ浅野農場	北海道	23
遠野ホップ豚	岩手県	41
十勝川モール温泉豚	北海道	23
十勝黒豚	北海道	24
十勝野ポーク	北海道	24
十勝幕別産黒豚	北海道	25
とかち桃花豚	北海道	25
とこ豚ポーク	静岡県	149
とちぎゆめポーク	栃木県	74
とぴあ浜松ポーク	静岡県	150
とやまの麦豚	群馬県	90
とやまポーク	富山県	138
豊浦産SPF豚	北海道	26
どろぶた	北海道	26
十和田ガーリックポーク	青森県	36
十和田湖高原ポーク　桃豚	秋田県	52
どんぐり黒豚	鹿児島県	213
どんぐりの恵み	宮崎県	199
どんぐり豚	熊本県	189
【な】ながさき健王豚	長崎県	185
長崎県じげもん豚　伊藤さんちのSPF豚	長崎県	186
長崎大西海SPF豚	長崎県	186
なかしべつミルキーポーク	北海道	27
今帰仁アグー	沖縄県	219
名古屋ポーク	愛知県	156
那須高原豚	栃木県	75

那須高原牧場豚	栃木県	75
那須山麓豚	栃木県	76
那須　湯津上特産　ハーブ豚	栃木県	76
納豆喰豚	岐阜県	140
なでしこポーク	千葉県	111
名寄産鈴木ビビッドファームSPF豚	北海道	27
成田屋の芋麦豚	茨城県	65
南州黒豚	鹿児島県	214
南州ナチュラルポーク	鹿児島県	214
南部福来豚	岩手県	41
南部ロイヤル	岩手県	42
日南もち豚	宮崎県	200
日光ホワイトポーク	栃木県	77
日本の米育ち　平田牧場　金華豚	山形県	56
日本の米育ち　平田牧場　三元豚	山形県	56
日本の米育ち　平田牧場　純粋金華豚	山形県	57
日本の豚　やまと豚	岩手県	42
日本の豚　やまと豚	秋田県	52
日本の豚　やまと豚	群馬県	90
日本の豚　やまと豚米らぶ	岩手県	43
認定山形豚	山形県	57
【は】ハーブ豚	全　国	225
博多すぃ〜とん	福岡県	176
はかたもち豚	福岡県	177
博多夢豚	福岡県	177
箱根山麓豚	静岡県	150
はざまのきなこ豚	宮崎県	200
長谷川の自然熟成豚	青森県	36
八幡平ポーク	秋田県	53
八幡平ポークあい	岩手県	43
白金豚プラチナポーク	岩手県	44
はつらつ豚（上州銘柄豚）	群馬県	91
花園黒豚	埼玉県	102
バナナポーク	千葉県	112
はまぽーく	神奈川県	121
ハヤシファーム豚　幻豚　信州雪豚	長野県	131
麓山高原豚	福島県	61
榛名山麓　宝生豚	群馬県	91
榛名ポーク	群馬県	92
坂東ケンボロー	千葉県	112
ピーチポークとんトン豚	岡山県	168
B1とんちゃん	北海道	28
ひがた椿ポーク	千葉県	113
肥後あそびとん	熊本県	189
ひこちゃん牧場たから豚	鹿児島県	215
尾州豚	愛知県	157
肥前さくらポーク	佐賀県	180
飛騨旨豚	岐阜県	140
日高のホエー豚	北海道	28
飛騨けんとん・美濃けんとん	岐阜県	141
火の本豚	熊本県	190
美味豚	茨城県	66
日向おさつポーク	宮崎県	201

豚の主な品種

㈳全国養豚協会「新養豚全書」より
写真は㈳日本種豚登録協会より

●大ヨークシャー種（Large Yorkshire または Large White）

　ヨークシャー種は、イギリスのヨークシャー州地方において、在来種に中国種、ネアポリタン種およびレスター種などを交配して成立した優良な白色豚で大、中、小の３型ある。

　大ヨークシャー種は、ベーコンタイプの代表的な品種として知られており、白色大型の豚で、頭はやや長く、顔面は若干しゃくれている。耳は薄くて大きく、やや前方に向って立ち、背が高く、胴伸びがよく、胸は広く深く、肋張りもよく、背は平直かやや弓状で、腹部は充実して緊りがある。後躯は広く長いが下腿部の充実にやや欠けるようである。

　体重は生後６カ月で約90kg、１年で160〜190kgに達し、成豚では350〜380kgになる。

　現在、イギリス、アメリカ、スウェーデン、オランダ等において生肉用豚を生産するための交雑用として広く飼育されており、わが国においても、イギリス、アメリカから輸入され、主として繁殖豚として利用されている。

●バークシャー種（Berkshire）

　イギリスのバークシャーとウィルッシャー地方の在来種にシアメース種、中国種およびネオポリタン種などを交雑して成立したもので、1820年頃品種として固定し、1851年以降純粋繁殖が行われている。

　体は全体が黒色であるが、顔、四肢端および尾端が白く、いわゆる "六白" を特徴としている。体重、体型ともヨークシャー種に似ているが、顔のしゃくれはヨークシャー種よりややゆるく、耳は直立するかわずかに前方に向って立っており、体

型は幾分伸びに欠け、やや骨細である。

　本種は強健で、産子数はやや劣るが、哺育は巧みであり、ロースの芯が大きく、肉質が良好で生肉用に適している。体重は7カ月齢で約90kg、1年で135〜150kg、成豚で200〜250kg程度のものが多い。

●ランドレース種（Landrace）

　デンマークの在来種に大ヨークシャー種を交配して成立した秀れた加工用の豚である。白色大型の豚で、頭部は比較的小さく、頬も軽く、顔のしゃくれも殆んどなく、耳は大きく前方に垂れている。体型は胴伸びがよく、前・中・後躯の釣合いがよく、流線型の豚で、背線はややアーチ状を呈し、腿はよく充実している。

　本種は産子数多く、泌乳量も多くて育成率高く、繁殖能力がすぐれている。また、産肉能力についても発育が早く、飼料要求率低く、背脂肪もうすくて秀れている。

　体重は6カ月齢で約90kg、1年で170〜190kg、成豚で350〜380kgに達する。

デンマークはもちろんイギリス、オランダ、スウェーデン等において多く飼育されており、わが国にもイギリス、オランダ、スウェーデン、アメリカから輸入され増殖されて、純粋種では最も多く飼育され、種雄豚としても種雌豚としても広く利用されている。

●デュロック種（Duroc）

　ニューヨーク州のデュロックと称する赤色豚とニュージャージー州のジャージーレッドとが交配されて成立したもので、従来、デュロック・ジャージー種と呼ばれ

ていたが、現在ではデュロック
種と単称されている。

　体は赤色（個体により濃淡あ
り）で、腹部、四肢などに黒斑
の出ることがある。顔はわずか
にしゃくれ、耳は垂れ、胴は広
く深く、腿は深く充実しており、
体重は 300 〜 380kg で、従来
ラードタイプに属していたが、最近ミートタイプに改良されている。

　本種は体質強健で産子数も多く、放牧に適し、アメリカにおいてはハンプシャー
種とともに多数飼育されている。わが国には戦後最も早く輸入され、一部において
草で飼育できると宣伝され、結果的にはあまり歓迎されなかったが、再び改良され
たデュロック種が輸入され、飼育されている。

●ハンプシャー種（Hampshire）

　アメリカのケンタッキー、マサチューセッツ州の原産で、初期にはスインリンド
（Thin Rind）種と呼ばれていたが 1904 年にハンプシャー種と改名された。

　体は黒色で、背から前肢にかけて 10 〜 30cm 幅の帯状の白斑（サドルマーク）
があり、頭の大きさ中等で、頬は軽く、耳は直立し、肩は軽く、体上線は弓状を呈し、
もも肉は深く充実している。

　本種は産子数はやや少ないが、哺育能力にすぐれ、発育、飼料効率もよく、屠体
は背脂肪がうすく筋肉量が多
く、もも肉も充実して肉質も良
好である。

　アメリカにおいては多数飼育
されており（登録頭数が最も多
い）、わが国において昭和 39 年
頃より再び輸入され、主として
交雑用の種雄豚としてかなり利
用されている。

北　海　道

旭山ポーク
あさひやまぽーく

飼育管理	
出荷日齢：170〜185日齢	
出荷体重：115〜125kg	
指定肥育地・牧場 ：−	
飼料の内容 ：日本養豚事業協同組合指定配合 飼料ゆめシリーズ	

商標登録・GI登録・銘柄規約について	
商標登録の有無：有 登録取得年月日：2017年3月31日	
GI登録：無	
銘柄規約の有無：無 規約設定年月日：− 規約改定年月日：−	

農場HACCP・JGAPについて	
農場HACCP：無	
JGAP：無	

交配様式

雌	大ヨークシャー、ランドレース
	×
雄	デュロック

主な流通経路および販売窓口
◆主　な　と　畜　場   ：北海道畜産公社　上川事業所
◆主　な　処　理　場   ：同上、自社処理工場
◆年　間　出　荷　頭　数   ：300頭
◆主　要　卸　売　企　業   ：自社販売・農場直送宅配
◆輸出実績国・地域   ：−
◆今　後　の　輸　出　意　欲   ：−

販売指定店制度について
指定店制度：−   販促ツール：シール、のぼり

特長	● 自社農場加工直販のため鮮度抜群、最短時短で生肉を全国へお届けしています。 ● 純植物性飼料（とうもろこし、大豆粕）の指定配合飼料の給与と大雪山の伏流水により、健康に育った豚肉は深い味わいがあると絶賛されています。 ● 生体選定のため事前予約が必要です。

概要	管理主体	：㈲イートン	電話	：0166-36-1322
	代表者	：中瀬　英則　取締役	FAX	：0166-74-7892
	所在地	：上川郡当麻町字園別1区	URL	：www16.plala.or.jp/nakasechikusan/
			メールアドレス	：e-ton@opal.plala.or.jp

北　海　道

海のミネラル豚
うみのみねらるとん

飼育管理	
出荷日齢：162日齢	
出荷体重：117kg	
指定肥育地・牧場 ：−	
飼料の内容 ：パーフェクト肉豚、ゆめ子豚クランブル	

商標登録・GI登録・銘柄規約について	
商標登録の有無：無 登録取得年月日：−	
GI登録：−	
銘柄規約の有無：無 規約設定年月日：− 規約改定年月日：−	

農場HACCP・JGAPについて	
農場HACCP：有（2018年5月2日）	
JGAP：無	

交配様式

雌	雄
ケンボロー	×	PIC380

主な流通経路および販売窓口
◆主　な　と　畜　場   ：北海道畜産公社　上川工場、日高食肉センター、十和田食肉センター
◆主　な　処　理　場   ：同上
◆年　間　出　荷　頭　数   ：15,000頭
◆主　要　卸　売　企　業   ：伊藤ハム、エスフーズ
◆輸出実績国・地域   ：シンガポール
◆今　後　の　輸　出　意　欲   ：有

販売指定店制度について
指定店制度：−   販促ツール：シール、のぼり

特長	● 深海水のミネラルと岩塩を使用しています。 ● 獣臭がなく、ヘルシーな豚肉です。

概要	管理主体	：㈲中多寄農場（白山農場）	電話	：0165-26-2010、0165-27-2229
	代表者	：廣田　則史　代表取締役	FAX	：0165-26-2214、0165-27-2237
	所在地	：士別市温根別町南9線	URL	：−
			メールアドレス	：−

北　海　道

えぞ豚
（えぞぶた）

飼育管理

出荷日齢：450〜540日齢

出荷体重：120〜150kg

指定肥育地・牧場
　：北海道ホープランド農場

飼料の内容
　：野菜、牧草

商標登録・GI登録・銘柄規約について

商標登録の有無：有
登録取得年月日：2012 年12 月 7 日

Ｇ Ｉ 登　録：未定

銘柄規約の有無：無
規約設定年月日：－
規約改定年月日：－

農場 HACCP・JGAP について

農場 HACCP：無

Ｊ Ｇ Ａ Ｐ：無

交配様式

雌　（ランドレース × 大ヨークシャー）
　　　　　　　×
雄　　　　　バークシャー

主な流通経路および販売窓口

◆ 主 な と 畜 場
　：北海道畜産公社　十勝工場

◆ 主 な 処 理 場
　：同上

◆ 年 間 出 荷 頭 数
　：120 頭
◆ 主 要 卸 売 企 業
　：－

◆ 輸出実績国・地域
　：無

◆ 今 後 の 輸 出 意 欲
　：無

販売指定店制度について

指定店制度：無
販促ツール：シール

特長	● ヨーロッパ並のアニマルウェルフェアを導入、完全放牧。 ● 母豚の出産時と育成豚の 11 月のみ、少量の購入飼料を与えている。 ● 40ha の放牧地と輪作（5 年）の休耕地に放牧。 ● 抗生物質や予防接種等薬物の投与無し。

概要	管 理 主 体：㈲北海道ホープランド 代　 表　 者：妹尾 主税 所 在 地：幕別町相川 143	電　　　話：0155-54-5477 Ｆ Ａ Ｘ：0155-54-5432 Ｕ Ｒ Ｌ：www.hopeland.jp メールアドレス：info@hopeland.jp

---

北　海　道

かみふらの地養豚
（かみふらのじようとん）

飼育管理

出荷日齢：165〜180日齢

出荷体重：110〜125kg

指定肥育地・牧場
　：－

飼料の内容
　：地養素を給与。仕上げ期の飼料は植
　物性原料を給与。麦類を10%以上
　給与

商標登録・GI登録・銘柄規約について

商標登録の有無：無
登録取得年月日：－

Ｇ Ｉ 登　録：－

銘柄規約の有無：無
規約設定年月日：－
規約改定年月日：－

農場 HACCP・JGAP について

農場 HACCP：無

Ｊ Ｇ Ａ Ｐ：無

交配様式

雌　（大ヨークシャー × ランドレース）
　　　　　　　×
雄　　　　　デュロック

主な流通経路および販売窓口

◆ 主 な と 畜 場
　：かみふらの工房

◆ 主 な 処 理 場
　：同上

◆ 年 間 出 荷 頭 数
　：12,000 頭
◆ 主 要 卸 売 企 業
　：プリマハム

◆ 輸出実績国・地域
　：－

◆ 今 後 の 輸 出 意 欲
　：－

販売指定店制度について

指定店制度：－
販促ツール：－

特長	● 仕上げ期の飼料は 10%以上麦類を給与することで、しまりのある肉に仕上がります。 ● また地養素を給与し、豚を健康に育てていることもおいしさにつながっています。 ● 仕上げ期の飼料は植物性原料のみを給与しています。

概要	管 理 主 体：㈲かみふらの牧場 代　 表　 者：大邸 弘一 代表取締役 所 在 地：空知郡上富良野町旭野 3	電　　　話：0167-45-5100 Ｆ Ａ Ｘ：0167-45-5559 Ｕ Ｒ Ｌ：－ メールアドレス：－

北　海　道

かみふらのぽーく
かみふらのポーク

飼育管理	
出荷日齢：165～180日齢	
出荷体重：110～125kg	
指定肥育地・牧場 ：－	
飼料の内容 ：仕上げ期の飼料は10％以上麦類 を給与	

商標登録・GI登録・銘柄規約について	
商標登録の有無：無 登録取得年月日：－	
Ｇ Ｉ 登 録：	
銘柄規約の有無：無 規約設定年月日：－ 規約改定年月日：－	

主な流通経路および販売窓口
◆主 な と 畜 場 ：かみふらの工房
◆主 な 処 理 場 ：同上
◆年 間 出 荷 頭 数 ：64,300頭
◆主 要 卸 売 企 業 ：プリマハム
◆輸 出 実 績 国・地 域 ：－
◆今 後 の 輸 出 意 欲 ：－

交配様式

雌	（ランドレース × 大ヨークシャー）
	×
雄	デュロック
雌	（大ヨークシャー × ランドレース）
	×
雄	デュロック

販売指定店制度について
指定店制度：－ 販促ツール：－

農場HACCP・JGAPについて	
農場HACCP：－ Ｊ Ｇ Ａ Ｐ：－	

特長	● 仕上げ期の飼料は 10％以上麦類を給与することで、締まりのあるおいしい豚肉に仕上げています。

概要	管 理 主 体：上富良野産豚肉販売推進協議会 代 表 者：会長　大邨　弘一 所 在 地：空知郡上富良野町旭野3	電　　　　話：0167-45-5100 Ｆ Ａ Ｘ：0167-45-5559 Ｕ Ｒ Ｌ：－ メールアドレス：－

北　海　道

けいこく・みとん
渓谷・味豚

飼育管理	
出荷日齢：約180日齢	
出荷体重：約115kg	
指定肥育地・牧場 ：－	
飼料の内容 ：上川町産もち米を給与	

商標登録・GI登録・銘柄規約について	
商標登録の有無：無 登録取得年月日：－	
Ｇ Ｉ 登 録：無	
銘柄規約の有無：無 規約設定年月日：－ 規約改定年月日：－	

主な流通経路および販売窓口
◆主 な と 畜 場 ：北海道畜産公社　上川工場
◆主 な 処 理 場 ：同上
◆年 間 出 荷 頭 数 ：2,500頭
◆主 要 卸 売 企 業 ：－
◆輸 出 実 績 国・地 域 ：－
◆今 後 の 輸 出 意 欲 ：－

交配様式

雌	ケンボロー
雄	

販売指定店制度について
指定店制度：－ 販促ツール：シール、のぼり

農場HACCP・JGAPについて	
農場HACCP：無 Ｊ Ｇ Ａ Ｐ：無	

特長	● 上川町産もち米を給与している。

概要	管 理 主 体：ＪＡ上川中央 代 表 者：野口　昇　代表理事 所 在 地：上川郡愛別町字本町125	電　　　　話：01658-6-5311 Ｆ Ａ Ｘ：01658-6-4197 Ｕ Ｒ Ｌ：www.ja-kamikawa.or.jp メールアドレス：－

北　海　道
さくせすもりさんえすぴーえふとん
サクセス森産SPF豚

飼育管理
出荷日齢：166日齢
出荷体重：110〜115kg
指定肥育地・牧場 　：－
飼料の内容 　：ＳＰＦ豚専用飼料

商標登録・GI登録・銘柄規約について
商標登録の有無：無 登録取得年月日：－
Ｇ　Ｉ　登　録：－
銘柄規約の有無：無 規約設定年月日：－ 規約改定年月日：－

農場 HACCP・JGAP について
農場 HACCP：無
Ｊ　Ｇ　Ａ　Ｐ：無

交配様式
W（雌）×L（雄）×D（雌）
W：ハマナスW2
L：ゼンノーL1
D：ゼンノーD02

特長
● 日本ＳＰＦ豚協会認定農場であるサクセス森農場のＳＰＦ豚肉です。 ● 豚特有のくさみがありません。 ● 肉質のきめ細かく、軟らかな食感です。 ● 冷めてもおいしく食べられます。

主な流通経路および販売窓口
◆ 主 な と 畜 場 　：北海道畜産公社　函館工場
◆ 主 な 処 理 場 　：同上
◆ 年 間 出 荷 頭 数 　：8,200 頭
◆ 主 要 卸 売 企 業 　：ホクレン農業協同組合連合会
◆ 輸 出 実 績 国・地 域 　：－
◆ 今 後 の 輸 出 意 欲 　：－

販売指定店制度について
指定店制度：－ 販促ツール：シール、のぼり

概要	管 理 主 体	： ㈲サクセス森	電　　　　　　話	： 01374-7-3939
	代 表 者	： 高瀬　瑞生	Ｆ　Ａ　Ｘ	： 同上
	所 在 地	： 茅部郡森町字石倉 613-1	Ｕ　Ｒ　Ｌ	： －
			メールアドレス	： s-mori@siren.ocn.ne.jp

北　海　道
しれとこぽーく
知床ポーク

飼育管理
出荷日齢：176日齢前後
出荷体重：113kg前後
指定肥育地・牧場 　：－
飼料の内容 　：指定配合飼料 　　仕上げ期に指定のガーリック粉 　　末を添加

商標登録・GI登録・銘柄規約について
商標登録の有無：無 登録取得年月日：－
Ｇ　Ｉ　登　録：
銘柄規約の有無：有 規約設定年月日：1995 年 11 月　1 日 規約改定年月日：2008 年　4 月 1 日

農場 HACCP・JGAP について
農場 HACCP：無
Ｊ　Ｇ　Ａ　Ｐ：無

交配様式

ハイポー

特長
● ガーリック粉末を仕上げ期に添加しております。 ● ＳＱＦ認証を取得しており、一貫した管理体制を行っています。

主な流通経路および販売窓口
◆ 主 な と 畜 場 　：日本フードパッカー　道東工場
◆ 主 な 処 理 場 　：同上
◆ 年 間 出 荷 頭 数 　：30,000 頭
◆ 主 要 卸 売 企 業 　：－
◆ 輸 出 実 績 国・地 域 　：－
◆ 今 後 の 輸 出 意 欲 　：－

販売指定店制度について
指定店制度：無 販促ツール：シール、のぼり

概要	管 理 主 体	： インターファーム㈱知床事業所	電　　　　　　話	： 0152-46-2290
	代 表 者	： 永井　賢一　代表取締役社長	Ｆ　Ａ　Ｘ	： 0152-46-2351
	所 在 地	： 網走市豊郷 229-5	Ｕ　Ｒ　Ｌ	： －
			メールアドレス	： －

北　海　道

だいせつさんろくささぶた
大雪さんろく笹豚

飼育管理
出荷日齢：170～185日齢
出荷体重：120kg前後
指定肥育地・牧場 ：－
飼料の内容 ：日本養豚事業協同組合指定配合 飼料ゆめシリーズ

商標登録・GI登録・銘柄規約について
商標登録の有無：有 登録取得年月日：2010年9月10日
ＧＩ登　　録：無
銘柄規約の有無：無 規約設定年月日：－ 規約改定年月日：－

農場HACCP・JGAPについて
農場HACCP：無
ＪＧＡＰ：無

交配様式

雌	大ヨークシャー、ランドレース
	×
雄	デュロック

主な流通経路および販売窓口
◆主　な　と　畜　場 ：北海道畜産公社　上川事業所
◆主　な　処　理　場 ：大雪山麓社
◆年　間　出　荷　頭　数 ：125頭
◆主　要　卸　売　企　業 ：大雪山麓社
◆輸出実績国・地域 ：－
◆今後の輸出意欲 ：－

販売指定店制度について
指定店制度：－ 販促ツール：シール、のぼり

特長	● 葉緑体や多糖体、リグニンなどを多く含んだ笹葉の配合された添加物を与え、免疫力アップした豚肉。 ● 笹の持つ成分作用でくさみの少ない肉となり、本来のうま味を引き立たせた、軟らかな食感とプロの調理人からも好評です。

概要	管　理　主　体：㈲イートン 代　　表　　者：中瀬　英則　取締役 所　　在　　地：上川郡当麻町字園別1区	電　　　　　話：0166-36-1322 Ｆ　Ａ　Ｘ：同上 Ｕ　Ｒ　Ｌ：www.daisetsu-sanroku.com メールアドレス：info@daisetsu-sanroku.com

---

北　海　道

たくみのぶた　さちくむぎおう
匠の豚　サチク麦王

飼育管理
出荷日齢：190日齢
出荷体重：115kg
指定肥育地・牧場 ：－
飼料の内容 ：大麦主体

商標登録・GI登録・銘柄規約について
商標登録の有無：有 登録取得年月日：2013年10月
ＧＩ登　　録：取得済
銘柄規約の有無：無 規約設定年月日：－ 規約改定年月日：－

農場HACCP・JGAPについて
農場HACCP：無
ＪＧＡＰ：無

交配様式

雌	雌　　　　　　　雄 （大ヨークシャー × ランドレース）
	×
雄	デュロック

主な流通経路および販売窓口
◆主　な　と　畜　場 ：北海道畜産公社　道東事業所 北見工場
◆主　な　処　理　場 ：同上
◆年　間　出　荷　頭　数 ：5,000頭
◆主　要　卸　売　企　業 ：ホクレン農業協同組合連合会
◆輸出実績国・地域 ：－
◆今後の輸出意欲 ：－

販売指定店制度について
指定店制度：－ 販促ツール：シール、のぼり

特長	●「真っ白で甘みの強い脂肪」と「非常に高い保水力をもった赤身」を両立させ、調理用途を問わず最高にジューシーな食感を提供します。

概要	管　理　主　体：㈲佐々木種畜牧場 代　　表　　者：佐々木　隆　代表取締役 所　　在　　地：斜里郡斜里町字美咲69	電　　　　　話：0152-23-0429 Ｆ　Ａ　Ｘ：0152-23-2908 Ｕ　Ｒ　Ｌ：www.sachiku.jp/ メールアドレス：－

北 海 道

千歳産う米豚
ちとせさんうまいとん

飼育管理

出荷日齢：約180日齢

出荷体重：約115kg

指定肥育地・牧場
：おおやファーム

飼料の内容
：指定配合飼料、飼料米給与（出荷前50日以上）

商標登録・GI登録・銘柄規約について

商標登録の有無：有
登録取得年月日：－

ＧＩ登録：未定

銘柄規約の有無：有
規約設定年月日：2011年5月13日
規約改定年月日：－

農場HACCP・JGAPについて

農場HACCP：有（2018年12月25日）
ＪＧＡＰ：有（2019年5月18日）

主な流通経路および販売窓口

◆ 主なと畜場
：北海道畜産公社 早来工場

◆ 主な処理場
：同上

◆ 年間出荷頭数
：7,000頭

◆ 主要卸売企業
：ホクレン農業協同組合連合会

◆ 輸出実績国・地域
：台湾

◆ 今後の輸出意欲
：有

販売指定店制度について

指定店制度：有
販促ツール：シール、のぼり

交配様式

ケンボロー

特長	● 国内食糧自給率向上の一環として北海道産飼料米を15%配合し、道産米不足時は国産も使用。 ● アミノ酸バランスや脂肪酸組成など研究した専用飼料（飼料米配合）を出荷前50日以上給与。 ● 専用飼料（飼料米配合）を豚に与えることにより、肉質はふんわりと軟らかくあっさりとした風味があります。

概要	管 理 主 体：ホクレン農業協同組合連合会 代 表 者：内田 和幸 代表取締役 所 在 地：札幌市中央区北千条西1-3	電 話：011-232-6195 Ｆ Ａ Ｘ：011-251-5173 Ｕ Ｒ Ｌ：－ メールアドレス：－

北 海 道

とうきび豚
とうきびぶた

北海道を食べて育った
とうきび豚

飼育管理

出荷日齢：約165日齢

出荷体重：約115kg

指定肥育地・牧場
：フロイデ農場（虻田郡豊浦町）

飼料の内容
：特定配合飼料（子実とうもろこしを主原料とし、飼料米・小麦・ポテトプロテイン・ビートパルプなど98%を北海道産の原料を使った配合飼料）

商標登録・GI登録・銘柄規約について

商標登録の有無：無
登録取得年月日：－

ＧＩ登録：未定

銘柄規約の有無：無
規約設定年月日：－
規約改定年月日：－

農場HACCP・JGAPについて

農場HACCP：無
ＪＧＡＰ：無

主な流通経路および販売窓口

◆ 主なと畜場
：北海道畜産公社 道央事業所 早来工場

◆ 主な処理場
：同上

◆ 年間出荷頭数
：2,600頭

◆ 主要卸売企業
：ホクレン農業協同組合連合会

◆ 輸出実績国・地域
：無

◆ 今後の輸出意欲
：無

販売指定店制度について

指定店制度：無
販促ツール：シール、棚帯、ミニリーフレット、パネル

交配様式

雌	（ランドレース × 大ヨークシャー） 雌　　　　雄
	×
雄	デュロック

特長	● 子実とうもろこしを主原料とし、飼料米・小麦・ポテトプロテイン・ビートパルプなど98%を北海道産の原料を使った配合飼料を出荷40〜60日ほど前から給与した豚です。 ● 北海道産のとうもろこしを多く食べて育った豚であることから北海道弁の「とうきび」という名前をつけています。

概要	管 理 主 体：ホクレン農業協同組合連合会 代 表 者：内田 和幸 代表理事会長 所 在 地：札幌市中央区北4条西1-3	電 話：011-232-6195 Ｆ Ａ Ｘ：011-251-5173 Ｕ Ｒ Ｌ：www.hokuren.or.jp/toukibibuta/ メールアドレス：－

北　海　道

とうべつあさののうじょう
とうべつ浅野農場

とうべつ 浅野農場
農家そだちの健康豚

交配様式

	雌	雄
雌	（大ヨークシャー × ランドレース）	
	×	
雄	デュロック	

飼育管理	
出荷日齢：約165日齢	
出荷体重：約115kg	
指定肥育地・牧場 ：－	
飼料の内容 ：ＳＰＦ専用	

商標登録・GI登録・銘柄規約について
商標登録の有無：無
登録取得年月日：－
ＧＩ登　録：未定
銘柄規約の有無：無
規約設定年月日：－
規約改定年月日：－

農場HACCP・JGAP について
農場 HACCP：有（2017 年 12 月 22 日）
ＪＧＡＰ：有（2019 年 9 月 24 日）

主な流通経路および販売窓口
◆ 主 な と 畜 場 ：北海道畜産公社　早来工場
◆ 主 な 処 理 場 ：同上
◆ 年 間 出 荷 頭 数 ：3,800 頭
◆ 主 要 卸 売 企 業 ：浅野農場スマイルポーク直売所
◆ 輸出実績国・地域 ：無
◆ 今 後 の 輸 出 意 欲 ：有

販売指定店制度について
指定店制度：有
販促ツール：パンフレット、シール、 のぼり

特長
- 日本ＳＰＦ豚協会認定農場である浅野農場産のＳＰＦ豚。
- 飲料水がアルカリイオン水。
- 当別町産小麦を30%、飼料に使用。
- バイオベット飼育で豚にストレスをかけず、健康で伸びやかに成長させている。
- 豚特有の臭みがない。肉質がきめ細かく、軟らかな食感。

概要		
管 理 主 体 ：㈲浅野農場	電　　話 ：0133-22-4129
代 表 者 ：浅野　政輝 代表取締役	ＦＡＸ ：0133-27-5180
所 在 地 ：石狩郡当別町上当別 2190	ＵＲＬ ：www.asanofarm.com
	メールアドレス ：info@kitanokaze.com

北　海　道

とかちがわもーるおんせんぶた
十勝川モール温泉豚

交配様式

ランドレース

飼育管理	
出荷日齢：－	
出荷体重：－	
指定肥育地・牧場 ：ふぁーむおがわ	
飼料の内容 ：－	

商標登録・GI登録・銘柄規約について
商標登録の有無：無
登録取得年月日：－
ＧＩ登　録：未定
銘柄規約の有無：無
規約設定年月日：－
規約改定年月日：－

農場HACCP・JGAP について
農場 HACCP：無
ＪＧＡＰ：無

主な流通経路および販売窓口
◆ 主 な と 畜 場 ：北海道畜産公社　十勝工場
◆ 主 な 処 理 場 ：同上
◆ 年 間 出 荷 頭 数 ：約 300 頭
◆ 主 要 卸 売 企 業 ：－
◆ 輸出実績国・地域 ：無
◆ 今 後 の 輸 出 意 欲 ：有

販売指定店制度について
指定店制度：無
販促ツール：－

特長
- 十勝の広大な大地でのびのびと放牧し、自然な環境で飼育しています。
- 水の代わりに十勝川温泉水を飲み、可能な限り食品残渣飼料を与える等、環境に配慮した取組も行っています。

概要		
管 理 主 体 ：十勝川温泉旅館協同組合	電　　話 ：0155-46-2447
代 表 者 ：林　文昭 代表理事	ＦＡＸ ：0155-46-2533
所 在 地 ：河東郡音更町十勝川温泉北 15-1	ＵＲＬ ：－
	メールアドレス ：bizinyu@plum.plala.or.jp

北　海　道

とかちくろぶた
十勝黒豚

飼育管理	
出荷日齢：200〜220日齢	
出荷体重：約120kg	
指定肥育地・牧場	
：宮本農場、阿部農場	
飼料の内容	
：−	

交配様式

バークシャー

商標登録・GI 登録・銘柄規約について	
商標登録の有無：無	
登録取得年月日：−	
ＧＩ　登　　録：未定	
銘柄規約の有無：無	
規約設定年月日：−	
規約改定年月日：−	

農場 HACCP・JGAP について	
農場 HACCP：無	
ＪＧＡＰ：無	

主な流通経路および販売窓口	
◆主 な と 畜 場	
：北海道畜産公社　十勝工場	
◆主 な 処 理 場	
：北海道畜産公社　十勝工場	
◆年 間 出 荷 頭 数	
：1,200 頭	
◆主 要 卸 売 企 業	
：−	
◆輸 出 実 績 国・地 域	
：無	
◆今 後 の 輸 出 意 欲	
：無	

販売指定店制度について	
指定店制度：	
販促ツール：	

特長
- 北海道バークシャー協会認定。
- 日本種豚登録協会の黒豚生産指定農場です。
- 肉自体が甘くコクがあり、脂肪が白く独特のうまみがあります。

概要	管 理 主 体 ：やまさミート㈱	電 　 話：0155-37-4711
	代 表 者 ：佐々木　一司　代表取締役	Ｆ Ａ Ｘ：0155-37-4103
	所 在 地 ：帯広市西 24 条南 1-1	Ｕ Ｒ Ｌ：www.yamasameat.com
		メールアドレス：−

北　海　道

とかちのぽーく
十勝野ポーク

飼育管理	
出荷日齢：180日齢	
出荷体重：120kg前後	
指定肥育地・牧場	
：−	
飼料の内容	
：十勝野ポーク専用飼料	

交配様式

雌	雌　　　　雄
	（L 1020 × L 1010）
	×
雄	ＰＩＣ800

商標登録・GI 登録・銘柄規約について	
商標登録の有無：有	
登録取得年月日：2005 年 4 月 8 日	
ＧＩ　登　　録：	
銘柄規約の有無：有	
規約設定年月日：2004 年 2 月	
規約改定年月日：−	

農場 HACCP・JGAP について	
農場 HACCP：有（2018 年 10 月 23 日）	
ＪＧＡＰ：有（2019 年 4 月 12 日）	

主な流通経路および販売窓口	
◆主 な と 畜 場	
：日本フードパッカー、北海道畜産公社、スターゼンミートプロセッサー	
◆主 な 処 理 場	
：同上	
◆年 間 出 荷 頭 数	
：30,000 頭	
◆主 要 卸 売 企 業	
：−	
◆輸 出 実 績 国・地 域	
：−	
◆今 後 の 輸 出 意 欲	
：−	

販売指定店制度について	
指定店制度：−	
販促ツール：シール、のぼり	

特長
- きめ細かく、軟らかな赤肉、しっとりと甘みとコクのある脂身。
- けもの臭がきわめて少ない。
- 自家指定配合飼料を給餌しています。

概要	管 理 主 体 ：㈱十勝野ポーク	電 　 話：0155-69-4129
	代 表 者 ：渡邉　広大	Ｆ Ａ Ｘ：0155-69-4127
	所 在 地 ：河西郡中札内村元札内東 1 線	Ｕ Ｒ Ｌ：www.tokachinopork.com
	414-2	メールアドレス：ishigaki@tokachinopork.com

北 海 道

とかちまくべつさんくろぶた
十勝幕別産黒豚

社団法人 日本養豚協会 認定

飼育管理	
出荷日齢：200日齢	
出荷体重：110kg	
指定肥育地・牧場 ：－	
飼料の内容 ：－	

商標登録・GI登録・銘柄規約について
商標登録の有無：－
登録取得年月日：－
ＧＩ登録：無
銘柄規約の有無：－
規約設定年月日：－
規約改定年月日：－

農場HACCP・JGAPについて
農場HACCP：無
ＪＧＡＰ：無

交配様式
バークシャー

主な流通経路および販売窓口
◆主 な と 畜 場 ：北海道畜産公社　道東事業所 　十勝工場
◆主 な 処 理 場 ：同上
◆年 間 出 荷 頭 数 ：300頭
◆主 要 卸 売 企 業 ：ホクレン
◆輸出実績国・地域 ：－
◆今 後 の 輸 出 意 欲 ：－

販売指定店制度について
指定店制度：－
販促ツール：－

特長
- 肉質に優れ、筋繊維が細かく、ジューシーな味わい。
- 脂肪は白く、良質でほのかな甘みがある。
- 年間300頭程度の出荷頭数のため、希少価値が高い。

概要	管 理 主 体：宮本種豚場	電　　　　話：0155-56-2982
	代 表 者：宮本　信	ＦＡＸ：0155-56-2982
	所 在 地：幕別町千住556	ＵＲＬ：－
		メールアドレス：－

北 海 道

とかちももはなぶた
とかち桃花豚

とかち桃花豚®
TOKACHI MOMOHANABUTA

飼育管理	
出荷日齢：165日齢	
出荷体重：112kg	
指定肥育地・牧場 ：－	
飼料の内容 ：ＳＰＦ豚専用	

商標登録・GI登録・銘柄規約について
商標登録の有無：有
登録取得年月日：2018年6月8日
ＧＩ登録：－
銘柄規約の有無：無
規約設定年月日：－
規約改定年月日：－

農場HACCP・JGAPについて
農場HACCP：無
ＪＧＡＰ：無

交配様式
雌	雌（大ヨークシャー × ランドレース）雄 × 雄　　　　デュロック

主な流通経路および販売窓口
◆主 な と 畜 場 ：北海道畜産公社　十勝工場
◆主 な 処 理 場 ：－
◆年 間 出 荷 頭 数 ：7,000頭
◆主 要 卸 売 企 業 ：ホクレン農業協同組合連合会
◆輸出実績国・地域 ：－
◆今 後 の 輸 出 意 欲 ：－

販売指定店制度について
指定店制度：－
販促ツール：シール、のぼり

特長
- 北日本ＳＰＦ豚協会認定農場のＳＰＦ豚肉です。
- 豚特有の臭みがありません。
- 肉質きめ細かく、軟らかな食感です。
- 冷めてもおいしく食べられます。

概要	管 理 主 体：青木ピッグファーム	電　　　　話：0156-63-2588
	代 表 者：青木　賢一	ＦＡＸ：0156-63-2119
	所 在 地：上川郡清水町字御影北1-87	ＵＲＬ：－
		メールアドレス：－

北 海 道

とようらさんえすぴーえふとん
豊浦産SPF豚

飼育管理

出荷日齢：約165日齢
出荷体重：約115kg

指定肥育地・牧場
：－

飼料の内容
：指定配合飼料

商標登録・GI登録・銘柄規約について

商標登録の有無：無
登録取得年月日：－

ＧＩ登　　録：－

銘柄規約の有無：無
規約設定年月日：－
規約改定年月日：－

農場HACCP・JGAPについて

農場HACCP：無
ＪＧＡＰ：無

交配様式

```
              雌        雄
     ┌─(ランドレース × 大ヨークシャー)
雌 ─┤        OR
     └─(大ヨークシャー × ランドレース)
                  ×
雄          デュロック
```

主な流通経路および販売窓口

◆主 な と 畜 場
：北海道畜産公社　早来工場

◆主 な 処 理 場
：同上

◆年 間 出 荷 頭 数
：50,000 頭
◆主 要 卸 売 企 業
：ホクレン農業協同組合連合会

◆輸 出 実 績 国・地 域
：－

◆今 後 の 輸 出 意 欲
：－

販売指定店制度について

指定店制度：－
販促ツール：シール、のぼり

特長	● 麦類10％以上を配合した飼料を食べて健康に育った、安全・安心な豚肉。 ● 肉質はきめ細やかで、軟らかく、冷めても硬くなりにくい。 ● 豚特有のにおいがなく、あっさりしている。

概要	管 理 主 体	：㈲ゲズント農場、㈲フロイデ農場	電 話	：0142-86-1666（ゲズント農場）
	代 表 者	：勝木 豊（ゲズント代表取締役） 　勝木 伸（フロイデ代表取締役）	F A X	：0142-86-7788（フロイデ農場）
	所 在 地	：ゲズント：豊浦町美和 31 　フロイデ：豊浦町新山梨 768	U R L メールアドレス	：同上 ：－

北 海 道

どろぶた

どろぶた

十勝の森 放牧育ち

飼育管理

出荷日齢：240日齢
出荷体重：180kg

指定肥育地・牧場
：－

飼料の内容
：－

商標登録・GI登録・銘柄規約について

商標登録の有無：有
登録取得年月日：2011 年 4 月 15 日

ＧＩ登　　録：－

銘柄規約の有無：無
規約設定年月日：－
規約改定年月日：－

農場HACCP・JGAPについて

農場HACCP：無
ＪＧＡＰ：無

交配様式

ケンボロー

主な流通経路および販売窓口

◆主 な と 畜 場
：北海道畜産公社　道東事業所
　十勝工場

◆主 な 処 理 場
：同上

◆年 間 出 荷 頭 数
：1,000 頭
◆主 要 卸 売 企 業
：－

◆輸 出 実 績 国・地 域
：－

◆今 後 の 輸 出 意 欲
：－

販売指定店制度について

指定店制度：－
販促ツール：－

特長	● 8カ月飼育、と畜後 1 週間熟成出荷。

概要	管 理 主 体	：㈱エルパソ	電 話	：0155-34-3493
	代 表 者	：平林 英明	F A X	：0155-34-3494
	所 在 地	：幕別町忠類中当 45-1	U R L メールアドレス	：－ ：hirabayashi@elpaso.co.jp

北 海 道

なかしべつミルキーポーク
（なかしべつみるきーぽーく）

飼育管理	
出荷日齢：195～210日齢	
出荷体重：110～115kg	
指定肥育地・牧場 ：－	
飼料の内容 ：哺乳期～110日齢（日本配合飼料、 協同飼料）、以降は自家配合飼料	

商標登録・GI登録・銘柄規約について
商標登録の有無：有
登録取得年月日：2009年3月19日
GI 登 録：未定
銘柄規約の有無：無
規約設定年月日：－
規約改定年月日：－

農場HACCP・JGAPについて
農場HACCP：無
JGAP：無

交配様式
雌	（ランドレース × 大ヨークシャー）
	×
雄	デュロック

主な流通経路および販売窓口
◆主 な と 畜 場 ：北海道畜産公社　北見事業所
◆主 な 処 理 場 ：同上
◆年 間 出 荷 頭 数 ：1,000頭
◆主 要 卸 売 企 業 ：ホクレン農業協同組合連合会
◆輸 出 実 績 国 ・ 地 域 ：無
◆今 後 の 輸 出 意 欲 ：無

販売指定店制度について
指定店制度：無
販促ツール：シール、のぼり

特長	● とくに脂肪に特徴があり、ホエー粉やチーズなどを自家配合飼料に加えています。

概要	管 理 主 体	： ピックファーム肉の大山	電 話	： 0153-72-4247
	代 表 者	： 大山 陽介	F A X	： 同上
	所 在 地	： 標津郡中標津町緑ヶ丘8-1	U R L	： www.milkypork.com
			メールアドレス	： info@milkypork.com

北 海 道

名寄産鈴木ビビッド ファームSPF豚
（なよろさんすずきびびっどふぁーむ　えすぴーえふとん）

飼育管理	
出荷日齢：約165日齢	
出荷体重：約115kg	
指定肥育地・牧場 ：鈴木ビビッドファーム	
飼料の内容 ：SPF豚専用飼料	

商標登録・GI登録・銘柄規約について
商標登録の有無：無
登録取得年月日：－
GI 登 録：未定
銘柄規約の有無：無
規約設定年月日：－
規約改定年月日：－

農場HACCP・JGAPについて
農場HACCP：無
JGAP：無

交配様式
雌	（大ヨークシャー × ランドレース）
	×
雄	デュロック

主な流通経路および販売窓口
◆主 な と 畜 場 ：北海道畜産公社　上川工場
◆主 な 処 理 場 ：同上
◆年 間 出 荷 頭 数 ：7,200頭
◆主 要 卸 売 企 業 ：ホクレン農業協同組合連合会
◆輸 出 実 績 国 ・ 地 域 ：香港
◆今 後 の 輸 出 意 欲 ：有

販売指定店制度について
指定店制度：有
販促ツール：シール、のぼり

特長	● 日本SPF豚協会認定農場であり、日本で最北のSPF豚生産農場です。 ● 「ビビッド」は英語で「いきいき、元気な」という意味です。 ● 鈴木ビビッドファームは、その名のとおり「人もいきいき、豚もいきいき」元気を与える豚肉を届けています。

概要	管 理 主 体	： JA道北なよろ	電 話	： 01654-3-2546
	代 表 者	： 鈴木 康裕 代表取締役社長	F A X	： 01654-2-6518
	所 在 地	： 名寄市日進495	U R L	： －
			メールアドレス	： －

北 海 道

びーわんとんちゃん
B1とんちゃん

飼育管理	
出荷日齢	180日齢
出荷体重	110～115kg
指定肥育地・牧場	：ポーク・アイランド・オノデラ
飼料の内容	：小麦、大麦、米粉15％ 乳酸菌、食用炭3％

商標登録・GI登録・銘柄規約について	
商標登録の有無：無 登録取得年月日：－	
G I 登 録：未定	
銘柄規約の有無：有 規約設定年月日：1992年4月11日 規約改定年月日：－	

農場HACCP・JGAPについて	
農場HACCP：準備中 JGAP：無	

交配様式

雌	雌　　　　　雄 （ランドレース × デュロック） × バークシャー
雄	

主な流通経路および販売窓口
◆主 な と 畜 場 ：北海道畜産公社　早来工場
◆主 な 処 理 場 ：同上
◆年 間 出 荷 頭 数 ：300頭
◆主 要 卸 売 企 業 ：ポーク・アイランド・オノデラ
◆輸出実績国・地域 ：無
◆今後の輸出意欲 ：－

販売指定店制度について
指定店制度：有 販促ツール：シール、のぼり

特長
- 抗生物質などに頼らない乳酸菌と食用炭を与え、肥育豚1頭あたり3.6㎡。
- 広いスペースでゆったり飼育し、大麦、小麦、米粉などを15％ほど与え仕上げた。
- 脂肪のおいしさ、安全・安心な豚肉です。
- 主要販売：北海道・道の駅ウトナイ湖内（直販所取り扱い：0144-58-2677）

概要	管 理 主 体：ポーク・アイランド・オノデラ 代 表 者：小野寺 邦彰 所 在 地：苫小牧市植苗96	電 話：0144-58-2301 F A X：同上 U R L：－ メールアドレス：－

北 海 道

ひだかのほえーぶた
日高のホエー豚

飼育管理	
出荷日齢	190～210日齢
出荷体重	125～140kg
指定肥育地・牧場	：－
飼料の内容	：ホエーを1頭あたり200ℓ以上 与える

商標登録・GI登録・銘柄規約について	
商標登録の有無：無 登録取得年月日：－	
G I 登 録：－	
銘柄規約の有無：無 規約設定年月日：－ 規約改定年月日：－	

農場HACCP・JGAPについて	
農場HACCP：無 JGAP：無	

交配様式

－

主な流通経路および販売窓口
◆主 な と 畜 場 ：日高食肉センター
◆主 な 処 理 場 ：同上
◆年 間 出 荷 頭 数 ：480頭
◆主 要 卸 売 企 業 ：－
◆輸出実績国・地域 ：無
◆今後の輸出意欲 ：－

販売指定店制度について
指定店制度：無 販促ツール：－

特長
- ホエーを1頭あたり200ℓ与え、健康な豚の生産を心がけている。
- 飼料は動物性油脂を含まない植物性で日高こんぶを混ぜ込んで、とくに脂身がやさしく、おいしい豚肉との評判が高い。

概要	管 理 主 体：㈲ひだかポーク 代 表 者：阿部 幸男 代表取締役 所 在 地：日高郡新ひだか町静内こうせい町 1-9-6	電 話：0146-43-2322 F A X：0146-42-3416 U R L：－ メールアドレス：hidakapork@energy.ocn.ne.jp

北　海　道

びらとり黒豚
びらとりくろぶた

飼育管理
出荷日齢：240日齢
出荷体重：115kg
指定肥育地・牧場 ：ー
飼料の内容 ：肥育後半に大麦を添加している 指定配合飼料「びらとりポーク」 を給与

商標登録・GI登録・銘柄規約について
商標登録の有無：無 登録取得年月日：ー
ＧＩ登録：未定
銘柄規約の有無：無 規約設定年月日：ー 規約改定年月日：ー

農場HACCP・JGAPについて
農場HACCP：有（推進農場・2018 年12月28日） ＪＧＡＰ：無

交配様式
バークシャー

主な流通経路および販売窓口
◆主なと畜場 ：北海道畜産公社　道央事業所
◆主な処理場 ：同上
◆年間出荷頭数 ：1,000頭
◆主要卸売企業 ：ホクレン農業協同組合連合会
◆輸出実績国・地域 ：無
◆今後の輸出意欲 ：無

販売指定店制度について
指定店制度：無 販促ツール：のぼり、ポスター

特長	● 原種豚をイギリスから輸入しており、その系統でファミリーをつくっている。 ● 黒豚独特のコクのある味わい。

概要	管理主体：びらとり農業協同組合 代表者：仲山浩 所在地：沙流郡平取町本町40-1	電話：01457-2-2211 ＦＡＸ：01457-2-3792 ＵＲＬ：ー メールアドレス：ー

北　海　道

古川ポーク
ふるかわぽーく

飼育管理
出荷日齢：180日齢
出荷体重：115kg前後
指定肥育地・牧場 ：古川農場
飼料の内容 ：NON-GMOとうもろこしを使用 した指定配合飼料

商標登録・GI登録・銘柄規約について
商標登録の有無：有（登録第5522515号） 登録取得年月日：2012年9月21日
ＧＩ登録：未定
銘柄規約の有無：有 規約設定年月日：2006年1月 規約改定年月日：ー

農場HACCP・JGAPについて
農場HACCP：無 ＪＧＡＰ：無

交配様式
雌（大ヨークシャー × ランドレース）
雌　×
雄　デュロック

主な流通経路および販売窓口
◆主なと畜場 ：北海道畜産公社　早来工場
◆主な処理場 ：同上
◆年間出荷頭数 ：1,600頭
◆主要卸売企業 ：ホクレン農業協同組合連合会
◆輸出実績国・地域 ：無
◆今後の輸出意欲 ：無

販売指定店制度について
指定店制度： 販促ツール：

特長	● NON-GMOとうもろこしを使用した仕上げ飼料の給与。 ● 生後90日以降の肥育豚に対する無投薬飼育。 ● 麦10％配合により、良質な肉に仕上がっています。

概要	管理主体：㈲古川農場 代表者：古川貴朗　代表取締役 所在地：札幌市南区豊滝115	電話：011-596-4759 ＦＡＸ：011-596-4759 ＵＲＬ：www.f-pork.com メールアドレス：fp-farms@amber.plala.or.jp

北　海　道

ほっかいどうあかんぽーく
北海道阿寒ポーク

HOKKAIDO
AKAN
PORK

飼育管理	
出荷日齢：185日齢	
出荷体重：110〜115kg	
指定肥育地・牧場 　：－	
飼料の内容 　：国の定めた飼料公定規格適合品	

商標登録・GI登録・銘柄規約について	
商標登録の有無：有	
登録取得年月日：2004 年 3 月 29 日	
Ｇ　Ｉ　登　　録：－	
銘柄規約の有無：無	
規約設定年月日：－	
規約改定年月日：－	

農場HACCP・JGAP について	
農場HACCP：無	
Ｊ Ｇ Ａ Ｐ：無	

交配様式

ハイポー

主な流通経路および販売窓口	
◆主 な と 畜 場 　：北海道畜産公社　十勝工場・北見工場	
◆主 な 処 理 場 　：自社処理施設	
◆年 間 出 荷 頭 数 　：17,500 頭	
◆主 要 卸 売 企 業 　：－	
◆輸出実績国・地域 　：－	
◆今後の輸出意欲 　：－	

販売指定店制度について	
指定店制度：－	
販促ツール：－	

特長
- 母豚、子豚にプロバイオテックを給与。
- ＨＡＣＣＰ方式を取り入れた衛生管理を推進。
- 軟らかく締まりのよい肉質で、赤身と脂身のバランスがよく、深みのある味わいを楽しめる豚肉。

概要		
管 理 主 体：大栄フーズ㈱	電　　　　　話：0154-52-6300
代 表 者：中島　太郎	Ｆ　Ａ　Ｘ：0154-52-5445
所 在 地：釧路市星が浦南 1-3-14	Ｕ　Ｒ　Ｌ：www.akanpork.com
	メールアドレス：daieifds@jasmine.ocn.ne.jp

北　海　道

ほっかいどうさんえーこーぷえすぴーえふとん
北海道産Ａコープ SPF 豚

飼育管理	
出荷日齢：約165日齢	
出荷体重：約115kg	
指定肥育地・牧場 　：北海道内	
飼料の内容 　：ＳＰＦ豚用配合飼料	

商標登録・GI登録・銘柄規約について	
商標登録の有無：無	
登録取得年月日：－	
Ｇ　Ｉ　登　　録：未定	
銘柄規約の有無：無	
規約設定年月日：－	
規約改定年月日：－	

農場HACCP・JGAP について	
農場HACCP：無	
Ｊ Ｇ Ａ Ｐ：無	

交配様式

－

主な流通経路および販売窓口	
◆主 な と 畜 場 　：北海道畜産公社	
◆主 な 処 理 場 　：同上	
◆年 間 出 荷 頭 数 　：96,000 頭（平成 28 年）	
◆主 要 卸 売 企 業 　：ホクレン農業協同組合連合会	
◆輸出実績国・地域 　：無	
◆今後の輸出意欲 　：無	

販売指定店制度について	
指定店制度：有	
販促ツール：シール	

特長
- 日本ＳＰＦ豚協会認定農場で健康に育った、安全・安心な豚肉。
- 肉質はきめ細やかで、軟らかく、冷めても硬くなりにくい。
- 豚特有のにおいがなく、あっさりとしている。

概要		
管 理 主 体：ホクレン農業協同組合連合会	電　　　　　話：011-232-6195
代 表 者：内田　和幸　代表理事会長	Ｆ　Ａ　Ｘ：011-251-5173
所 在 地：札幌市中央区北４条西１丁目	Ｕ　Ｒ　Ｌ：www.hokuren.or.jp/spf/
	メールアドレス：－

北　海　道
ほっかいどうそだち　ひこまぶた
北海道育ち　ひこま豚

飼育管理	
出荷日齢：180日齢	
出荷体重：115kg前後	
指定肥育地・牧場 　：道南アグロ牧場	
飼料の内容 　：麦類や米を独自の割合で肥育用 　　飼料に配合	

商標登録・GI登録・銘柄規約について	
商標登録の有無：有 登録取得年月日：2012年3月1日	
ＧＩ登録：未定	
銘柄規約の有無：無 規約設定年月日：－ 規約改定年月日：－	

農場HACCP・JGAPについて	
農場HACCP：有（2014年3月28日） ＪＧＡＰ：有（2018年12月17日）	

交配様式

雌　　　　　　　　　　雄
雌　（ランドレース × 大ヨークシャー）
　　　　　　　×
雄　　　　　デュロック

	主な流通経路および販売窓口
	◆主　な　と　畜　場 　：日本フードパッカー道南工場
	◆主　な　処　理　場 　：同上
	◆年　間　出　荷　頭　数 　：20,500頭
	◆主　要　卸　売　企　業 　：日本フードパッカー道南工場、ホクレン
	◆輸出実績国・地域 　：香港
	◆今後の輸出意欲 　：有

販売指定店制度について	
指定店制度：有 販促ツール：シール、のぼり、ポスター	

特長	● 「地理」「飼育」「衛生」を3大条件に、徹底的にこだわった高品質な雌豚のみを販売。 ● 特徴はきめが細かく、軟らかい肉質で、腸内に善玉菌が多いため、くさみがない。 ● オレイン酸を高めるような飼料を与えて生産している。 ● SPF豚認定農場、農場HACCP認証農場。

概要	管　理　主　体：㈲道南アグロ 代　表　者：日浅　順一 所　在　地：茅部郡森町姫川121-45	電　話：01374-7-1456 Ｆ　Ａ　Ｘ：01374-7-1457 Ｕ　Ｒ　Ｌ：www.hikomabuta.com メールアドレス：info@hikomabuta.com

北　海　道
めむろさんえすぴーえふとん
芽室産SPF豚

飼育管理	
出荷日齢：165日齢	
出荷体重：約110kg	
指定肥育地・牧場 　：－	
飼料の内容 　：ＳＰＦ豚専用飼料	

商標登録・GI登録・銘柄規約について	
商標登録の有無：無 登録取得年月日：－	
ＧＩ登録：－	
銘柄規約の有無：無 規約設定年月日：－ 規約改定年月日：－	

農場HACCP・JGAPについて	
農場HACCP：無 ＪＧＡＰ：無	

交配様式

雌　　　　　　　　　　雄
雌 →（大ヨークシャー × ランドレース）
　　　　　　　×
雄 ─────→ デュロック
（W：ハマナスW2、L：ゼンノーL1、D：サクラ201）

	主な流通経路および販売窓口
	◆主　な　と　畜　場 　：北海道畜産公社　十勝工場
	◆主　な　処　理　場 　：同上
	◆年　間　出　荷　頭　数 　：1,030頭
	◆主　要　卸　売　企　業 　：ホクレン農業協同組合連合会
	◆輸出実績国・地域 　：－
	◆今後の輸出意欲 　：－

販売指定店制度について	
指定店制度：－ 販促ツール：シール	

特長	● 日本ＳＰＦ豚協会認定農場であるササキＳＰＦファーム豚肉。 ● 肉質はきめ細やかで、軟らかな食感。 ● 豚特有のくさみがない。

概要	管　理　主　体：ササキＳＰＦファーム 代　表　者：佐々木　啓隆 所　在　地：河西郡芽室町祥栄	電　話：0155-62-1272 Ｆ　Ａ　Ｘ：0155-62-8550 Ｕ　Ｒ　Ｌ：－ メールアドレス：－

北 海 道

ゆめの大地
（ゆめのだいち）

飼育管理
出荷日齢：175 日齢
出荷体重：117kg
指定肥育地・牧場
[繁殖農場] 赤井川農場、千歳農場、羽幌農場、えりも農場
[肥育農場] 十勝中央農場、豊頃中央農場、はなはなファーム、金丸ファーム、杉本ファーム、カーサ、中札内、ドリームグランド、サバイファーム
飼料の内容：麦類、いも類を主原料とした飼料

商標登録・GI 登録・銘柄規約について
商標登録の有無：有
登録取得年月日：2010 年 12 月 10 日
GI 登 録：未定
銘柄規約の有無：無
規約設定年月日：－
規約改定年月日：－

農場 HACCP・JGAP について
農場 HACCP：無
JGAP：無

交配様式

ランドレース、大ヨークショーをベースにした雌に雄（デュロック×バークシャー）を掛け合わせたハイブリッドポーク

主な流通経路および販売窓口
◆主 な と 畜 場：日高食肉センター
◆主 な 処 理 場：同上
◆年 間 出 荷 頭 数：145,000 頭
◆主 要 卸 売 企 業：エスフーズ
◆輸出実績国・地域：シンガポール、香港、マカオ
◆今後の輸出意欲：有

販売指定店制度について
指定店制度：
販促ツール：

	特長
●	仕上げ飼料には、25％以上の麦類、いも類 10％程度が入り、植物由来の物で配合する事によりオレイン酸が多くなり肉にうまみが出る。
●	飼育方法は北海道の広大な土地を利用し、子豚生産農場（赤井川・千歳）、肥育農場を旭川、三笠、真狩、豊頃、中札内に分散し肥育（防疫のため）
●	肉質は軟らかくヘルシーに仕上がっている。

概要		
管 理 主 体：㈱北海道中央牧場	電 話：011-372-0073
代 表 者：村上 純一 代表取締役	F A X：011-372-0121
所 在 地：北広島市北進町 1-2-2	U R L：hokkaido-chuobokujo.com/
	メールアドレス：－

北 海 道

若松ポークマン
（わかまつぽーくまん）

飼育管理
出荷日齢：150 日齢
出荷体重：112～118kg
指定肥育地・牧場：せたな町
飼料の内容：ＳＰＦ専用ペレット、自社専用配合飼料

商標登録・GI 登録・銘柄規約について
商標登録の有無：有
登録取得年月日：－
GI 登 録：
銘柄規約の有無：無
規約設定年月日：－
規約改定年月日：－

農場 HACCP・JGAP について
農場 HACCP：有（2018 年 6 月 4 日）
JGAP：有（2018 年 11 月 5 日）

交配様式

（大ヨークシャー^雌 × ランドレース^雄）^雌
×
デュロック
×
ハイコープ豚 ← ^雄

主な流通経路および販売窓口
◆主 な と 畜 場：北海道畜産公社　函館工場
◆主 な 処 理 場：同上
◆年 間 出 荷 頭 数：4,200 頭
◆主 要 卸 売 企 業：新はこだて農協、ホクレン
◆輸出実績国・地域：無
◆今後の輸出意欲：無

販売指定店制度について
指定店制度：無
販促ツール：シール

	特長
●	SPF 管理により、衛生的な環境で育てた、安全でおいしい豚肉です。
●	循環型農業により、地元の米をブレンドした飼料を与え、飼育することで、脂身に甘みのある赤身のうまみとバランスのとれた豚肉に仕上がりました。

概要		
管 理 主 体：㈲高橋畜産	電 話：0137-84-6325
代 表 者：高橋 洋平 代表取締役	F A X：同上
所 在 地：久遠郡せたな町北桧山区松岡 343	U R L：porkman.jp/
	メールアドレス：y.takahashi@porkman.jp

青　森　県

あおもりけんこうぶた
青森けんこう豚

飼育管理	
出荷日齢：194日齢前後	
出荷体重：110kg前後	
指定肥育地・牧場	
：－	
飼料の内容	
：麦類10％以上の指定配合飼料。	
仕上げ期にハーブ抽出物を添加	

商標登録・GI登録・銘柄規約について	
商標登録の有無：無	
登録取得年月日：－	
ＧＩ登録：－	
銘柄規約の有無：有	
規約設定年月日：2000 年 4 月 1 日	
規約改定年月日：－	

農場HACCP・JGAPについて	
農場HACCP：無	
ＪＧＡＰ：無	

交配様式

	雌　　　　　　　　　　　雄
雌	（大ヨークシャー× ランドレース）
	×
雄	デュロック
	大ヨークシャー× ランドレース
	大ヨークシャー

主な流通経路および販売窓口
◆主 な と 畜 場 ：日本フードパッカー　青森工場
◆主 な 処 理 場 ：同上
◆年 間 出 荷 頭 数 ：36,000 頭
◆主 要 卸 売 企 業 ：－
◆輸 出 実 績 国 ・ 地 域 ：－
◆今 後 の 輸 出 意 欲 ：－

販売指定店制度について
指定店制度：－
販促ツール：－

特長	● 仕上げ期にハーブ抽出物を添加しております。 ● ＳＱＦ認証を取得しており、一貫した管理体制を行っています。

概要	管 理 主 体　：インターファーム㈱東北事業所 代 表 者　：永井 賢一 代表取締役社長 所 在 地　：上北郡おいらせ町松原 1-73-1020	電　　　　話：0178-52-4182 Ｆ　Ａ　Ｘ：0178-52-4187 Ｕ　Ｒ　Ｌ：－ メールアドレス：－

青　森　県

あおもりじようとん
青森地養豚

飼育管理	
出荷日齢：175日齢	
出荷体重：115kg	
指定肥育地・牧場	
：－	
飼料の内容	
：60日以上指定配合飼料給与	

商標登録・GI登録・銘柄規約について	
商標登録の有無：有	
登録取得年月日：2006 年	
ＧＩ登録：未定	
銘柄規約の有無：無	
規約設定年月日：－	
規約改定年月日：－	

農場HACCP・JGAPについて	
農場HACCP：取り組み中	
ＪＧＡＰ：取り組み中	

交配様式

	雌　　　　　　　　　　　雄
雌	（大ヨークシャー× ランドレース）
	×
雄	デュロック

主な流通経路および販売窓口
◆主 な と 畜 場 ：十和田食肉センター
◆主 な 処 理 場 ：同上
◆年 間 出 荷 頭 数 ：12,000 頭
◆主 要 卸 売 企 業 ：伊藤ハム
◆輸 出 実 績 国 ・ 地 域 ：無
◆今 後 の 輸 出 意 欲 ：有

販売指定店制度について
指定店制度：無
販促ツール：－

特長	● ＨＡＣＣＰ推進とトレーサビリティへの取り組み。 ● 肉質は脂にもくさみがなく、甘みがあります。

概要	管 理 主 体　：㈲みのる養豚 代 表 者　：中野渡 稔 社長 所 在 地　：十和田市東十四番町 17-28	電　　　　話：0176-25-2211 Ｆ　Ａ　Ｘ：0176-25-1129 Ｕ　Ｒ　Ｌ：www5.ocn.ne.jp/~minoruyo/11.html メールアドレス：yoton@xg7.so-net.ne.jp

青　森　県

おいらせがーりっくぽーく
奥入瀬ガーリックポーク

飼育管理	
出荷日齢：200日齢	
出荷体重：110～115kg	
指定肥育地・牧場	
：十和田市	
飼料の内容	
：指定配合飼料、ガーリック粉末	

商標登録・GI登録・銘柄規約について	
商標登録の有無：有	
登録取得年月日：2004年3月26日	
GI登録：未定	
銘柄規約の有無：有	
規約設定年月日：2010年4月1日	
規約改定年月日：－	

農場HACCP・JGAPについて	
農場HACCP：－	
JGAP：－	

交配様式

	雌	雄
雌	（ランドレース×大ヨークシャー）	
	×	
雄	デュロック	
	など	

主な流通経路および販売窓口
◆主なと畜場
：十和田食肉センター
◆主な処理場
：同上
◆年間出荷頭数
：8,000頭
◆主要卸売企業
：JA全農あおもり、八幡平ほか
◆輸出実績国・地域
：無
◆今後の輸出意欲
：－

販売指定店制度について
指定店制度：有
販促ツール：シール、のぼり

特長
- 肉質はビタミンB群を豊富に含みます。
- かつお節に代表されるうま味成分のイノシン酸が多く含まれています。
- 脂に甘みがあり、食味のよい豚肉です。

概要			
管理主体	：十和田おいらせ農業協同組合	電話	：0176-23-0332
代表者	：竹ヶ原 幸光 代表理事組合長	FAX	：0176-24-3250
所在地	：十和田市西十三番町4-28	URL	：－
		メールアドレス	：tikusan01@jatowada-o.or.jp

青　森　県

おいらせはーぶぽーく
奥入瀬ハーブポーク

飼育管理	
出荷日齢：175日齢	
出荷体重：115kg	
指定肥育地・牧場	
：－	
飼料の内容	
：ハーブ添加特選指定配合飼料	
4種類のハーブなどを添加	

商標登録・GI登録・銘柄規約について	
商標登録の有無：無	
登録取得年月日：－	
GI登録：未定	
銘柄規約の有無：無	
規約設定年月日：－	
規約改定年月日：－	

農場HACCP・JGAPについて	
農場HACCP：無	
JGAP：無	

交配様式

	雌	雄
	コツワルド×デュロック	
	チョイスジェネティックス×デュロック	

主な流通経路および販売窓口
◆主なと畜場
：十和田食肉センター
◆主な処理場
：同上
◆年間出荷頭数
：4,000頭
◆主要卸売企業
：伊藤ハム
◆輸出実績国・地域
：－
◆今後の輸出意欲
：－

販売指定店制度について
指定店制度：無
販促ツール：－

特長
- 4種類のハーブ（ジンジャー、シナモン、ナツメグ、オレガノ）を組み合わせた特選指定配合飼料で肥育し、上品な香りとさっぱりした脂肪、軟らかくジューシーでおいしい肉。
- 独自の検査体制による飼養管理で、安心・安全に健康に育てられたハーブ豚です。

概要			
管理主体	：みちのくハーブ豚グループ	電話	：0176-68-3274
代表者	：附田 儀悦	FAX	：同上
所在地	：上北郡七戸町字夷堂55-8	URL	：－
		メールアドレス	：－

青森県

こめっこ地養豚
（こめっこじようとん）

飼育管理	
出荷日齢	175日齢
出荷体重	115kg
指定肥育地・牧場	： －
飼料の内容	：60日以上指定配合飼料

商標登録・GI登録・銘柄規約について	
商標登録の有無：有	
登録取得年月日：2015年9月18日	
GI登録：未定	
銘柄規約の有無：無	
規約設定年月日：－	
規約改定年月日：－	

農場HACCP・JGAPについて	
農場HACCP：取り組み中	
JGAP：取り組み中	

交配様式

雌　（大ヨークシャー雌 × ランドレース雄）
×
雄　　　　　デュロック

主な流通経路および販売窓口
◆主なと畜場：十和田食肉センター
◆主な処理場：同上
◆年間出荷頭数：4,200頭
◆主要卸売企業：コープあおもり
◆輸出実績国・地域：無
◆今後の輸出意欲：有

販売指定店制度について
指定店制度：有
販促ツール：シール

特長	● HACCP推進とトレーサビリティへの取り組み。 ● 地域循環型農畜産業への取り組み（地産地消） ● 飼料米を与えることで甘みがある（一般豚と比べて還元糖値が約2倍）

概要	管理主体：㈲みのる養豚 代表者：中野渡 稔 社長 所在地：十和田市東十四番町17-28	電話：0176-25-2211 FAX：0176-25-1129 URL：www5.ocn.ne.jp/~minoruyo/11.html メールアドレス：yoton@xg7.so-net.ne.jp

---

青森県

つがる豚
（つがるぶた）

津軽から世界の食卓へ
つがる豚

飼育管理	
出荷日齢	180日齢
出荷体重	112kg
指定肥育地・牧場	：木村牧場
飼料の内容	：自家配合飼料（米）、液餌（エコフィード）

商標登録・GI登録・銘柄規約について	
商標登録の有無：有	
登録取得年月日：2010年10月1日	
GI登録：	
銘柄規約の有無：無	
規約設定年月日：－	
規約改定年月日：－	

農場HACCP・JGAPについて	
農場HACCP：有（2017年3月9日）	
JGAP：有（2018年3月30日）	

交配様式

ハイポー

AI

主な流通経路および販売窓口
◆主なと畜場：日本フードパッカー
◆主な処理場：同上
◆年間出荷頭数：30,000頭
◆主要卸売企業：日本フードパッカー
◆輸出実績国・地域：台湾、香港
◆今後の輸出意欲：有

販売指定店制度について
指定店制度：無
販促ツール：のぼり、チラシ、シール

特長	● 飼料用米を5割以上と食品リサイクル原料をかけ合わせて液状にしたエコフィードの飼料を給与し、飼育しています。 ● さっぱりとした良質の脂のうまみと、軟らかくてジューシーな食感のバランスが絶妙です。 ● 健康な体を維持するために必要なビタミンB_1とオレイン酸が一般の豚肉よりも豊富で、うまみ成分であるグルタミン酸が通常の豚肉の2倍含まれています。

概要	管理主体：㈱木村牧場 代表者：木村 洋文 所在地：つがる市木造丸山竹鼻118-5	電話：0173-26-4177 FAX：0173-26-3688 URL：www.kimurafarm.jp メールアドレス：kmfarm@infoaomori.ne.jp

青森県
十和田ガーリックポーク
とわだがーりっくぽーく

飼育管理	
出荷日齢	175日齢
出荷体重	115kg
指定肥育地・牧場	：県内
飼料の内容	：60日以上指定配合飼料給与

商標登録・GI登録・銘柄規約について	
商標登録の有無	：有
登録取得年月日	：2014年7月11日
Ｇ Ｉ 登 録	：未定
銘柄規約の有無	：無
規約設定年月日	：－
規約改定年月日	：－

農場HACCP・JGAPについて	
農場HACCP	：取り組み中
ＪＧＡＰ	：取り組み中

交配様式

雌 （大ヨークシャー × ランドレース）
×
雄 デュロック

特長	● ＨＡＣＣＰ推進とトレーサビリティへの取り組み。 ● 地域循環型農畜産業への取り組み（地産地消）

主な流通経路および販売窓口	
◆ 主 な と 畜 場	：十和田食肉センター
◆ 主 な 処 理 場	：同上
◆ 年 間 出 荷 頭 数	：16,000頭
◆ 主 要 卸 売 企 業	：自社を含む
◆ 輸出実績国・地域	：無
◆ 今 後 の 輸 出 意 欲	：有

販売指定店制度について	
指定店制度	：有
販促ツール	：シール

概要		
管 理 主 体	：㈲みのる養豚	
代 表 者	：中野渡 稔 社長	
所 在 地	：十和田市東十四番町17-28	
電 話	：0176-25-2211	
Ｆ Ａ Ｘ	：0176-25-1129	
Ｕ Ｒ Ｌ	：www5.ocn.ne.jp/~minoruyo/11.html	
メールアドレス	：yoton@xg7.so-net.ne.jp	

青森県
長谷川の自然熟成豚
はせがわのしぜんじゅくせいとん

飼育管理	
出荷日齢	：300日齢
出荷体重	：90～110kg
指定肥育地・牧場	：長谷川自然牧場
飼料の内容	：自家配合飼料

商標登録・GI登録・銘柄規約について	
商標登録の有無	：有
登録取得年月日	：2013年10月25日
Ｇ Ｉ 登 録	：未定
銘柄規約の有無	：無
規約設定年月日	：－
規約改定年月日	：－

農場HACCP・JGAPについて	
農場HACCP	：申請中
ＪＧＡＰ	：無

交配様式

雌 （ランドレース × 大ヨークシャー）
×
雄 デュロック

特長	● 自家配合による薬品（ホルモン剤、抗生物質など）投与なしの、安全で安心して食べられる肉です。 ● 通常より長く飼育し、放牧と同様の扱いをして、肉質、味などは昔の味を思い起こす、コクのあるおいしい豚肉です。 ● 発酵菌を培養し、炭、木酢をフル活用した豚肉です。

主な流通経路および販売窓口	
◆ 主 な と 畜 場	：十和田食肉センター
◆ 主 な 処 理 場	：自社
◆ 年 間 出 荷 頭 数	：800～960頭
◆ 主 要 卸 売 企 業	：伊藤ハム、十和田ミート
◆ 輸出実績国・地域	：無
◆ 今 後 の 輸 出 意 欲	：無

販売指定店制度について	
指定店制度	：無
販促ツール	：シール

概要		
管 理 主 体	：長谷川自然牧場㈱	
代 表 者	：長谷川 光司	
所 在 地	：西津軽郡鰺ヶ沢町大字北浮田30	
電 話	：0173-72-6579	
Ｆ Ａ Ｘ	：0173-72-3180	
Ｕ Ｒ Ｌ	：－	
メールアドレス	：－	

岩　手　県

あいこーぷとん
アイコープ豚

飼育管理	
出荷日齢：180日齢	
出荷体重：105～120kg	
指定肥育地・牧場 　：紫波町・矢巾町の契約農場	
飼料の内容 　：指定配合飼料（IPとうもろこし・ 　　国産飼料米ほか）	

商標登録・GI登録・銘柄規約について	
商標登録の有無：無 登録取得年月日：－	
ＧＩ登録：未定	
銘柄規約の有無：有 規約設定年月日：1990年11月1日 規約改定年月日：－	

農場HACCP・JGAPについて	
農場HACCP：無 ＪＧＡＰ：無	

交配様式

雌	雌 （ランドレース×大ヨークシャー） × 雄 デュロック
雄	
雌	（大ヨークシャー×ランドレース） × デュロック
雄	

＜ゼンノーハイコープＳＰＦ豚＞

主な流通経路および販売窓口
◆主なと畜場 　：いわちく
◆主な処理場 　：同上
◆年間出荷頭数 　：15,000頭
◆主要卸売企業 　：全農岩手県本部
◆輸出実績国・地域 　：無
◆今後の輸出意欲 　：無

販売指定店制度について
指定店制度：有 販促ツール：－

特長
● より安全・安心・おいしい豚肉を追求し、出荷までの4カ月間は抗生物質や抗菌剤は与えず、非遺伝子組み換えIPとうもろこしを使用し、タンパク質源として良質な植物性原料のみを使用しているため、おいしい赤身と脂に仕上がっている。

概要	管理主体：アイコープ豚生産者の会 代表者：七木田　一也 所在地：紫波郡紫波町桜町上野沢38-1 （ＪＡいわて中央畜産課内）	電話：019-676-3512 ＦＡＸ：019-672-1595 ＵＲＬ：－ メールアドレス：－

岩　手　県

いさわえすぴーえふじようとん
いさわSPF地養豚

飼育管理	
出荷日齢：180日齢	
出荷体重：115kg	
指定肥育地・牧場 　：－	
飼料の内容 　：生後120日齢より大麦20%給与 　　天然素材豚用地養素	

商標登録・GI登録・銘柄規約について	
商標登録の有無：無 登録取得年月日：－	
ＧＩ登録：	
銘柄規約の有無：無 規約設定年月日：－ 規約改定年月日：－	

農場HACCP・JGAPについて	
農場HACCP：無 ＪＧＡＰ：無	

交配様式

雌	雌　　　　　　　雄 （ランドレース×大ヨークシャー） × デュロック
雄	

主な流通経路および販売窓口
◆主なと畜場 　：宮城県食肉流通公社、東京食肉 　　市場
◆主な処理場 　：同上
◆年間出荷頭数 　：5,700頭
◆主要卸売企業 　：伊藤ハム、東京食肉市場
◆輸出実績国・地域 　：－
◆今後の輸出意欲 　：－

販売指定店制度について
指定店制度：－ 販促ツール：シール、のぼり

特長
● 生後120日齢より飼料に天然素材（豚用地養素）と大麦20%を添加し、豚の体質を改善。
● 脂肪が白く豚肉特有の臭みがなく、コクとうま味に富んだ豚肉。
● 日本ＳＰＦ豚協会認定農場。

概要	管理主体：㈲胆沢養豚 代表者：高橋　充好　代表取締役 所在地：奥州市胆沢区小山萩森149	電話：0197-52-6537 ＦＡＸ：0197-52-6536 ＵＲＬ：－ メールアドレス：－

岩 手 県

いわちゅうぽーく
岩中ポーク

飼育管理	
出荷日齢：180日齢	
出荷体重：110〜120kg	
指定肥育地・牧場 ：一	
飼料の内容 ：専用指定配合飼料	

商標登録・GI登録・銘柄規約について	
商標登録の有無：有	
登録取得年月日：2005年3月8日	
G I 登 録：未定	
銘柄規約の有無：有	
規約設定年月日：1995年4月1日	
規約改定年月日：—	

農場HACCP・JGAPについて	
農場HACCP：無	
J G A P：北上農場で推進中	

交配様式

雌	（ランドレース × 大ヨークシャー）
	×
雄	デュロック <SPF管理>

	主な流通経路および販売窓口
◆	主 な と 畜 場 ：東京都食肉市場、いわちく、仙台市食肉市場
◆	主 な 処 理 場 ：同上
◆	年 間 出 荷 頭 数 ：26,500頭
◆	主 要 卸 売 企 業 ：伸越商事、石橋ミート、仙台市食肉市場、いわちく
◆	輸出実績国・地域 ：無
◆	今 後 の 輸 出 意 欲 ：有

	販売指定店制度について
	指定店制度：有 販促ツール：シール、のぼり、ポスター

特長	● 種豚と飼料にこだわり、全国的に「岩中ブランド」として評価の高い豚肉。 ● 麦、ビタミン、ミネラル類の選択的強化により抜群の鮮度保持を保ち、まろやかなうま味を引き出す。

概要	管 理 主 体 ：ケイアイファウム	電 話：0197-66-2534
	代 表 者 ：渡邊 和宏	F A X：0197-66-2767
	所 在 地 ：北上市二子町明神218	U R L：www.ki-farm.co.jp
		メールアドレス：kifarm@piano.ocn.ne.jp

岩 手 県

いわてさんろくけんこうとん　こまくさとちゅうちゃぽーく
岩手山麓健康豚
コマクサ杜仲茶ポーク

飼育管理	
出荷日齢：170日齢	
出荷体重：110〜120kg	
指定肥育地・牧場 ：八幡平市	
飼料の内容 ：指定配合飼料	

商標登録・GI登録・銘柄規約について	
商標登録の有無：有	
登録取得年月日：—	
G I 登 録：未定	
銘柄規約の有無：有	
規約設定年月日：1992年2月29日	
規約改定年月日：2006年10月30日	

農場HACCP・JGAPについて	
農場HACCP：—	
J G A P：無	

交配様式

雌	（ランドレース × 大ヨークシャー）
	×
雄	デュロック

	主な流通経路および販売窓口
◆	主 な と 畜 場 ：庄内食肉公社、仙台市食肉市場、いわちく
◆	主 な 処 理 場 ：太田産商、いわちく、肉の横沢
◆	年 間 出 荷 頭 数 ：42,000頭
◆	主 要 卸 売 企 業 ：太田産商、いわちく、肉の横沢
◆	輸出実績国・地域 ：無
◆	今 後 の 輸 出 意 欲 ：—

	販売指定店制度について
	指定店制度：— 販促ツール：—

特長	● 35kgから出荷まで、杜仲茶葉を微粉末にして、飼料に混ぜ食べさせている。

概要	管 理 主 体 ：㈲コマクサファーム	電 話：0195-76-4719
	代 表 者 ：遠藤 勝哉	F A X：0195-75-2167
	所 在 地 ：八幡平市大更1-238-1	U R L：—
		メールアドレス：—

岩手県

いわてじゅんじょうぶた
岩手純情豚

飼育管理
出荷日齢：約170日齢
出荷体重：約115kg
指定肥育地・牧場 ：八幡平ファームほか
飼料の内容 ：指定配合飼料。特殊プレミックス

商標登録・GI登録・銘柄規約について
商標登録の有無：無 登録取得年月日：－
ＧＩ登　録：未定
銘柄規約の有無：無 規約設定年月日：－ 規約改定年月日：－

農場HACCP・JGAPについて
農場HACCP：無
ＪＧＡＰ：無

交配様式
雌（ランドレース×大ヨークシャー）雄 × 雄　　デュロック
雌（大ヨークシャー×ランドレース） × 雄　　デュロック が主体

特長
● 優秀な系統豚による斉一性の高い豚肉。
● 天然ミネラル給与により肉質が優れ、豚肉の食味に優れた肉に仕上げられている。

主な流通経路および販売窓口
◆主 な と 畜 場 ：久慈食肉処理場、いわちく
◆主 な 処 理 場 ：同上
◆年 間 出 荷 頭 数 ：40,000頭
◆主 要 卸 売 企 業 ：全農岩手県本部、全農ミートフーズ
◆輸 出 実 績 国・地 域 ：無
◆今 後 の 輸 出 意 欲 ：無

販売指定店制度について
指定店制度：有 販促ツール：シールほか

概要	管 理 主 体：みなみよ～とん㈱ほか 代 表 者：佐藤　守 所 在 地：岩手郡岩手町大字川口 36-242-3	電　　　　話：0195-62-9087 Ｆ　Ａ　Ｘ：0195-62-9373 Ｕ　Ｒ　Ｌ：－ メールアドレス：－

岩手県

おりつめさんげんとんさすけ
折爪三元豚「佐助」

飼育管理
出荷日齢：180日齢前後
出荷体重：120kg
指定肥育地・牧場 ：軽米町・自社農場
飼料の内容 ：配合飼料、仕上げ期はオリジナル指定配合飼料を給与

商標登録・GI登録・銘柄規約について
商標登録の有無：有 登録取得年月日：－
ＧＩ登　録：未定
銘柄規約の有無：無 規約設定年月日：－ 規約改定年月日：－

農場HACCP・JGAPについて
農場HACCP：無
ＪＧＡＰ：無

交配様式
雌（ランドレース×大ヨークシャー）雄 × 雄　　デュロック

特長
● 久慈ファームの創設者「久慈佐助」にちなんで付けられた名前。
● 肉質は獣臭さがまったくなく、脂は低い温度でも溶けやすく、いったん冷めた肉も、脂が口に残らない。口溶けの良い脂が特長。
● トレーサビリティーができた内臓も出荷できる。

主な流通経路および販売窓口
◆主 な と 畜 場 ：三沢食肉センター
◆主 な 処 理 場 ：自社
◆年 間 出 荷 頭 数 ：9,000頭
◆主 要 卸 売 企 業 ：－
◆輸 出 実 績 国・地 域 ：無
◆今 後 の 輸 出 意 欲 ：有

販売指定店制度について
指定店制度：無 販促ツール：シール、のぼり、ＰＯＰなど

概要	管 理 主 体：久慈ファーム㈲ 代 表 者：久慈　剛志　取締役社長 所 在 地：二戸市下斗米字十文字 50-12	電　　　　話：0195-23-3491 Ｆ　Ａ　Ｘ：0195-23-3490 Ｕ　Ｒ　Ｌ：www.sasukebuta.co.jp メールアドレス：info@sasukebuta.co.jp

岩手県

白ゆりポーク
しらゆりぽーく

飼育管理
出荷日齢：140〜180日齢
出荷体重：110〜120kg
指定肥育地・牧場 　：−
飼料の内容 　：白ゆりポークグループ専用飼料

商標登録・GI登録・銘柄規約について
商標登録の有無：無 登録取得年月日：−
ＧＩ登　　録：未定
銘柄規約の有無：有 規約設定年月日：1990年3月1日 規約改定年月日：2010年12月8日

農場HACCP・JGAPについて
農場HACCP：無
ＪＧＡＰ：無

交配様式

雌	（ランドレース×大ヨークシャー）
	×
雄	デュロック

主な流通経路および販売窓口
◆主 な と 畜 場 　：岩手畜産流通センター
◆主 な 処 理 場 　：同上
◆年 間 出 荷 頭 数 　：1,200頭
◆主 要 卸 売 企 業 　：全農岩手県本部
◆輸 出 実 績 国・地 域 　：無
◆今 後 の 輸 出 意 欲 　：無

販売指定店制度について
指定店制度：無 販促ツール：シール、のぼり

特長
- 豊富な自然に恵まれた北上市郊外で、生産グループの真心と安全性の高い飼料で育てた上げた。
- きめ細かく、なめらかで弾力のある肉質の豚肉に仕上げている。

概要	管 理 主 体	：白ゆりポーク生産グループ	電　　　　話	：0197-71-1334
	代　表　者	：菅野　昭市　会長	Ｆ Ａ Ｘ	：0197-68-4621
	所　在　地	：北上市流通センター601-8	Ｕ Ｒ Ｌ	：−
			メールアドレス	：−

岩手県

館ヶ森高原豚
たてがもりこうげんぶた

飼育管理
出荷日齢：180日齢前後
出荷体重：120kg
指定肥育地・牧場 　：アーク藤沢農場
飼料の内容 　：指定配合飼料

商標登録・GI登録・銘柄規約について
商標登録の有無：有 登録取得年月日：1997年10月3日
ＧＩ登　　録：未定
銘柄規約の有無：有 規約設定年月日：− 規約改定年月日：−

農場HACCP・JGAPについて
農場HACCP：有（2013年4月25日）
ＪＧＡＰ：有（2017年10月20日）

交配様式

雌	バブコック・スワイン
	×
雄	デュロック

主な流通経路および販売窓口
◆主 な と 畜 場 　：いわちく、宮城県食肉流通公社
◆主 な 処 理 場 　：同上
◆年 間 出 荷 頭 数 　：22,000頭
◆主 要 卸 売 企 業 　：−
◆輸 出 実 績 国・地 域 　：無
◆今 後 の 輸 出 意 欲 　：有

販売指定店制度について
指定店制度：無 販促ツール：シール、ポスターなど

特長
- バブコック・スワイン種は米国肉質格付協会で、初めて肉質の特許を取得している品種。
- 肥育飼料の主原料は非遺伝子組換原料を使用し、マイロ、麦類、米、ハーブを配合したオリジナル飼料を給餌。また、動物性由来の原料を使用していないため、肉の臭みも少ない。
- 農場HACCP+JGAP認証農場。

概要	管 理 主 体	：㈱アーク【館ヶ森アーク牧場】	電　　　　話	：0191-63-5151
	代　表　者	：橋本　晋栄	Ｆ Ａ Ｘ	：0191-63-5083
	所　在　地	：一関市藤沢町黄海字上中山89	Ｕ Ｒ Ｌ	：www.arkfarm.co.jp
			メールアドレス	：tategamori@arkfarm.co.jp

岩 手 県

遠野ホップ豚
とおのほっぷとん

飼育管理	
出荷日齢：平均165日齢	
出荷体重：100〜126kg	
指定肥育地・牧場 ：いわて清流ファーム	
飼料の内容 ：遠野産ホップ使用のビール粕を 　含む専用飼料	

商標登録・GI登録・銘柄規約について	
商標登録の有無：有 登録取得年月日：2017年9月15日	
ＧＩ登録：未定	
銘柄規約の有無：有 規約設定年月日：2017年12月13日 規約改定年月日：－	

農場 HACCP・JGAP について	
農場 HACCP：有（2019年4月16日） ＪＧＡＰ：無	

交配様式

ピクア

主な流通経路および販売窓口
◆主 な と 畜 場 　：三沢食肉処理センター
◆主 な 処 理 場 　：スターゼンミートプロセッサー
◆年 間 出 荷 頭 数 　：33,600頭
◆主 要 卸 売 企 業 　：スターゼンミートプロセッサー
◆輸 出 実 績 国・地 域 　：無
◆今 後 の 輸 出 意 欲 　：無

販売指定店制度について
指定店制度：無 販促ツール：シール、ポスターなど

特長	● ホップが持つ抗酸化作用により鮮度が長持ちし、ドリップが少なく、 　肉のうまみをしっかりとキープしたジューシーな味わい。

概要	管 理 主 体：㈱いわて清流ファーム 代 表 者：小山 富孝 代表取締役 所 在 地：気仙郡住田町上有住字新田 　　　　　　94-143	電 話：0192-48-3251 Ｆ Ａ Ｘ：0192-48-3010 Ｕ Ｒ Ｌ：seiryufarm.co.jp メールアドレス：oyama-t@seiryufarm.co.jp

岩 手 県

南部福来豚
なんぶふくぶた

飼育管理	
出荷日齢：160〜180日齢	
出荷体重：約110kg	
指定肥育地・牧場 ：－	
飼料の内容 ：指定配合飼料（系統）。海藻、ゴマ 　（胡麻）	

商標登録・GI登録・銘柄規約について	
商標登録の有無：有 登録取得年月日：2008年3月11日	
ＧＩ登録：－	
銘柄規約の有無：有 規約設定年月日：1986年11月26日 規約改定年月日：－	

農場 HACCP・JGAP について	
農場 HACCP：－ ＪＧＡＰ：－	

交配様式

雌	雌（ランドレース × 大ヨークシャー）雄 ×
雄	デュロック
雌	（大ヨークシャー × ランドレース） ×
雄	デュロック

＜ゼンノーハイコープＳＰＦ豚＞

主な流通経路および販売窓口
◆主 な と 畜 場 　：いわちく、久慈食肉処理場
◆主 な 処 理 場 　：いわちく久慈工場
◆年 間 出 荷 頭 数 　：6,500頭
◆主 要 卸 売 企 業 　：ＪＡ全農岩手県本部
◆輸 出 実 績 国・地 域 　：－
◆今 後 の 輸 出 意 欲 　：－

販売指定店制度について
指定店制度：－ 販促ツール：－

特長	● 血統が明確で、SPF豚種を利用したおいしい豚肉。 ● 海藻粉末を利用した天然ミネラルの給与により風味、甘みを強化。ヘルシー穀物ごまの添加により、抗酸化作用を増強。	● 大麦、キャッサバ配合により、良質な脂、肉質を保持。 ● 疲れによく効くクエン酸給与により腸内が酸性化され、善玉菌の発育促進。 ● 動物タンパクとして、魚粉・肉骨粉の未使用により、獣臭排除。

概要	管 理 主 体：㈱のだファーム 代 表 者：平谷 東英 代表取締役 所 在 地：九戸郡野田村 20-10	電 話：0194-71-1179 Ｆ Ａ Ｘ：0194-75-3127 Ｕ Ｒ Ｌ：－ メールアドレス：youton@bejge.plala.or.jp

岩手県

南部ロイヤル
なんぶろいやる

飼育管理	
出荷日齢	：160日齢から
出荷体重	：約110kg
指定肥育地・牧場	：－
飼料の内容	：指定配合飼料（系統）。海藻、ゴマ（胡麻）

商標登録・GI登録・銘柄規約について

商標登録の有無	：有
登録取得年月日	：1988年1月22日
ＧＩ登録	：
銘柄規約の有無	：有
規約設定年月日	：1974年8月1日
規約改定年月日	：－

農場HACCP・JGAPについて

農場HACCP	：－
ＪＧＡＰ	：－

交配様式

雌	（ランドレース×大ヨークシャー）
	×
雄	デュロック
雌	（大ヨークシャー×ランドレース）
	×
雄	デュロック

＜ゼンノーハイコープＳＰＦ豚＞

特長
- 血統が明確で、SP豚種を利用したおいしい豚肉。
- 銘柄豚の草分けで、20年前から愛され続けている。
- 海藻粉末を利用した天然ミネラルの給与により、風味、甘味を強化。
- ヘルシーで穀物のゴマを添加することにより、抗酸化作用を増強。疲れによく効く、クエン酸給与により腸内が抗酸化され、善玉菌の発育促進。
- 動物タンパクとして、魚粉・肉骨粉の未使用により、獣臭排除。
- 甘草末で、食欲旺盛な豚の肝臓疲労改善と抗菌性の強化。

主な流通経路および販売窓口

- ◆主なと畜場
  ：久慈広域食肉処理場
- ◆主な処理場
  ：いわちく久慈工場
- ◆年間出荷頭数
  ：10,000頭
- ◆主要卸売企業
  ：ＪＡ全農岩手県本部
- ◆輸出実績国・地域
  ：－
- ◆今後の輸出意欲
  ：－

販売指定店制度について

- 指定店制度：－
- 販促ツール：－

概要	管理主体	：㈱のだファーム	電話	：0194-71-1179
	代表者	：平谷 東英 代表取締役	ＦＡＸ	：0194-75-3127
	所在地	：九戸郡野田村 20-10	ＵＲＬ	：－
			メールアドレス	：youton@bejge.plala.or.jp

岩手県

日本の豚　やまと豚
にっぽんのぶた　やまとぶた

飼育管理	
出荷日齢	：170日齢
出荷体重	：115kg
指定肥育地・牧場	：－
飼料の内容	：とうもろこしを主体とした自社設計配合飼料

商標登録・GI登録・銘柄規約について

商標登録の有無	：有
登録取得年月日	：2003年5月30日
ＧＩ登録	：－
銘柄規約の有無	：有
規約設定年月日	：2001年6月1日
規約改定年月日	：2003年6月1日

農場HACCP・JGAPについて

農場HACCP	：有（2012年4月27日）
ＪＧＡＰ	：有（2019年5月17日、団体認証）

交配様式

（ランドレース×大ヨークシャー）
×
デュロック

特長
- 「日本の豚やまと豚」として岩手県、群馬県、秋田県など広域で生産している。
- とうもろこしを主体とした純植物性の自社設計の配合飼料で肥育。
- 脂肪に甘味があり、きめ細かい軟らかな肉質。
- 日本の畜産業として初めてとなるJGAP認証を取得（現在は団体認証）

主な流通経路および販売窓口

- ◆主なと畜場
  ：神奈川食肉センター、いわちく、福島県食肉流通センター
- ◆主な処理場
  ：神奈川ミートパッカー、いわちくほか
- ◆年間出荷頭数
  ：250,000頭（フリーデングループ）
- ◆主要卸売企業
  ：フリーデン
- ◆輸出実績国・地域
  ：－
- ◆今後の輸出意欲
  ：－

販売指定店制度について

- 指定店制度：－
- 販促ツール：－

概要	管理主体	：㈱フリーデン	電話	：0463-58-0123
	代表者	：森 延孝	ＦＡＸ	：0463-58-6314
	所在地	：神奈川県平塚市南金目 227	ＵＲＬ	：www.frieden.jp
			メールアドレス	：info@frieden.co.jp

岩手県

日本の豚　やまと豚米らぶ
（にっぽんのぶた　やまとまいらぶ）

飼育管理	
出荷日齢：170日齢	
出荷体重：110〜120kg	
指定肥育地・牧場 ：−	
飼料の内容 ：とうもろこしと粉砕した飼料米を主原料とした自社設計配合飼料	

商標登録・GI登録・銘柄規約について	
商標登録の有無：有 登録取得年月日：−	
GI登録：−	
銘柄規約の有無：有 規約設定年月日：2008年1月 規約改定年月日：−	

農場HACCP・JGAPについて	
農場HACCP：有（2012年4月27日） JGAP：有（2019年5月17日、団体認証）	

交配様式

（ランドレース × 大ヨークシャー）
×
デュロック

主な流通経路および販売窓口	
◆主なと畜場 ：神奈川食肉センターほか	
◆主な処理場 ：自社加工場	
◆年間出荷頭数 ：20,000頭	
◆主要卸売企業 ：フリーデン	
◆輸出実績国・地域 ：−	
◆今後の輸出意欲 ：−	

販売指定店制度について	
指定店制度：− 販促ツール：−	

特長	● 大東地域の農家が栽培した飼料米を与え、品質の高さを売りにブランド化。 ● 肥育段階で米を食べた豚は、悪玉コレステロール値を下げる働きをするといわれるオレイン酸が増加し、一方で過剰に摂取すると善玉コレステロールを減らしてしまうといわれるリノール酸が少なくなるなど、肉質が向上する。

概要	管理主体：㈱フリーデン 代表者：森 延孝 所在地：神奈川県平塚市南金目227	電話：0463-58-0123 FAX：0463-58-6314 URL：www.frieden.jp メールアドレス：info@frieden.co.jp

---

岩手県

八幡平ポークあい
（はちまんたいぼーくあい）

飼育管理	
出荷日齢：150〜160日齢	
出荷体重：105〜115kg	
指定肥育地・牧場 ：−	
飼料の内容 ：指定配合飼料（系統）	

商標登録・GI登録・銘柄規約について	
商標登録の有無：有 登録取得年月日：2005年3月28日	
GI登録：−	
銘柄規約の有無：− 規約設定年月日：− 規約改定年月日：−	

農場HACCP・JGAPについて	
農場HACCP：無 JGAP：無	

交配様式

雌（大ヨークシャー雌 × ランドレース雄）
×
雄デュロック

雌（ランドレース × 大ヨークシャー）
×
雄デュロック

＜ゼンノーハイコープSPF豚＞

主な流通経路および販売窓口	
◆主なと畜場 ：いわちく、久慈広域食肉処理場	
◆主な処理場 ：いわちく久慈工場	
◆年間出荷頭数 ：40,000頭	
◆主要卸売企業 ：JA全農岩手県本部	
◆輸出実績国・地域 ：−	
◆今後の輸出意欲 ：−	

販売指定店制度について	
指定店制度：− 販促ツール：−	

特長	● SPF認定農場として、疾病に対して厳格な防疫管理をしています。 ● 家畜診療所を持ち、専属獣医師が日々、豚の健康管理をしています。 ● EU先進技術による空調・温度管理コンピュータシステムを取り入れ、快適な飼育環境です。 ● 北日本くみあい飼料による完全配合飼料を使用し、自主調達原料は一切使いません。

概要	管理主体：農事組合法人八幡平ファーム 代表者：阿部 正樹 所在地：九戸郡洋野町阿子木12-33-127	電話：0194-77-5348 FAX：0194-77-5349 URL：− メールアドレス：yohton.ohno@cup.ocn.ne.jp

岩手県

はっきんとんぷらちなぽーく
白金豚プラチナポーク

2013 ScGx4 高源精麦株式会社
はっきんとん
白金豚
登録商標 4447227号. 5064548号

飼育管理	
出荷日齢：200日齢	
出荷体重：105～130kg	
指定肥育地・牧場 ：花巻市内3農場	
飼料の内容 ：NON-GMO（平成23年12月現在）、国産コーン、ＳＧＳ米	

商標登録・GI登録・銘柄規約について	
商標登録の有無：有	
登録取得年月日：2001年1月28日	
ＧＩ登録：－	
銘柄規約の有無：有	
規約設定年月日：1999年4月2日	
規約改定年月日：－	

農場HACCP・JGAPについて	
農場HACCP：無	
ＪＧＡＰ：無	

交配様式

	雌	雄
雌	（ランドレース × 大ヨークシャー）	
	×	
雄	バークシャー	

主な流通経路および販売窓口
◆主 な と 畜 場 ：岩手畜産流通センター
◆主 な 処 理 場 ：自社工場
◆年 間 出 荷 頭 数 ：9,000頭
◆主 要 卸 売 企 業 ：自社
◆輸出実績国・地域 ：香港
◆今後の輸出意欲 ：有

販売指定店制度について
指定店制度：無
販促ツール：－

特長	
	● きめ細かな肉質で、やさしい歯ごたえがあり、ひとかみで口いっぱいにうま味が広がります。
	● 花巻の風土、水と空気が育んだうま味がコンセプト。
	● 名前の由来は、地元の偉人、宮沢賢治の作品から引用している。
	● 2013年より香港への輸出開始。

概要	管 理 主 体 ： 高源精麦㈱	電 話 ： 0198-22-2811
	代 表 者 ： 高橋 誠 代表取締役	Ｆ Ａ Ｘ ： 0198-22-2600
	所 在 地 ： 花巻市大通り1-21-1	Ｕ Ｒ Ｌ ： www.meat.co.jp
		メールアドレス ： takagen@meat.co.jp

岩手県

りゅうぜんどうくろぶた
龍泉洞黒豚

岩手県岩泉町産
龍泉洞黒豚

飼育管理	
出荷日齢：210日齢	
出荷体重：115kg	
指定肥育地・牧場 ：下閉伊郡岩泉町	
飼料の内容 ：仕上げ期に専用飼料	

商標登録・GI登録・銘柄規約について	
商標登録の有無：有 「黒豚真二郎」のみ登録 （いわちくが取得）	
登録取得年月日：－	
ＧＩ登録：未定	
銘柄規約の有無：無	
規約設定年月日：－	
規約改定年月日：－	

農場HACCP・JGAPについて	
農場HACCP：無	
ＪＧＡＰ：無	

交配様式

バークシャー

主な流通経路および販売窓口
◆主 な と 畜 場 ：いわちく
◆主 な 処 理 場 ：同上
◆年 間 出 荷 頭 数 ：1,600頭
◆主 要 卸 売 企 業 ：全農岩手県本部
◆輸出実績国・地域 ：無
◆今後の輸出意欲 ：無

販売指定店制度について
指定店制度：有
販促ツール：－

特長	
	● 仕上げ期の飼料は黒豚専用飼料で黒豚独自の脂肪のうま味を強調するため、トウモロコシの量を抑え、マイロと大麦を増量。
	● キャッサバ（イモ類）を増量し、脂肪の質を向上させ、木酢液、よもぎ粉末、海藻を添加し獣臭をなくしている。
	● 210日以上飼育し、肉のうま味にこだわっている。種豚は育成期も放牧し、足腰を鍛えてから種豚に用いている。

概要	管 理 主 体 ： ㈲龍泉洞黒豚ファーム	電 話 ： 0194-27-2222
	代 表 者 ： 高橋 雅子	Ｆ Ａ Ｘ ： 0194-27-2850
	所 在 地 ： 下閉伊郡岩泉町上有芸字向平91	Ｕ Ｒ Ｌ ： －
		メールアドレス ： cfv37340@nyc.odn.ne.jp

宮城県

くりこまこうげん　ろーたすぽーく
くりこま高原ロータスポーク

飼育管理
出荷日齢：180日齢
出荷体重：115～120kg
指定肥育地・牧場
：栗原市若柳字上畑獅子ケ鼻69
飼料の内容
：高性能配合飼料、大麦、飼料用米
（添加割合10%）

商標登録・GI登録・銘柄規約について
商標登録の有無：有
登録取得年月日：2014年12月19日
GI登録：未定
銘柄規約の有無：無
規約設定年月日：－
規約改定年月日：－

農場HACCP・JGAPについて
農場HACCP：無
JGAP：無

交配様式

	雌	雄
雌	（ランドレース×大ヨークシャー）	
	×	
雄	デュロック	
雌	（大ヨークシャー×ランドレース）	
	×	
雄	デュロック	

主な流通経路および販売窓口
◆主なと畜場 ：仙台中央食肉卸売市場
◆主な処理場 ：同上
◆年間出荷頭数 ：2,800頭
◆主要卸売企業 ：仙台中央食肉卸売市場
◆輸出実績国・地域 ：無
◆今後の輸出意欲 ：無

販売指定店制度について
指定店制度：無
販促ツール：のぼり、はっぴ、パンフレット、シール

特長
- 多産系と強健性の交配種に肉質が優れるデュロック種を交配した「三元交配豚」
- 自家産飼料用米（品種は「げんきまる」）の給与と、子豚の生産から肥育まで自社内で完結し、生産履歴が明確でこだわりのある豚肉。
- オレイン酸含有量が 42.8%（一般的な国産豚肉は 40.3% ＊五訂成分表より）と高く脂肪に甘みがある。肉の獣臭は少ない。

概要		
管理主体：㈱庄司養豚場	電話：0228-33-2343
代表者：庄司 貞衡 代表取締役	FAX：同上
所在地：栗原市若柳字上畑獅子ケ鼻69	URL：www.shokokai.or.jp/04/045221S0002/index.htm
	メールアドレス：shouji-youton@asahinet.jp

宮城県

しもふりれっど
しもふりレッド

飼育管理
出荷日齢：約180日齢
出荷体重：115～120kg
指定肥育地・牧場
：－
飼料の内容
：指定配合飼料（肥育前期以降、抗菌性飼料添加物無添加）

商標登録・GI登録・銘柄規約について
商標登録の有無：有
登録取得年月日：2003年6月20日
GI登録：－
銘柄規約の有無：無
規約設定年月日：－
規約改定年月日：－

農場HACCP・JGAPについて
農場HACCP：無
JGAP：無

交配様式

デュロック

主な流通経路および販売窓口
◆主なと畜場 ：宮城県食肉流通公社、仙台市食肉市場
◆主な処理場 ：同上
◆年間出荷頭数 ：1,700頭
◆主要卸売企業 ：－
◆輸出実績国・地域 ：－
◆今後の輸出意欲 ：－

販売指定店制度について
指定店制度：－
販促ツール：シール

特長
- アメリカ原産のデュロック種という赤毛の品種を名前の由来とし、「霜降り」にこだわり、肉のおいしさを求めて7世代かけて改良された豚の肉。
- 一般的な同品種（改良前）に比べて1%程度ロース内の脂肪含有量が高く、軟らかさと弾力性に富み、食肉のうまみ成分の1つとして知られている「オレイン酸」を多く含んでいる。

概要		
管理主体：しもふりレッド等銘柄推進連絡会議	電話：022-211-2853
代表者：宮城県農政部畜産課 佐々木 吉一	FAX：022-211-2859
所在地：仙台市青葉区本町3-8-1	URL：－
	メールアドレス：－

宮城県

JAPAN X
じゃぱんえっくす

飼育管理

出荷日齢：150日齢

出荷体重：115kg

指定肥育地・牧場
：宮城県刈田郡蔵王町・蔵王ファーム

飼料の内容
：指定配合飼料

商標登録・GI登録・銘柄規約について

商標登録の有無：有
登録取得年月日：2012年9月21日

ＧＩ登録：未定

銘柄規約の有無：無
規約設定年月日：ー
規約改定年月日：ー

農場HACCP・JGAPについて

農場HACCP：無

ＪＧＡＰ：無

交配様式

雌	（大ヨークシャー×ランドレース）
雄	×
	デュロック

主な流通経路および販売窓口

◆主なと畜場
：仙台市食肉市場

◆主な処理場
：同上

◆年間出荷頭数
：70,000頭

◆主要卸売企業
：丸山

◆輸出実績国・地域
：無

◆今後の輸出意欲
：有

販売指定店制度について

指定店制度：無
販促ツール：パネル、シール、のぼり、小冊子

特長

- 豚特有の呼吸器疾患を排除した環境で、WLDの三元豚を種豚から自社で生産し、種豚から肉豚までを一貫して、衛生的で安全な生産システムを構築しています。
- 健康な豚肉の為、肉のアミノ酸が旨味成分に変わり、臭いのないしっかりした甘味が特長です。
- ゆったりとしたストレスの少ない飼育管理を心がけ、健康的で発育の早い生産を実現しています。
- 枝肉重量平均75kg基準とし、その正肉歩留まりも74%基準で実現しています。

| 概要 | 管理主体：農事組合法人蔵王ファーム
代表者：佐藤　義則
所在地：刈田郡蔵王町塩沢字神前201 | 電話：0224-33-3550
ＦＡＸ：0224-33-2088
ＵＲＬ：www.japanx.co.jp
メールアドレス：tomoyuki@maruyama.biz |

宮城県

熟成美豚
じゅくせいびとん

飼育管理

出荷日齢：210日齢

出荷体重：約115kg

指定肥育地・牧場
：ー

飼料の内容
：指定配合飼料

商標登録・GI登録・銘柄規約について

商標登録の有無：有
登録取得年月日：2012年4月2日

ＧＩ登録：

銘柄規約の有無：有
規約設定年月日：2012年
規約改定年月日：ー

農場HACCP・JGAPについて

農場HACCP：無

ＪＧＡＰ：無

交配様式

雌	（ランドレース×バークシャー）
雄	×
	デュロック

主な流通経路および販売窓口

◆主なと畜場
：宮城県食肉流通公社

◆主な処理場
：同上

◆年間出荷頭数
：1,000頭

◆主要卸売企業
：ＢＢカンパニー、マルハチ

◆輸出実績国・地域
：ー

◆今後の輸出意欲
：ー

販売指定店制度について

指定店制度：ー
販促ツール：シール、のぼり

特長

- 豚特有の臭みがなく、保水性に優れ、日持ちが良い。

| 概要 | 管理主体：㈲久保畜産
代表者：久保　勇
所在地：登米市米山町中津山字三方江120 | 電話：0220-55-2029
ＦＡＸ：0220-55-2901
ＵＲＬ：ー
メールアドレス：ー |

宮 城 県

しわひめぽーく
志波姫ポーク

飼育管理

出荷日齢：172日齢

出荷体重：112kg

指定肥育地・牧場
：－

飼料の内容
：指定配合飼料

商標登録・GI登録・銘柄規約について

商標登録の有無：無
登録取得年月日：－

ＧＩ　登　録：

銘柄規約の有無：無
規約設定年月日：－
規約改定年月日：－

農場HACCP・JGAPについて

農場HACCP：無

ＪＧＡＰ：無

交配様式

雌	雌 （ランドレース×大ヨークシャー）
	×
雄	雄 デュロック

特長
- 豚特有の臭みがなく、きめ細かな肉質で軟らかい。
- 保水性がある。
- 冷めてもおいしく食べられる。

主な流通経路および販売窓口

- ◆ 主 な と 畜 場
  ：宮城県食肉流通公社
- ◆ 主 な 処 理 場
  ：同上
- ◆ 年 間 出 荷 頭 数
  ：6,000頭
- ◆ 主 要 卸 売 企 業
  ：全農宮城県本部
- ◆ 輸 出 実 績 国・地 域
  ：
- ◆ 今 後 の 輸 出 意 欲
  ：

販売指定店制度について

指定店制度：－
販促ツール：－

概要	管 理 主 体 ： しわひめスワイン	電 話 ： 0228-22-3817
	代 表 者 ： 石川 輝芳 代表取締役	Ｆ Ａ Ｘ ： 0228-23-7219
	所 在 地 ： 栗原市志波姫刈敷上袋 81-1	Ｕ Ｒ Ｌ ： －
		メールアドレス ： suwain@mx51.et.tiki.ne.jp

宮 城 県

だてのじゅんすいあかぶた
伊達の純粋赤豚

飼育管理

出荷日齢：190日齢

出荷体重：115kg

指定肥育地・牧場
：宮城県内

飼料の内容
：伊達の純粋赤豚飼養基準

商標登録・GI登録・銘柄規約について

商標登録の有無：有
登録取得年月日：2002年9月13日

ＧＩ　登　録：未定

銘柄規約の有無：無
規約設定年月日：－
規約改定年月日：－

農場HACCP・JGAPについて

農場HACCP：無

ＪＧＡＰ：無

交配様式

デュロック

特長
- 子豚、肉豚用飼料は指定。
- 肉質は全頭食べて検査（検食）
- 自社農場をはじめ、契約農場で繁殖、飼育を行っている。

主な流通経路および販売窓口

- ◆ 主 な と 畜 場
  ：宮城県食肉流通公社
- ◆ 主 な 処 理 場
  ：同上
- ◆ 年 間 出 荷 頭 数
  ：2,000頭
- ◆ 主 要 卸 売 企 業
  ：－
- ◆ 輸 出 実 績 国・地 域
  ：香港
- ◆ 今 後 の 輸 出 意 欲
  ：－

販売指定店制度について

指定店制度：有
販促ツール：納品証明書（期限付き）

概要	管 理 主 体 ： ㈲伊豆沼農産	電 話 ： 0220-28-2986
	代 表 者 ： 伊藤 秀雄	Ｆ Ａ Ｘ ： 0220-28-2987
	所 在 地 ： 登米市迫町新田字前沼 149-7	Ｕ Ｒ Ｌ ： www.izunuma.co.jp
		メールアドレス ： info@izunuma.co.jp

宮城県

まぼろしのしまぶた
幻の島豚

飼育管理	
出荷日齢：300日齢	
出荷体重：約115〜125kg	
指定肥育地・牧場 ：ー	
飼料の内容 ：育成期以降、飼料穀物非遺伝子 組合育成期以降、抗菌性物質無 添加	

商標登録・GI登録・銘柄規約について	
商標登録の有無：有	
登録取得年月日：2009年11月10日	
GI登録：ー	
銘柄規約の有無：有	
規約設定年月日：1995年	
規約改定年月日：ー	

農場HACCP・JGAPについて	
農場HACCP：無	
JGAP：無	

交配様式

島豚

主な流通経路および販売窓口
◆主 な と 畜 場 ：宮城県食肉流通公社
◆主 な 処 理 場 ：同上
◆年 間 出 荷 頭 数 ：ー
◆主 要 卸 売 企 業 ：リヤンド松浦、全農宮城県本部
◆輸出実績国・地域 ：ー
◆今 後 の 輸 出 意 欲 ：ー

販売指定店制度について
指定店制度：ー
販促ツール：ー

特長	● 非遺伝子組み換えの穀物飼料を用いた安全な豚肉を生産しています。 ● きめが細かく、軟らかく、脂肪が真っ白で甘みがある。

概要	管 理 主 体：㈲久保畜産 代 表 者：久保 勇 所 在 地：登米市米山町中津山字三方江120	電 話：0220-55-2029 F A X：0220-55-2901 U R L：ー メールアドレス：ー

宮城県

みちのくもちぶた
みちのくもちぶた

飼育管理	
出荷日齢：150〜180日齢	
出荷体重：115〜125kg	
指定肥育地・牧場 ：ー	
飼料の内容 ：グループ給餌基準に基づき必須 アミノ酸を中心	

商標登録・GI登録・銘柄規約について	
商標登録の有無：有	
登録取得年月日：2007年8月31日	
GI登録：	
銘柄規約の有無：有	
規約設定年月日：1992年7月1日	
規約改定年月日：ー	

農場HACCP・JGAPについて	
農場HACCP：無	
JGAP：無	

交配様式

雌	GPクイーン×GPキング＝ （ランドレース×大ヨークシャー）
	×
雄	デュロック

主な流通経路および販売窓口
◆主 な と 畜 場 ：仙台市食肉市場、宮城県食肉流通公社
◆主 な 処 理 場 ：加工連、諏訪食肉センター、宮城県食肉流通公社
◆年 間 出 荷 頭 数 ：14,800頭
◆主 要 卸 売 企 業 ：JAみやぎ仙南、全農宮城県本部
◆輸出実績国・地域 ：ー
◆今 後 の 輸 出 意 欲 ：ー

販売指定店制度について
指定店制度：ー
販促ツール：ー

特長	● 肉色は美しくつやのあるピンク色。キメが細かく滑らか。 ● つきたてのもちのような弾力と歯切れの良い軟らかさ。 ● 脂肪は白くあっさりしていて、甘みがある。 ● 豚肉特有の臭みがない。保水性に優れ、日持ちが良い。

概要	管 理 主 体：㈲東北畜研 代 表 者：佐藤 克美 代表取締役 所 在 地：柴田郡大河原町堤字五瀬1-2	電 話：0224-52-2107 F A X：0224-53-4861 U R L：ー メールアドレス：ー

宮 城 県

みやぎのぽーく
宮城野豚

飼育管理
出荷日齢：約180日齢
出荷体重：110〜120kg
指定肥育地・牧場 ：宮城県内
飼料の内容 ：指定配合飼料

商標登録・GI登録・銘柄規約について
商標登録の有無：有 登録取得年月日：1993年2月26日
ＧＩ登録：未定
銘柄規約の有無：有 規約設定年月日：1994年6月10日 規約改定年月日：2000年4月1日

農場HACCP・JGAPについて
農場HACCP：無
ＪＧＡＰ：無

交配様式

	雌	雄
雌	（ランドレース×大ヨークシャー） ×	
雄	デュロック	
	ランドレース×デュロック	

主な流通経路および販売窓口
◆主なと畜場 ：宮城県食肉流通公社、仙台中央 卸売市場
◆主な処理場 ：同上
◆年間出荷頭数 ：19,000頭
◆主要卸売企業 ：全農宮城県本部
◆輸出実績国・地域 ：無
◆今後の輸出意欲 ：無

販売指定店制度について
指定店制度：有 販促ツール：ポスター、パネル、シール、 のぼり、棚帯、リーフレット

特長
● 肉のキメが細かく、軟らかで風味がよい。
● 登録農家により生産を行っている。
● 「宮城野豚」の肥育後期に約2カ月間、飼料米を与えたのが「宮城野豚みのり」です。

概要	管理主体	：	宮城野豚銘柄推進協議会	電話	：	0229-35-2720
	代表者	：	村井 嘉浩 宮城県知事	ＦＡＸ	：	0229-35-2677
	所在地	：	遠田郡美里町北浦字生地22-1	ＵＲＬ	：	－
				メールアドレス	：	－

宮 城 県

めぐみのぽーく
めぐみ野豚

飼育管理
出荷日齢：約180日齢
出荷体重：115kg
指定肥育地・牧場 ：宮城県内
飼料の内容 ：指定配合飼料、後期に飼料用米 を給与

商標登録・GI登録・銘柄規約について
商標登録の有無：無 登録取得年月日：－
ＧＩ登録：無
銘柄規約の有無：無 規約設定年月日：－ 規約改定年月日：－

農場HACCP・JGAPについて
農場HACCP：無
ＪＧＡＰ：無

交配様式

	雌	雄
雌	（ランドレース×大ヨークシャー） ×	
雄	デュロック	
雌	（ランドレース×デュロック） ×	
雄	デュロック	

主な流通経路および販売窓口
◆主なと畜場 ：仙台市食肉市場、宮城県食肉流 通公社
◆主な処理場 ：仙台市食肉市場、ＩＨミートパッ カー
◆年間出荷頭数 ：約18,000頭
◆主要卸売企業 ：－
◆輸出実績国・地域 ：－
◆今後の輸出意欲 ：－

販売指定店制度について
指定店制度：有 販促ツール：シール、のぼり

特長
● 指定配合飼料で肉豚後期に飼料用米を配合。
● 止め雄に宮城県畜産試験場で開発した「しもふりレッド」を使用し、脂肪交雑の多い肉質。

概要	管理主体	：	めぐみ野豚肉生産協議会	電話	：	022-373-1222
	代表者	：	佐々木 繁孝 会長	ＦＡＸ	：	022-218-2457
	所在地	：	仙台市泉区八乙女4-2-2	ＵＲＬ	：	www.miyagi.coop
				メールアドレス	：	－

宮城県

ろいやるぷりんすぽーく
ロイヤルプリンスポーク

飼育管理
出荷日齢：180日齢
出荷体重：約115kg
指定肥育地・牧場
：－
飼料の内容
：指定配合飼料

商標登録・GI登録・銘柄規約について
商標登録の有無：有
登録取得年月日：－
GI 登 録：未定
銘柄規約の有無：無
規約設定年月日：－
規約改定年月日：－

農場HACCP・JGAP について
農場 HACCP：無
J G A P：無

交配様式

雌	雌 雄 （大ヨークシャー × ランドレース） × 雄 　デュロック

主な流通経路および販売窓口
◆主 な と 畜 場 　：宮城県食肉流通公社
◆主 な 処 理 場 　：同上
◆年 間 出 荷 頭 数 　：5,000 頭
◆主 要 卸 売 企 業 　：楽農ミート
◆輸出実績国・地域 　：無
◆今 後 の 輸 出 意 欲 　：有

販売指定店制度について
指定店制度：有
販促ツール：シール、パンフレット

特長	● 筋線維が細かく、上品な口ざわりと適度なマーブリング。 ● 専用飼料により、オレイン酸が多く、甘みのある脂肪。

概要	管 理 主 体　：㈱楽農ミート 代 表 者　：笹崎　静雄社長 所 在 地　：登米市米山町桜岡今泉 314	電 話　：0220-55-4313 F A X　：0220-55-2730 U R L　：－ メールアドレス　：－

秋田県

あきたじゅんすいとん
秋田純穂豚

飼育管理
出荷日齢：170日齢
出荷体重：115kg
指定肥育地・牧場
：森吉牧場
飼料の内容
：専用飼料

商標登録・GI登録・銘柄規約について
商標登録の有無：有
登録取得年月日：2015 年 3 月 27 日
GI 登 録：未定
銘柄規約の有無：有
規約設定年月日：2015 年 3 月 27 日
規約改定年月日：－

農場HACCP・JGAP について
農場 HACCP：有（2019 年 4 月 26 日）
J G A P：有（2019 年 5 月 16 日）

交配様式

雌	雌 雄 （ランドレース × 大ヨークシャー） × 雄 　デュロック
雌	（大ヨークシャー × ランドレース） × 雄 　デュロック

主な流通経路および販売窓口
◆主 な と 畜 場 　：三沢市食肉処理センター
◆主 な 処 理 場 　：スターゼンミートプロセッサー・ 　青森工場三沢ポークセンター
◆年 間 出 荷 頭 数 　：26,000 頭
◆主 要 卸 売 企 業 　：スターゼンミートプロセッサー 　国産ポーク部
◆輸出実績国・地域 　：無
◆今 後 の 輸 出 意 欲 　：有

販売指定店制度について
指定店制度：無
販促ツール：シール、パネル

特長	● 肥育後期に国産の飼料用白米を 10％配合することにより、脂肪が白く甘みのある豚肉です。循環型農業により、地域農業の維持発展に寄与しています。

概要	管 理 主 体　：㈲森吉牧場 代 表 者　：佐藤　文法 所 在 地　：北秋田市阿仁前田字惣内滝ノ上 　　　　　 58-1	電 話　：0186-60-7474 F A X　：0186-60-7475 U R L　：－ メールアドレス　：－

秋 田 県

あきたしるくぽーく
秋田シルクポーク

飼育管理	
出荷日齢：185日齢	
出荷体重：120kg	
指定肥育地・牧場	
：－	
飼料の内容	
：－	

商標登録・GI登録・銘柄規約について	
商標登録の有無：無	
登録取得年月日：－	
ＧＩ登録：－	
銘柄規約の有無：有	
規約設定年月日：1993年10月	
規約改定年月日：－	

農場HACCP・JGAPについて	
農場HACCP：無	
ＪＧＡＰ：無	

交配様式

	雌	雄
雌	（大ヨークシャー × ランドレース）	
	×	
雄	デュロック	

主な流通経路および販売窓口
◆主なと畜場
：秋田県食肉流通公社
◆主な処理場
：同上
◆年間出荷頭数
：6,500頭
◆主要卸売企業
：－
◆輸出実績国・地域
：－
◆今後の輸出意欲
：－

販売指定店制度について
指定店制度：－
販促ツール：シール、のぼり

	特長
特長	● 全農安心システム農場で生産、肥育を行っているため、安心安全な豚肉。 ● 豚肉特有の臭いがなく、日持ちがする。 ● 甘みもあり、軟らかく、ジューシーさがある。

概要	管理主体	：㈱フカサワ	電話	：0182-24-0100
	代表者	：深澤　重史　代表取締役社長	ＦＡＸ	：0182-24-2999
	所在地	：横手市平鹿町樽見内字扇田126	ＵＲＬ	：silkpork.com
			メールアドレス	：info@silkpork.com

秋 田 県

えこのもり　えこぶー
エコの森　笑子豚

飼育管理	
出荷日齢：140日齢	
出荷体重：約115kg	
指定肥育地・牧場	
：菅与、サンライズ	
飼料の内容	
：－	

商標登録・GI登録・銘柄規約について	
商標登録の有無：有	
登録取得年月日：2008年10月3日	
ＧＩ登録：未定	
銘柄規約の有無：無	
規約設定年月日：－	
規約改定年月日：－	

農場HACCP・JGAPについて	
農場HACCP：無	
ＪＧＡＰ：無	

交配様式

ケンボロー

主な流通経路および販売窓口
◆主なと畜場
：秋田食肉流通公社、日本フードパッカー青森工場、庄内食肉公社
◆主な処理場
：肉のわかば、長沼商店
◆年間出荷頭数
：31,000頭
◆主要卸売企業
：－
◆輸出実績国・地域
：無
◆今後の輸出意欲
：無

販売指定店制度について
指定店制度：有
販促ツール：シール、のぼり、名刺

	特長
特長	● エコフィードで飼育。 ● 食味は軟らかく、甘みがありカロリーも他の豚に比べ3分の1低い。

概要	管理主体	：㈱菅与	電話	：0182-24-3298
	代表者	：菅原　一範　代表取締役社長	ＦＡＸ	：0182-24-3299
	所在地	：横手市平鹿町下鍋倉字下六ツ段132-1	ＵＲＬ	：www.sugayo.co.jp
			メールアドレス	：atb1@juno.ocn.ne.jp

秋 田 県

とわだここうげんぽーく　ももぶた
十和田湖高原ポーク
桃豚

飼育管理
出荷日齢：175日齢
出荷体重：112kg
指定肥育地・牧場 ：－
飼料の内容 ：オリジナル配合飼料

商標登録・GI登録・銘柄規約について
商標登録の有無：有
登録取得年月日：2005年2月4日
G I 登 録：未定
銘柄規約の有無：無
規約設定年月日：－
規約改定年月日：－

交配様式

雌　　雄
雌　（ランドレース × 大ヨークシャー）
　　　　　　　×
雄　　　　　　デュロック

主な流通経路および販売窓口
◆主 な と 畜 場 ：ミートランド、秋田県食肉流通公社
◆主 な 処 理 場 ：同上
◆年 間 出 荷 頭 数 ：150,000頭
◆主 要 卸 売 企 業 ：ＪＡ全農ミートフーズ
◆輸 出 実 績 国・地 域 ：香港
◆今 後 の 輸 出 意 欲 ：有

販売指定店制度について
指定店制度：有
販促ツール：シール、のぼり、パネル

	農場HACCP・JGAPについて
	農場HACCP：有（2013年5月31日、バイオランドのみ2016年5月2日） Ｊ Ｇ Ａ Ｐ：有（2018年5月10日）

特長	● 豚を健康に育てるために飲み水から作り、腸内細菌を整えることで飼料の消化吸収を良くし、体の内側から強くなるように飼育。 ● オリジナル配合飼料には仕上期に飼料用米を30%添加。 ● 肉質は軟らかく、良質な脂肪で甘みがある。

概要	管 理 主 体：ポークランドグループ 代 表 者：豊下　勝彦 所 在 地：鹿角郡小坂町小坂字台作1-2	電 話：0186-29-4000 F A X：0186-29-4002 U R L：www.momobuta.co.jp メールアドレス：momobuta@ink.or.jp

---

秋 田 県

にっぽんのぶた　やまとぶた
日本の豚　やまと豚

飼育管理
出荷日齢：170日齢
出荷体重：115kg
指定肥育地・牧場 ：－
飼料の内容 ：とうもろこしを主体とした自社設計配合飼料

商標登録・GI登録・銘柄規約について
商標登録の有無：有
登録取得年月日：2003年5月30日
G I 登 録：
銘柄規約の有無：有
規約設定年月日：2001年6月1日
規約改定年月日：2003年6月1日

交配様式

（ランドレース × 大ヨークシャー）
×
デュロック

主な流通経路および販売窓口
◆主 な と 畜 場 ：三沢食肉処理センター、茨城県食肉市場、秋田食肉流通センター
◆主 な 処 理 場 ：同上
◆年 間 出 荷 頭 数 ：250,000頭（フリーデングループ）
◆主 要 卸 売 企 業 ：フリーデン
◆輸 出 実 績 国・地 域 ：－
◆今 後 の 輸 出 意 欲 ：－

販売指定店制度について
指定店制度：－
販促ツール：－

	農場HACCP・JGAPについて
	農場HACCP：有（2012年4月27日） Ｊ Ｇ Ａ Ｐ：有（2019年5月17日、団体認証）

特長	● 「日本の豚やまと豚」として岩手県、群馬県、秋田県など広域で生産している。 ● とうもろこしを主体とした純植物性の自社設計の配合飼料で肥育。 ● 脂肪に甘味があり、きめ細かい軟らかな肉質。 ● 日本の畜産業として初めてとなるJGAP認証を取得（現在は団体認証）

概要	管 理 主 体：㈱フリーデン 代 表 者：森　延孝 所 在 地：神奈川県平塚市南金目227	電 話：0463-58-0123 F A X：0463-58-6314 U R L：www.frieden.jp メールアドレス：info@frieden.co.jp

秋田県

八幡平ポーク
（はちまんたいぽーく）

飼育管理	
出荷日齢：約165日齢	
出荷体重：約113kg	
指定肥育地・牧場 ：自社農場	
飼料の内容 ：豚の発育ステージごとに合わせた最良の健康状態となるようにバランスのとれた配合飼料	

商標登録・GI登録・銘柄規約について	
商標登録の有無：有 登録取得年月日：2002年11月18日	
GI登録：未定	
銘柄規約の有無：有 規約設定年月日：1969年10月27日 規約改定年月日：2004年9月30日	

農場HACCP・JGAPについて	
農場HACCP：無	
JGAP：無	

交配様式

ハイポー

主な流通経路および販売窓口
◆主なと畜場 ：ミートランド、秋田県食肉流通公社、岩手畜産流通センター
◆主な処理場 ：同上
◆年間出荷頭数 ：約37,500頭
◆主要卸売企業 ：全農ミートフーズ、秋田県食肉流通公社
◆輸出実績国・地域 ：無
◆今後の輸出意欲 ：－

販売指定店制度について
指定店制度：－ 販促ツール：シール、のぼり、パネル、パンフレットほか

特長	● 「豚が健康に育つということは、おいしい豚肉の基本」をモットーに豚の健康管理、衛生管理を徹底して行っているので、均一性に富んだ安心安全な豚肉。 ● 食感は軟らかく、くさみがない。 ● 冷めてもおいしく食べられる。

概要	管　理　主　体：農事組合法人八幡平養豚組合 代　表　者：阿部　正樹　組合長理事 所　在　地：鹿角市八幡平字長川60-3	電　　　　　話：0186-34-2204 Ｆ　Ａ　Ｘ：0186-34-2178 Ｕ　Ｒ　Ｌ：www.h-pork.com メールアドレス：umai@h-pork.com

山形県

月山芳醇豚
（がっさんほうじゅんとん）

飼育管理	
出荷日齢：210日齢	
出荷体重：110kg	
指定肥育地・牧場 ：－	
飼料の内容 ：－	

商標登録・GI登録・銘柄規約について	
商標登録の有無：無 登録取得年月日：－	
GI登録：未定	
銘柄規約の有無：無 規約設定年月日：－ 規約改定年月日：－	

農場HACCP・JGAPについて	
農場HACCP：無	
JGAP：無	

交配様式

雌	雌　　　　　　雄 （ランドレース×大ヨークシャー） × バークシャー
雄	

主な流通経路および販売窓口
◆主なと畜場 ：山形県総合食肉流通センター
◆主な処理場 ：同上
◆年間出荷頭数 ：600頭
◆主要卸売企業 ：－
◆輸出実績国・地域 ：無
◆今後の輸出意欲 ：無

販売指定店制度について
指定店制度：無 販促ツール：シール

特長	● ＬＷＢの品種で独自の配合飼料を与え、７カ月飼育し、黒豚の特徴を生かしたおいしい豚肉

概要	管　理　主　体：山米商事株式会社 代　表　者：松本　信直 所　在　地：山形市流通センター1-10-2	電　　　　　話：023-633-3305 Ｆ　Ａ　Ｘ：023-631-9622 Ｕ　Ｒ　Ｌ：www.yamabei.com メールアドレス：syokuhin@yamabei.com

山形県

米の娘ぶた（こめのこぶた）

米の娘®
こめのこぶた

飼育管理	
出荷日齢：160日齢	
出荷体重：115kg	
指定肥育地・牧場 ：米の娘ファーム	
飼料の内容 ：とうもろこしが主原料	

商標登録・GI登録・銘柄規約について	
商標登録の有無：有	
登録取得年月日：2011年6月17日	
GI 登 録：	
銘柄規約の有無：無	
規約設定年月日：－	
規約改定年月日：－	

農場HACCP・JGAPについて	
農場HACCP：有（2018年3月9日）	
JGAP：有（2020年1月10日）	

交配様式
ハイポー
ダンブレット

主な流通経路および販売窓口
◆主 な と 畜 場 ：庄内食肉流通センター
◆主 な 処 理 場 ：自社ミートセンター
◆年 間 出 荷 頭 数 ：15,000頭
◆主 要 卸 売 企 業 ：－
◆輸出実績国・地域 ：－
◆今 後 の 輸 出 意 欲 ：－

販売指定店制度について
指定店制度：－
販促ツール：－

特長
- 飼料は35%の飼料用米とホエーを加え、リキッドフィーディングで給与している。
- 豚舎はSPF農場に準じるウインドレス豚舎でオールインオールアウト方式の採用など、防疫管理、衛生管理を万全に行っている。
- 安全な豚肉生産のため自家採取の精液を自家育成豚に全頭人工授精を行っている。

概要	管 理 主 体：㈱大商金山牧場	電 話：0234-43-8629
	代 表 者：小野木 重弥 代表取締役社長	FAX：0234-45-1018
	所 在 地：東田川郡庄内町家根合字中荒田 21-2	URL：www.taisho-meat.co.jp
		メールアドレス：info@taisho-meat.jp

山形県

「しょうないえすぴーえふとん」もがみがわぽーく
「庄内SPF豚」最上川ポーク

庄内SPF豚
最上川ポーク

飼育管理	
出荷日齢：175日齢	
出荷体重：約115kg	
指定肥育地・牧場 ：最上川ファーム、庄内	
飼料の内容 ：指定配合飼料	

商標登録・GI登録・銘柄規約について	
商標登録の有無：無	
登録取得年月日：－	
GI 登 録：－	
銘柄規約の有無：無	
規約設定年月日：－	
規約改定年月日：－	

農場HACCP・JGAPについて	
農場HACCP：無	
JGAP：無	

交配様式
雌（ランドレース × 大ヨークシャー）
×
雄 デュロック

主な流通経路および販売窓口
◆主 な と 畜 場 ：庄内食肉流通センター
◆主 な 処 理 場 ：太田産商
◆年 間 出 荷 頭 数 ：13,500頭
◆主 要 卸 売 企 業 ：太田産商
◆輸出実績国・地域 ：無
◆今 後 の 輸 出 意 欲 ：無

販売指定店制度について
指定店制度：有
販促ツール：シール、のぼり

特長
- 飼料はNON-GMO、ポストハーベストフリーのとうもろこし、大豆かすを使用。
- 飼料米も取り入れている。
- 毎日の飲水にもこだわり、トルマリン鉱石を通した水で健康に育てている。
- 肉質はキメが細かく、艶やか。特に脂肪にうまみがあり、白くあっさりしている。
- 調理時の豚肉特有の臭みはなく、とても食べやすい豚肉です。

概要	管 理 主 体：㈲最上川ファーム	電 話：0234-45-0365
	代 表 者：太田 秀生	FAX：0234-45-0364
	所 在 地：東田川郡庄内町古関字出川原 22-74	URL：－
		メールアドレス：－

山形県

しょうない ぐりーん ぽーく ぶーみん
SHONAI GREEN PORK BOOMIN
（庄内グリーンポークぶーみん）

飼育管理

出荷日齢：180〜190日齢

出荷体重：約110kg

指定肥育地・牧場
：庄内地域にて生産

飼料の内容
：生後120日齢まで標準給与体系、
生後120日齢以降、指定配合飼料

商標登録・GI登録・銘柄規約について

商標登録の有無：出願中
登録取得年月日：―

GI 登 録：―

銘柄規約の有無：有
規約設定年月日：2001 年 4 月 1 日
規約改定年月日：2019 年 4 月 1 日

農場HACCP・JGAPについて

農場 HACCP：無

Ｊ Ｇ Ａ Ｐ：無

交配様式

	雌	雄
雌	（ランドレース × 大ヨークシャー）	
	×	
雄	デュロック	

主な流通経路および販売窓口

◆主 な と 畜 場
：庄内食肉流通センター

◆主 な 処 理 場
：同上

◆年 間 出 荷 頭 数
：25,000 頭

◆主 要 卸 売 企 業
：有

◆輸出実績国・地域
：香港

◆今 後 の 輸 出 意 欲
：有

販売指定店制度について

指定店制度：検討中
販促ツール：シール、のぼり、ポー
スターほか

特長

- 品種の統一、専用飼料の給与などの飼養管理基準を遵守する養豚農家・農場の登録制による生産です。
- 専用飼料には、「お米」と「麦」も配合し、あっさりとした甘みのある脂肪と、軟らかく味わいのある赤身に仕上がっています。

概要

管 理 主 体	：全農山形県本部
代 表 者	：後藤 和雄 県本部長
所 在 地	：東田川郡庄内町家根合字中荒田 21-2

電 話	：0234-45-0455
Ｆ Ａ Ｘ	：0234-45-0525
Ｕ Ｒ Ｌ	：www.zennoh-yamagata.or.jp/
メールアドレス	：info01@zennoh-yamagata.or.jp

山形県

てんげんとん
天 元 豚

ヘルシーポーク
天元豚

飼育管理

出荷日齢：170日齢

出荷体重：約120kg

指定肥育地・牧場
：自社農場

飼料の内容
：指定配合飼料
バラ飼料は全て無投薬

商標登録・GI登録・銘柄規約について

商標登録の有無：有
登録取得年月日：2002 年 11 月 1 日

GI 登 録：―

銘柄規約の有無：有
規約設定年月日：2005 年 3 月 8 日
規約改定年月日：―

農場HACCP・JGAPについて

農場 HACCP：無

Ｊ Ｇ Ａ Ｐ：無

交配様式

ケンボロー種（黒豚25％）

主な流通経路および販売窓口

◆主 な と 畜 場
：山形県食肉公社、米沢食肉公社

◆主 な 処 理 場
：同上

◆年 間 出 荷 頭 数
：約 8,000 頭

◆主 要 卸 売 企 業
：山形県食肉公社、住商フーズ

◆輸出実績国・地域
：香港

◆今 後 の 輸 出 意 欲
：有

販売指定店制度について

指定店制度：無
販促ツール：シール

特長

- 生後約 45 日齢以降に給与する飼料は抗生物質無添加。
- 生後 100 日齢以降、予防・治療とも医薬品無投薬。休薬期間 10 日以上の残留性の高い医薬品は使用していません。
- 指定の仕上飼料により、さっぱりしていて、甘い脂質の味を実現しました。

概要

管 理 主 体	：㈲村上畜産
代 表 者	：黒濱 武仁 代表取締役社長
所 在 地	：米沢市南原笹野町 2971-2

電 話	：0238-38-2258
Ｆ Ａ Ｘ	：0238-38-4790
Ｕ Ｒ Ｌ	：―
メールアドレス	：kurohama@mbm.nifty.com

山形県

にっぽんのこめそだち ひらたぼくじょう
きんかとん

日本の米育ち 平田牧場 金華豚

飼育管理	
出荷日齢：約210日齢	
出荷体重：90～100kg	
指定肥育地・牧場	
：山形県	
飼料の内容	
：指定配合飼料	

商標登録・GI登録・銘柄規約について	
商標登録の有無：無	
登録取得年月日：－	
GI 登 録：未定	
銘柄規約の有無：有	
規約設定年月日：2002 年 3 月	
規約改定年月日：－	

農場HACCP・JGAPについて	
農場HACCP：無	
JGAP：無	

交配様式
金華豚交配種
雌（ランドレース×デュロック）
×
雄　金華豚

主な流通経路および販売窓口	
◆主 な と 畜 場	
：庄内食肉流通センター	
◆主 な 処 理 場	
：自社工場	
◆年 間 出 荷 頭 数	
：23,000 頭	
◆主 要 卸 売 企 業	
：－	
◆輸出実績国・地域	
：無	
◆今 後 の 輸 出 意 欲	
：有	

販売指定店制度について	
指定店制度：無	
販促ツール：シール、のぼり、リーフレット、たて、パネルなど	

特長
- 中華高級食材「金華ハム」で知られる浙江省金華地区の在来種「金華豚」純粋種を独自の育種、肥育技術に改良。
- 豚肉とは思えない格段の違いを実感できる優れた肉質、芳醇な味わいをもつ。脂はしっとりとしていて、とても甘みがあり、肉質は絹のようにキメが細かくうまみが詰まっている。
- 飼料も食味アップと安全性（PHFNON-GMO）に配慮した植物性の指定配合肥育飼料を使用。

概要		
管 理 主 体： ㈱平田牧場	電　話：0234-22-8612	
代 表 者： 新田 嘉七	F A X：0234-22-8603	
所 在 地： 酒田市みずほ 2-17-8	U R L：www.hiraboku.info/	
	メールアドレス：info@hiraboku.com	

山形県

にっぽんのこめそだち ひらたぼくじょう
さんげんとん

日本の米育ち 平田牧場 三元豚

飼育管理	
出荷日齢：180～200日齢	
出荷体重：105～110kg	
指定肥育地・牧場	
：北海道、山形県、秋田県、岩手県、	
宮城県、福島県、栃木県	
飼料の内容	
：指定配合飼料	

商標登録・GI登録・銘柄規約について	
商標登録の有無：無	
登録取得年月日：－	
GI 登 録：未定	
銘柄規約の有無：有	
規約設定年月日：1974 年10月	
規約改定年月日：－	

農場HACCP・JGAPについて	
農場HACCP：無	
JGAP：一部農場で取得	
（2019 年8月28日）	

交配様式
雌　雄
雌（ランドレース×デュロック）×バークシャー
（ランドレース×大ヨークシャー）×バークシャー
（ランドレース×大ヨークシャー）×デュロック

主な流通経路および販売窓口	
◆主 な と 畜 場	
：庄内食肉流通センターほか	
◆主 な 処 理 場	
：自社工場および提携工場	
◆年 間 出 荷 頭 数	
：120,000 頭	
◆主 要 卸 売 企 業	
：－	
◆輸出実績国・地域	
：無	
◆今 後 の 輸 出 意 欲	
：有	

販売指定店制度について	
指定店制度：無	
販促ツール：シール、のぼり、リーフレット、たて、パネルなど	

特長
- 独自品種（ランドレース×デュロック）×バークシャーを中心とした自社規格豚。
- 大麦配合の低カロリー飼料による長期肥育により、熟成された味わいを実現。
- 飼料も食味アップと安全性（PHF,NON-GMOなど）に配慮した植物性の指定配合肥育飼料を使用。
- 肉のキメが細かく、歯ごたえのあるもち豚。脂肪が白く甘い。
- 他契約産地飼料米を与えて育てた「こめ育ち豚」

概要		
管 理 主 体： ㈱平田牧場	電　話：0234-22-8612	
代 表 者： 新田 嘉七	F A X：0234-22-8603	
所 在 地： 酒田市みずほ 2-17-8	U R L：www.hiraboku.info/	
	メールアドレス：info@hiraboku.com	

山形県

日本の米育ち 平田牧場 純粋金華豚
にっぽんのこめそだち ひらたぼくじょう じゅんすいきんかとん

飼育管理
出荷日齢：約240日齢
出荷体重：70〜80kg
指定肥育地・牧場 ：山形県、北海道
飼料の内容 ：指定配合飼料

商標登録・GI登録・銘柄規約について
商標登録の有無：無 登録取得年月日：－
ＧＩ登録：未定
銘柄規約の有無：有 規約設定年月日：2002年3月 規約改定年月日：－

農場HACCP・JGAPについて
農場HACCP：無
ＪＧＡＰ：無

交配様式

主な流通経路および販売窓口
◆主なと畜場 ：庄内食肉流通センター
◆主な処理場 ：自社工場
◆年間出荷頭数 ：1,000頭
◆主要卸売企業 ：－
◆輸出実績国・地域 ：無
◆今後の輸出意欲 ：有

販売指定店制度について
指定店制度：無 販促ツール：シール、リーフレット、たて、パネルなど

特長	● 中華高級食材「金華ハム」で知られる浙江省金華地区の在来種「金華豚」純粋種を独自の指定配合飼料で肥育。 ● 高級和牛をしのぐ見事な霜降りとあっさりとした甘みとコクが特長で、豚肉とは思えない芳醇な味わいをもつ。 ● 飼料も食味アップと安全性（PHFNON-GMO）に配慮した植物性の指定配合肥育飼料を使用。 ● 他契約産地飼料用米を与え育てた「こめ育ち豚」

概要	管理主体：㈱平田牧場 代表者：新田 嘉七 所在地：酒田市みずほ2-17-8	電話：0234-22-8612 ＦＡＸ：0234-22-8603 ＵＲＬ：www.hiraboku.info/ メールアドレス：info@hiraboku.com

---

山形県

認定山形豚
にんていやまがたぶた

認定 山形豚 YAMAGATA BUTA

飼育管理
出荷日齢：180日齢
出荷体重：110〜120kg
指定肥育地・牧場 ：県内
飼料の内容 ：とうもろこし、麦類

商標登録・GI登録・銘柄規約について
商標登録の有無：無 登録取得年月日：－
ＧＩ登録：未定
銘柄規約の有無：無 規約設定年月日：－ 規約改定年月日：－

農場HACCP・JGAPについて
農場HACCP：無
ＪＧＡＰ：無

交配様式

	雌	雄
雌	（ランドレース × 大ヨークシャー）	
	×	
雄	デュロック	

主な流通経路および販売窓口
◆主なと畜場 ：山形県食肉公社
◆主な処理場 ：同上
◆年間出荷頭数 ：22,000頭
◆主要卸売企業 ：住商フーズ
◆輸出実績国・地域 ：無
◆今後の輸出意欲 ：有

販売指定店制度について
指定店制度：有 販促ツール：シール、のぼり、パンフレット

特長	● 通常より長い肥育日数でしっかり飼い込むことで、きめ細かい締まりのある肉質となっています。 ● 通常の格付基準のほかに「枝肉重量」「背脂肪厚」に独自の基準を設け、商品の品質安定に努めています。 ● 「認定山形豚」は山形県が推奨するキャラクターマーク「ペロリン」を使用しています。

概要	管理主体：㈱山形県食肉公社 代表者：遠藤 幸士 所在地：山形市大字中野字的場936	電話：023-684-5656 ＦＡＸ：023-684-5659 ＵＲＬ：www.ysyokuniku.jp メールアドレス：－

山形県

舞米豚（まいまいとん）

飼育管理	
出荷日齢：200日齢	
出荷体重：120kg	
指定肥育地・牧場	
：－	
飼料の内容	
：－	

商標登録・GI登録・銘柄規約について	
商標登録の有無：有	
登録取得年月日：2010 年	
ＧＩ登録：－	
銘柄規約の有無：有	
規約設定年月日：2010 年	
規約改定年月日：－	

農場 HACCP・JGAP について	
農場 HACCP：無	
ＪＧＡＰ：無	

交配様式

雌　（ランドレース×大ヨークシャー）
×
雄　　　　デュロック

主な流通経路および販売窓口	
◆主なと畜場	：山形県食肉流通センター
◆主な処理場	：同上
◆年間出荷頭数	：6,000 頭
◆主要卸売企業	：東日本フード、山形県食肉公社
◆輸出実績国・地域	：無
◆今後の輸出意欲	：無

販売指定店制度について	
指定店制度：無	
販促ツール：シール、のぼり	

特長
- 地元山辺町の米を 12％配合した地産地消を意識した飼料。
- 種豚の生産から独自に改良を進めた肉豚は脂のうまみが多く表現されている。
- 自然豊かな月山系の水を使って育てている。

概要		
管理主体：㈱山形ピッグファーム	電話：023-664-5280	
代表者：阿部秀顕	ＦＡＸ：023-664-7708	
所在地：東村山郡山辺町大字根際 249	ＵＲＬ：www.pigfarm.co.jp	
	メールアドレス：honjyo@pigfarm.co.jp	

山形県

陸奥 花笠豚（みちのく はながさとん）

飼育管理	
出荷日齢：200日齢	
出荷体重：120kg	
指定肥育地・牧場	
：－	
飼料の内容	
：－	

商標登録・GI登録・銘柄規約について	
商標登録の有無：有	
登録取得年月日：2010 年	
ＧＩ登録：－	
銘柄規約の有無：有	
規約設定年月日：2010 年	
規約改定年月日：－	

農場 HACCP・JGAP について	
農場 HACCP：無	
ＪＧＡＰ：無	

交配様式

雌　（ランドレース×大ヨークシャー）
×
雄　　　　デュロック

主な流通経路および販売窓口	
◆主なと畜場	：山形県食肉流通センター
◆主な処理場	：同上
◆年間出荷頭数	：20,000 頭
◆主要卸売企業	：東日本フード、山形県食肉公社
◆輸出実績国・地域	：無
◆今後の輸出意欲	：無

販売指定店制度について	
指定店制度：無	
販促ツール：－	

特長
- 種豚の生産から独自に改良を進めた肉豚は脂のうまみが多く表現されている。
- 自然豊かな月山系の水を使って育てている。

概要		
管理主体：㈱山形ピッグファーム	電話：023-664-5280	
代表者：阿部秀顕	ＦＡＸ：023-664-7708	
所在地：東村山郡山辺町大字根際 249	ＵＲＬ：www.pigfarm.co.jp	
	メールアドレス：honjyo@pigfarm.co.jp	

山形県

やまがたけいゆうのうじょうきんかとん
山形敬友農場金華豚

飼育管理	
出荷日齢	240 日齢
出荷体重	約120kg
指定肥育地・牧場	：敬友農場
飼料の内容	：－

商標登録・GI登録・銘柄規約について	
商標登録の有無	有
登録取得年月日	2011 年 2 月 18 日
GI 登 録	未定
銘柄規約の有無	無
規約設定年月日	－
規約改定年月日	－

農場 HACCP・JGAP について	
農場 HACCP	無
JGAP	無

交配様式

雌　　　　　雄
バークシャー × 金華豚

主な流通経路および販売窓口	
◆主 な と 畜 場	：宮城県食肉流通公社
◆主 な 処 理 場	：I Hハムミートパッカー
◆年 間 出 荷 頭 数	：650 頭
◆主 要 卸 売 企 業	：伊藤ハム
◆輸 出 実 績 国・地 域	：無
◆今 後 の 輸 出 意 欲	：無

販売指定店制度について	
指定店制度	無
販促ツール	シール、のぼり

特長
- バークシャーの雌に金華豚の雄をかけ合わせ、約240日の期間、最良質の飼料を制限給与。
- 甘みとうまみ成分に優れた豚肉。
- 日本で唯一の交配様式（バークシャー × 金華豚）
- 限定生産豚。

概要				
管 理 主 体 ：㈲敬友農場		電　　　　　話	：023-744-2625	
代 表 者 ：内田雄一		F　A　X	：同上	
所 在 地 ：東根市大字猪野沢 5		U　R　L	：－	
		メールアドレス	：－	

山形県

やまがたけいゆうのうじょうじゅんすいきんかとん
山形敬友農場純粋金華豚

飼育管理	
出荷日齢	：約300 日齢
出荷体重	：約80kg
指定肥育地・牧場	：敬友農場
飼料の内容	：自社配合

商標登録・GI登録・銘柄規約について	
商標登録の有無	無
登録取得年月日	－
GI 登 録	未定
銘柄規約の有無	無
規約設定年月日	－
規約改定年月日	－

農場 HACCP・JGAP について	
農場 HACCP	無
JGAP	無

交配様式

金華豚

主な流通経路および販売窓口	
◆主 な と 畜 場	：宮城県食肉流通公社
◆主 な 処 理 場	：I Hハムミートパッカー
◆年 間 出 荷 頭 数	：約60 頭
◆主 要 卸 売 企 業	：－
◆輸 出 実 績 国・地 域	：無
◆今 後 の 輸 出 意 欲	：無

販売指定店制度について	
指定店制度	無
販促ツール	シール、のぼり

特長
- 中国原産の希少価値のある豚で、世界三大ハムの１つ「金華ハム」の原料としても知られる。
- 自社配合の飼料を制限給与して丹精込めて育てています。

概要				
管 理 主 体 ：㈲敬友農場		電　　　　　話	：023-744-2625	
代 表 者 ：内田 雄一		F　A　X	：同上	
所 在 地 ：東根市大字猪野沢 5		U　R　L	：www.ku-farm.jp	
		メールアドレス	：k.u-farm@dune.ocn.ne.jp	

山形県

よねざわぶたいちばんそだち
米澤豚一番育ち

（株）山形県食肉公社

飼育管理	
出荷日齢：180日齢	
出荷体重：120kg	
指定肥育地・牧場 ：川西農場、南陽農場	
飼料の内容 ：当社独自の指定配合（仕上60日 間）。とうもろこし、麦主体	

商標登録・GI登録・銘柄規約について
商標登録の有無：有（登録第5335400号）
登録取得年月日：2010年7月2日
G I 登 録：
銘柄規約の有無：無
規約設定年月日：―
規約改定年月日：―

農場HACCP・JGAPについて
農場HACCP：無
J G A P：無

交配様式

雌　（ランドレース × 大ヨークシャー）

×

雄　　　　　　デュロック

主な流通経路および販売窓口
◆主なと畜場 ：山形県食肉公社、米沢食肉公社
◆主な処理場 ：同上
◆年間出荷頭数 ：27,000頭
◆主要卸売企業 ：―
◆輸出実績国・地域 ：香港、タイ、台湾
◆今後の輸出意欲 ：有

販売指定店制度について
指定店制度：無
販促ツール：パンフレット、シール、のぼり

特長
- 健康のすくすく育った一番育ちは自社独自のとうもろこし、麦主体の配合飼料で180日かけてじっくりと飼育されます。
- 飼育員は8割が女性で愛情かけて育てられます。
- サシの入りやすい系統を選抜し、飼料にはビタミンEを通常の2.7倍含みます。
- 農場の防疫を徹底して安心・安全な豚肉をお届けします。

概要		
管 理 主 体 ：㈲ピックファーム室岡	電　　　　話 ：0238-43-5655
代 表 者 ：室岡　修一　代表取締役	F A X ：0238-43-3332
所 在 地 ：南陽市宮崎527	U R L ：www.dewa.or.jp/~pfn-md
	メールアドレス ：pfm-ms@dewa.or.jp

福島県

しらかわこうげんせいりゅうとん
白河高原清流豚

白河高原清流豚
SEIRYU・TON
Shirakawa Kogen

飼育管理	
出荷日齢：180日齢	
出荷体重：約120kg	
指定肥育地・牧場 ：白河市	
飼料の内容 ：穀類の多い飼料（とうもろこし、 大麦）	

商標登録・GI登録・銘柄規約について
商標登録の有無：有
登録取得年月日：2006年7月7日
G I 登 録：
銘柄規約の有無：無
規約設定年月日：―
規約改定年月日：―

農場HACCP・JGAPについて
農場HACCP：有（推進農場指定2018年 12月～）
J G A P：無

交配様式

雌　（大ヨークシャー × バークシャー）

×

雄　　　　　　デュロック

主な流通経路および販売窓口
◆主なと畜場 ：福島県食肉流通センター
◆主な処理場 ：同上
◆年間出荷頭数 ：約1,200頭
◆主要卸売企業 ：自社
◆輸出実績国・地域 ：無
◆今後の輸出意欲 ：有

販売指定店制度について
指定店制度：有
販促ツール：シール、のぼり、リーフレット

特長
- 飲み水はミネラル豊富な天然水を使用。
- 後期飼料にビタミンE強化の植物性タンパク質を与える。
- 脂の風味がよく、口溶けがよいのが特徴。
- 国産豚の標準値に対してリノレン酸は約1.8倍、リノール酸およびオレイン酸は約1.2倍の含有量がある（同社調べ）

概要		
管 理 主 体 ：㈲肉の秋元本店	電　　　　話 ：0248-46-2350
代 表 者 ：秋元　幸一	F A X ：0248-46-2426
所 在 地 ：白河市大信増見字北田82	U R L ：www.nikunoakimoto.jp/
	メールアドレス ：jf-akimoto@m8.dion.ne.jp

福島県

麓山高原豚
（はやまこうげんとん）

飼育管理	
出荷日齢：約180日齢	
出荷体重：110〜120kg	
指定肥育地・牧場	
：−	
飼料の内容	
：仕上げ専用飼料（約2カ月間） 天然樹木エキス、亜麻仁油、エゴマ粕を添加。	

商標登録・GI登録・銘柄規約について	
商標登録の有無：有	
登録取得年月日：−	
GI登録：−	
銘柄規約の有無：有	
規約設定年月日：1990年4月10日	
規約改定年月日：−	

農場HACCP・JGAPについて	
農場HACCP：無	
JGAP：無	

交配様式

雌	（ランドレース × 大ヨークシャー）
	×
雄	デュロック

主な流通経路および販売窓口	
◆主なと畜場：福島県食肉流通センター	
◆主な処理場：同上	
◆年間出荷頭数：20,000頭	
◆主要卸売企業：−	
◆輸出実績国・地域：−	
◆今後の輸出意欲：−	

販売指定店制度について	
指定店制度：有	
販促ツール：シール、のぼり、ポスター	

特長
- 仕上げ専用飼料に飼料米を配合。
- 天然樹木エキス、亜麻仁油、エゴマ粕を添加。
- 豚肉を煮ると「アク」が出にくい。
- 脂肪もあっさりしてうまみがある。

概要	管理主体	：麓山高原豚生産振興協議会	電話	：024-956-2983
	代表者	：須藤 福男	FAX	：024-943-5377
	所在地	：郡山市富久山町久保田字古坦50	URL	：www.fs.zennoh.or.jp
			メールアドレス	：−

茨城県

あじわいポーク
（あじわいぽーく）

飼育管理	
出荷日齢：160日齢	
出荷体重：約115kg	
指定肥育地・牧場	
：−	
飼料の内容	
：−	

商標登録・GI登録・銘柄規約について	
商標登録の有無：有	
登録取得年月日：−	
GI登録：未定	
銘柄規約の有無：有	
規約設定年月日：−	
規約改定年月日：−	

農場HACCP・JGAPについて	
農場HACCP：−	
JGAP：−	

交配様式

雌	（ランドレース × 大ヨークシャー）
	×
雄	デュロック
雌	（ランドレース × 中ヨークシャー）
	×
雄	デュロック

主な流通経路および販売窓口	
◆主なと畜場：竜ヶ崎食肉センター	
◆主な処理場：フィード・ワンフーズ	
◆年間出荷頭数：2,500頭	
◆主要卸売企業：−	
◆輸出実績国・地域：無	
◆今後の輸出意欲：無	

販売指定店制度について	
指定店制度：無	
販促ツール：シール、のぼり、パンフレット	

特長
- 親豚導入先を統一している。
- 飼料を統一し、いも類を配合している。

※ 情報の一部は2018年時点。

概要	管理主体	：大里畜産	電話	：0299-73-2343
	代表者	：大里 武志	FAX	：0299-73-0733
	所在地	：行方市青沼300-3	URL	：−
			メールアドレス	：−

茨城県

いばらきじようとん
いばらき地養豚

飼育管理	
出荷日齢	185日齢
出荷体重	115〜120kg
指定肥育地・牧場	県内限定
飼料の内容	地養豚専用飼料、穀類82%以上（うち麦比率約30%）、地養素、グローリッチ。地養素（木酢精製液、ゼオライト、海藻粉、ヨモギ粉）

商標登録・GI登録・銘柄規約について

商標登録の有無	無
登録取得年月日	－
GI登録	未定
銘柄規約の有無	有
規約設定年月日	2003年4月1日
規約改定年月日	－

農場HACCP・JGAPについて

農場HACCP	無
JGAP	無

主な流通経路および販売窓口

- ◆主なと畜場：茨城県中央食肉公社
- ◆主な処理場：飯島畜産
- ◆年間出荷頭数：4,500頭
- ◆主要卸売企業：飯島畜産
- ◆輸出実績国・地域：無
- ◆今後の輸出意欲：有

販売指定店制度について

指定店制度：有
販促ツール：シール、のぼり、リーフレット

交配様式

雌	（ランドレース × 大ヨークシャー）
	×
雄	デュロック

特長

- 生産者を指定し、地養豚専用飼料と地養素とグローリッチを与えている。
- 肉質に甘みとコクがあり、豚肉特有の臭みが少ない。
- コレステロールが一般豚に比べて少なく、アク汁が出にくい。

概要	管理主体	：飯島畜産㈱	電話	：0291-39-2181
	代表者	：飯島 俊明	FAX	：0291-39-2696
	所在地	：鉾田市上沢1746-4	URL	：www.iijima1129.co.jp/
			メールアドレス	：info@iijima1129.co.jp

茨城県

いもたろう
（ミラクルポーク）いも太郎

飼育管理	
出荷日齢	180〜200日齢
出荷体重	115〜120kg
指定肥育地・牧場	鉾田市勝下新田
飼料の内容	3.5カ月〜4カ月まで一般の配合飼料を使用。そのご発酵飼料（工場残さ）を熱処理し、さらに乳酸菌その他ビタミン、ミネラルを使用。特に地元さつまいもの加工副産物を大量に使用する。

商標登録・GI登録・銘柄規約について

商標登録の有無	有
登録取得年月日	2014年8月22日
GI登録	－
銘柄規約の有無	有
規約設定年月日	－
規約改定年月日	－

農場HACCP・JGAPについて

農場HACCP	無
JGAP	無

主な流通経路および販売窓口

- ◆主なと畜場：茨城県食肉市場
- ◆主な処理場：茨城県中央食肉公社
- ◆年間出荷頭数：1,600頭
- ◆主要卸売企業：－
- ◆輸出実績国・地域：無
- ◆今後の輸出意欲：無

販売指定店制度について

指定店制度：無
販促ツール：

交配様式

雌	（ランドレース × 大ヨークシャー）
	×
雄	デュロック

特長

- 100%地元さつまいも（加熱）を使用しているため、食味は甘くドリップが少なく、あくが非常に少なくなっているのが特長。

概要	管理主体	：田口畜産	電話	：0291-37-2395
	代表者	：田口 十三弥	FAX	：同上
	所在地	：鉾田市勝下新田27-1	URL	：－
			メールアドレス	：－

茨 城 県

きんぐぽーく
キング宝食

飼育管理	
出荷日齢：180日齢	
出荷体重：115kg	
指定肥育地・牧場 ：―	
飼料の内容 ：大麦15％、パン粉菓子粉25％、キャッサバ5％を配合	

商標登録・GI登録・銘柄規約について
商標登録の有無：有 登録取得年月日：1999年5月14日
G I 登 録：
銘柄規約の有無：有 規約設定年月日：1999年12月20日 規約改定年月日：―

農場HACCP・JGAPについて
農場HACCP：無
J G A P：無

交配様式

雌	（ランドレース × 大ヨークシャー）
	×
雄	デュロック

主な流通経路および販売窓口
◆主 な と 畜 場 ：神奈川食肉センター、本庄食肉センター
◆主 な 処 理 場 ：同上
◆年 間 出 荷 頭 数 ：30,000頭
◆主 要 卸 売 企 業 ：中山畜産、米久（アイポーク）
◆輸出実績国・地域 ：無
◆今 後 の 輸 出 意 欲 ：無

販売指定店制度について
指定店制度：無 販促ツール：パンフレット、シール、のぼり

特長	● ランドレース、大ヨークシャー、デュロックの3品種を20年かけて独自に改良。 ● とくにおいしい豚肉をつくる系統を保存。 ● 飼料には大麦15％、パン粉菓子粉25％、キャッサバ5％を配合して、軟らかくおいしい豚肉にしている。

概要	管 理 主 体 ：㈲キングポーク 代 表 者 ：小菅 忠一 所 在 地 ：筑西市小栗3487-2	電 話 ：0296-21-7117 F A X ：同上 U R L ：king-pork.jp/ メールアドレス ：info@king-pork.jp

---

茨 城 県

しほうもちぶた
紫峰もち豚

飼育管理	
出荷日齢：170〜185日齢	
出荷体重：115〜125kg	
指定肥育地・牧場 ：―	
飼料の内容	

商標登録・GI登録・銘柄規約について
商標登録の有無：無 登録取得年月日：―
G I 登 録：無
銘柄規約の有無：― 規約設定年月日：― 規約改定年月日：―

農場HACCP・JGAPについて
農場HACCP：無
J G A P：無

交配様式

雌	（ランドレース × 大ヨークシャー）
	×
雄	デュロック

主な流通経路および販売窓口
◆主 な と 畜 場 ：東京都食肉市場、土浦食肉協同組合
◆主 な 処 理 場 ：同上
◆年 間 出 荷 頭 数 ：4,600頭
◆主 要 卸 売 企 業 ：―
◆輸出実績国・地域 ：無
◆今 後 の 輸 出 意 欲 ：無

販売指定店制度について
指定店制度：有 販促ツール：―

特長	● 赤身と脂肪の絶妙なバランス、ジューシーそしてヘルシーなのが最大の特徴です。 ● 肉のうま味成分であるイノシン酸と脂身のうま味成分であるオレイン酸もたっぷり含まれています。 ● 食パン粉を餌に加えることで、ジューシーでなめらかな味わいを実現しています。

概要	管 理 主 体 ：潮田養豚場 代 表 者 ：潮田 陽一 所 在 地 ：石岡市細谷421	電 話 ：0299-42-3427 F A X ：同上 U R L ：― メールアドレス ：―

茨城県

しもふりはーぶ
霜ふりハーブ

飼育管理	
出荷日齢	約180日齢
出荷体重	約115kg
指定肥育地・牧場	：鉾田市
飼料の内容	：配合飼料（混合飼料）。人体用漢方薬抽出残さ

商標登録・GI登録・銘柄規約について	
商標登録の有無	：有
登録取得年月日	：2007年12月21日
GI登録	：未定
銘柄規約の有無	：無
規約設定年月日	：－
規約改定年月日	：－

農場HACCP・JGAPについて	
農場HACCP	：－
JGAP	：－

交配様式

雌	雌 ランドレース ×雄（大ヨークシャー × 中ヨークシャー） × 雄 デュロック
雌	（大ヨークシャー × バークシャー） × 雄 デュロック

特長
- 選択した系統によるオールA1（人工授精）で霜降りがよく入る。
- ハーブ混合飼料を主原料として、人体用漢方薬抽出残さを加えて育てた。
- 獣臭やアクが極めて少ない、甘みのある軟らかい豚肉。

主な流通経路および販売窓口	
◆主なと畜場	：土浦食肉協同組合
◆主な処理場	：同上
◆年間出荷頭数	：3,000頭
◆主要卸売企業	：霞畜産商事、佐藤畜産商事
◆輸出実績国・地域	：無
◆今後の輸出意欲	：無

販売指定店制度について	
指定店制度	：無
販促ツール	：シール、パンフレット

概要	
管理主体	：佐伯畜産
代表者	：佐伯 淳
所在地	：鉾田市造谷336-10
電話	：0291-37-0145
FAX	：同上
URL	：www.saeki-chikusan.com/
メールアドレス	：saeki0527@yahoo.co.jp

茨城県

たけくまたくまぶた
武熊たくま豚

武熊たくま豚 ®

飼育管理	
出荷日齢	：180日齢
出荷体重	：115kg
指定肥育地・牧場	：－
飼料の内容	：－

商標登録・GI登録・銘柄規約について	
商標登録の有無	：有
登録取得年月日	：2014年8月15日
GI登録	：
銘柄規約の有無	：無
規約設定年月日	：－
規約改定年月日	：－

農場HACCP・JGAPについて	
農場HACCP	：有（2019年12月）
JGAP	：無

交配様式

雌	雌（ランドレース × 雄 大ヨークシャー） × 雄 デュロック

特長
- 肉質を追求した指定配合飼料、こだわりの乳酸菌。
- 甘みがあり、さっぱりとした脂身。
- 臭みがなく、ドリップが極めて少ない。

主な流通経路および販売窓口	
◆主なと畜場	：土浦食肉協同組合、竜ケ崎食肉事業協同組合
◆主な処理場	：－
◆年間出荷頭数	：3,300頭
◆主要卸売企業	：佐藤畜産、常陽牧場
◆輸出実績国・地域	：－
◆今後の輸出意欲	：－

販売指定店制度について	
指定店制度	：－
販促ツール	：シール、のぼり

概要	
管理主体	：武熊牧場
代表者	：武熊 俊明
所在地	：石岡市下林1894
電話	：0299-43-0147
FAX	：同上
URL	：－
メールアドレス	：－

茨城県

つくば豚
つくばぶた

飼育管理
出荷日齢：210日齢
出荷体重：約100kg
指定肥育地・牧場 ：土浦市本郷
飼料の内容 ：茨城ローズポーク後期飼料＋大麦30%

商標登録・GI登録・銘柄規約について
商標登録の有無：無
登録取得年月日：－
ＧＩ登録：－
銘柄規約の有無：無
規約設定年月日：－
規約改定年月日：－

農場HACCP・JGAPについて
農場HACCP：無
ＪＧＡＰ：－

交配様式

雌	雌 （ランドレース × 大ヨークシャー） × 雄 デュロック
雄	

主な流通経路および販売窓口
◆主なと畜場 ：茨城県食肉市場
◆主な処理場 ：茨城県食肉市場、筑波ハム
◆年間出荷頭数 ：600頭
◆主要卸売企業 ：－
◆輸出実績国・地域 ：無
◆今後の輸出意欲 ：無

販売指定店制度について
指定店制度：考慮中
販促ツール：シール、のぼり、パネル、パンフレット

特長
- 種豚の選定は脂肪をつくる遺伝子から味の違いを調べ、肉質が安定しておいしい肉を提供。
- 同腹、同系統であっても肉質にバラツキがあるのは親から受け継いだ遺伝子によるもの。
- 良い遺伝子を受け継いでいるものを選抜種豚にすることで良質で安定した肉を、また加工品として供給している。
- 農工商等連携対策支援事業（平成22年4月1日交付）

概要	管理主体	：	㈲筑波ハム	電話	：	029-856-1953
	代表者	：	中野 智江子 代表取締役	ＦＡＸ	：	029-856-1958
	所在地	：	つくば市下平塚356-1	ＵＲＬ	：	www.tsukubaham.co.jp
				メールアドレス	：	info@tsukubaham.co.jp

茨城県

成田屋の芋麦豚
なりたやのいもむぎぶた

飼育管理
出荷日齢：180日齢
出荷体重：115kg
指定肥育地・牧場 ：笠間市・成田畜産
飼料の内容 ：兼松の指定配合飼料

商標登録・GI登録・銘柄規約について
商標登録の有無：無
登録取得年月日：－
ＧＩ登録：－
銘柄規約の有無：無
規約設定年月日：－
規約改定年月日：－

農場HACCP・JGAPについて
農場HACCP：無
ＪＧＡＰ：無

交配様式

雌	雌 （ランドレース × 大ヨークシャー） × 雄 デュロック
雄	

主な流通経路および販売窓口
◆主なと畜場 ：東京都食肉市場
◆主な処理場 ：同上
◆年間出荷頭数 ：約6,000頭
◆主要卸売企業 ：－
◆輸出実績国・地域 ：無
◆今後の輸出意欲 ：有

販売指定店制度について
指定店制度：無
販促ツール：シール

特長
- 麦類といも（さつまいも）による飼料と水にこだわり健康な豚を育てています。
- 芋麦豚はにくのうま味と脂の甘みが消費者の皆さまに好評です。

概要	管理主体	：	㈱成田畜産	電話	：	0299-45-5617
	代表者	：	成田 哲夫	ＦＡＸ	：	0299-45-5776
	所在地	：	笠間市下郷5145-9	ＵＲＬ	：	－
				メールアドレス	：	－

茨城県
美味豚（びみとん）

飼育管理	
出荷日齢：180日齢	
出荷体重：115kg	
指定肥育地・牧場 ：―	
飼料の内容 ：指定飼料純植物性飼料（マイロ、 　麦、キャッサバ、とうもろこし） 　に飼料米、そのほか	

商標登録・GI登録・銘柄規約について
商標登録の有無：無 登録取得年月日：―
G I 登 録：―
銘柄規約の有無：無 規約設定年月日：― 規約改定年月日：―

農場HACCP・JGAPについて
農場HACCP：無
J G A P：無

交配様式

雌　（ランドレース × 大ヨークシャー）
×
雄　　　　　　デュロック

主な流通経路および販売窓口
◆主 な と 畜 場 　：竜ヶ崎食肉センター
◆主 な 処 理 場 　：常陽牧場
◆年 間 出 荷 頭 数 　：15,000頭
◆主 要 卸 売 企 業 　：―
◆輸 出 実 績 国・地 域 　：―
◆今 後 の 輸 出 意 欲 　：―

販売指定店制度について
指定店制度：― 販促ツール：―

特長	● SPF認定農場で生産。種豚のデュロックを独自の基準で選別、指定配合飼料にエコフィード（さつまいも、じゃがいも、飼料米）等を自社配合し長期肥育。 ● 生産から販売まで一貫管理し、豚自体の免疫を高め、健康な豚を育てるため、乳酸菌や酵母菌などを飼料に添加し、薬品使用量が非常に少ない。 ● マーブリング、軟らかさ、日持ちが良く、豚くさくなく、脂が甘い。

概要	管 理 主 体：常陽発酵農法牧場㈱ 代 表 者：櫻井　宣育 所 在 地：牛久市結束町552	電 話：0297-62-5961 F A X：0297-62-5962 U R L：― メールアドレス：―

茨城県
美明豚（びめいとん）

飼育管理	
出荷日齢：185日齢	
出荷体重：117.6kg	
指定肥育地・牧場 ：―	
飼料の内容 ：指定配合飼料、大麦、オリーブオ 　イルなど	

商標登録・GI登録・銘柄規約について
商標登録の有無：有 登録取得年月日：2003年12月
G I 登 録：―
銘柄規約の有無：有 規約設定年月日：2004年12月1日 規約改定年月日：―

農場HACCP・JGAPについて
農場HACCP：有（2018年4月27日）
J G A P：有（2018年11月5日）

交配様式

雌　（ランドレース × 大ヨークシャー）
×
雄　　　　　　デュロック

主な流通経路および販売窓口
◆主 な と 畜 場 　：茨城県食肉市場
◆主 な 処 理 場 　：茨城県中央食肉公社
◆年 間 出 荷 頭 数 　：10,000頭
◆主 要 卸 売 企 業 　：SCミート
◆輸 出 実 績 国・地 域 　：準備中 　今 後 の 輸 出 意 欲 　：有

販売指定店制度について
指定店制度：有 販促ツール：シール、のぼり、パネ ル、パンフレット、美 明豚販売店指定証、ポ スター

特長	● 最上級の配合飼料にバランスよく天然素材を設計した飼料を与え、肥育された豚。 ● 日本SPF豚協会の認定を受け、子豚から出荷まで1カ所の農場で生産管理している。 ● 甘みとコクはもとより、風味があり、軟らかく質の良い脂が特徴。 ● 農林水産大臣賞連続受賞（14回受賞）、茨城県畜産大賞最優秀賞受賞。

概要	管 理 主 体：㈲中村畜産 代 表 者：中村　一夫 所 在 地：行方市麻生133-4	電 話：0299-72-0234、0291-35-2146（農場） F A X：0299-72-0538、0291-35-3646（同） U R L：www.ibaraki-kousha.co.jp/ メールアドレス：―

茨城県 撫豚（ぶなぶた）

撫豚
Buna Buta

飼育管理	
出荷日齢：175日齢	
出荷体重：115kg	
指定肥育地・牧場 ：久慈郡大子町	
飼料の内容 ：－	

商標登録・GI登録・銘柄規約について	
商標登録の有無：有	
登録取得年月日：2007年8月31日	
GI登録：	
銘柄規約の有無：無	
規約設定年月日：－	
規約改定年月日：－	

農場HACCP・JGAPについて	
農場HACCP：無	
JGAP：無	

交配様式

雌	（ランドレース×大ヨークシャー）
	×
雄	デュロック

特長
● 水と緑豊な恵みに満たされた奥久慈の地で撫の古木の下から遠くに八溝の山並みをのぞみ、穏やかでのんびりとした静かな環境の中で、天然水を飲み育った豚の脂質はとても白く、サーモンピンクの肉色です。

主な流通経路および販売窓口
◆主なと畜場 ：東京食肉市場、茨城県食肉市場
◆主な処理場 ：同上、大久保武商事
◆年間出荷頭数 ：14,000頭
◆主要卸売企業 ：東京食肉市場、茨城県食肉市場、大久保武商事、全農ミートフーズ
◆輸出実績国・地域 ：無
◆今後の輸出意欲 ：有

販売指定店制度について
指定店制度：有
販促ツール：シール

概要			
管理主体 ：㈲常陸牧場	電話：0295-76-0111		
代表者 ：矢吹 和人 代表取締役	FAX：0295-76-0112		
所在地 ：久慈郡大子町高柴4382	URL：－		
	メールアドレス：buna-buta@laku.ocn.ne.j		

茨城県 まごころ豚（まごころぶた）

まごころ豚 いばらき鉾田 石上ファーム

飼育管理	
出荷日齢：180日齢	
出荷体重：115kg	
指定肥育地・牧場 ：南野第一本場他（自社農場）	
飼料の内容 ：飼料米を15%、鉾田市産を含む国産甘しょ1％を配合した指定配合飼料（肥育後期）	

商標登録・GI登録・銘柄規約について	
商標登録の有無：有	
登録取得年月日：2007年4月4日	
GI登録：未定	
銘柄規約の有無：有	
規約設定年月日：2007年5月1日	
規約改定年月日：－	

農場HACCP・JGAPについて	
農場HACCP：無	
JGAP：無	

交配様式

雌	（大ヨークシャー×ランドレース）
	×
雄	デュロック

特長
● 自社GP農場を中心とした種豚から肥育までの一貫生産体制。
● 肉質向上を目標とした指定配合飼料を肥育後期に給与（飼料米15%、鉾田市産甘しょ1％を配合）甘みのある肉質と脂肪交雑がほど良く入った軟らかい食感。
● 自社関連会社の、独自のミネラル酵素入り混合資料を飼料添加し、給与。

主な流通経路および販売窓口
◆主なと畜場 ：茨城県中央食肉公社、取手食肉センター、東京都食肉市場
◆主な処理場 ：－
◆年間出荷頭数 ：60,000頭
◆主要卸売企業 ：飯島畜産
◆輸出実績国・地域 ：無
◆今後の輸出意欲 ：無

販売指定店制度について
指定店制度：無
販促ツール：シール、のぼり、ポスター

概要			
管理主体 ：㈲石上ファーム	電話：0291-33-5279		
代表者 ：石上 守	FAX：0291-32-2465		
所在地 ：鉾田市鉾田618-1	URL：www.ishigami-farm.co.jp		
	メールアドレス：soumu@ishigami-farm.co.jp		

茨城県

味麗豚
みらいとん

飼育管理	
出荷日齢：180日齢	
出荷体重：110〜120kg	
指定肥育地・牧場 ：茨城県、埼玉県、栃木県	
飼料の内容 ：味麗豚専用飼料（豊橋飼料）	

商標登録・GI登録・銘柄規約について	
商標登録の有無：有	
登録取得年月日：2003年10月21日	
G I 登 録：未定	
銘柄規約の有無：有	
規約設定年月日：2001年4月1日	
規約改定年月日：－	

農場HACCP・JGAPについて	
農場HACCP：一部農場のみ（2015年）	
J G A P：無	

交配様式

雌	（ランドレース × 大ヨークシャー）
	×
雄	デュロック

特長
- 植物性飼料
- ポリフェノール
- 麹菌
- 天然鉱石トルマリン水

主な流通経路および販売窓口
◆ 主 な と 畜 場 ：印旛食肉センター、和光、取手食肉センター
◆ 主 な 処 理 場 ：同上
◆ 年 間 出 荷 頭 数 ：30,000頭
◆ 主 要 卸 売 企 業 ：村下商事、金井畜産
◆ 輸出実績国・地域 ：無
◆ 今後の輸出意欲 ：有

販売指定店制度について
指定店制度：無
販促ツール：シール、のぼり、パネル、ポスター、パンフレット

概要	管 理 主 体：	味麗グループ	電 話：	0296-24-7750
	代 表 者：	三反崎 靖典 事務局	F A X：	0296-24-7768
	所 在 地：	筑西市丙341	U R L：	www.mirai-ton.jp
			メールアドレス：	mirai_mitazaki@extra.ocn-ne.jp

茨城県

山西牧場
やまにしぼくじょう

飼育管理	
出荷日齢：180日齢	
出荷体重：約115kg	
指定肥育地・牧場 ：山西牧場	
飼料の内容 ：指定配合飼料	

商標登録・GI登録・銘柄規約について	
商標登録の有無：有	
登録取得年月日：－	
G I 登 録：－	
銘柄規約の有無：－	
規約設定年月日：－	
規約改定年月日：－	

農場HACCP・JGAPについて	
農場HACCP：有（2018年1月12日）	
J G A P：無	

交配様式

雌	（ランドレース × 大ヨークシャー）
	×
雄	デュロック

特長
- 配合飼料を液体状にして給餌。
- くせが無く、甘みのある脂が特長でドリップも少ない。

主な流通経路および販売窓口
◆ 主 な と 畜 場 ：土浦食肉市場、東京都食肉市場
◆ 主 な 処 理 場 ：O.M.C
◆ 年 間 出 荷 頭 数 ：11,000〜12,000頭
◆ 主 要 卸 売 企 業 ：O.M.C
◆ 輸出実績国・地域 ：無
◆ 今後の輸出意欲 ：無

販売指定店制度について
指定店制度：無
販促ツール：シール、リーフレット、置物

概要	管 理 主 体：	㈱山西牧場	電 話：	0297-44-2195
	代 表 者：	倉持 信宏	F A X：	0297-44-2732
	所 在 地：	坂東市沓掛乙585-1	U R L：	－
			メールアドレス：	yamanisi@iinet.ne.jp

茨城県

弓豚（ゆみぶた）

YUMI BUTA

飼育管理
出荷日齢：170日齢
出荷体重：約115kg
指定肥育地・牧場 ：－
飼料の内容 ：弓豚専用飼料

商標登録・GI登録・銘柄規約について
商標登録の有無：有
登録取得年月日：2008年12月26日
ＧＩ登録：－
銘柄規約の有無：無
規約設定年月日：－
規約改定年月日：－

農場HACCP・JGAPについて
農場HACCP：無
ＪＧＡＰ：無

交配様式

雌	雌　　　　　　　　雄 （ランドレース×大ヨークシャー） × デュロック
雄	

特長
- ＳＰＦ認定農場。
- オリジナル飼料に杜仲茶、乳酸菌などを入れ、豚の健康を第一に考えて肥育しています。

主な流通経路および販売窓口
◆主 な と 畜 場 ：土浦食肉協同組合
◆主 な 処 理 場 ：佐藤畜産
◆年 間 出 荷 頭 数 ：9,500頭
◆主 要 卸 売 企 業 ：－
◆輸 出 実 績 国・地 域 ：無
◆今 後 の 輸 出 意 欲 ：無

販売指定店制度について
指定店制度：無
販促ツール：シール、のぼり

概要	管 理 主 体：㈲弓野畜産 代 表 者：弓野　知則 所 在 地：石岡市大砂10403-3	電 話：0299-24-4568 Ｆ Ａ Ｘ：0299-23-3382 Ｕ Ｒ Ｌ：www.yumibuta.jp メールアドレス：mail@yumibuta.jp

---

茨城県

よねかわのぶた　SPF豚（よねかわのぶたえすぴーえふとん）

飼育管理
出荷日齢：約180日
出荷体重：118kg前後
指定肥育地・牧場 ：自社
飼料の内容 ：専用の配合飼料

商標登録・GI登録・銘柄規約について
商標登録の有無：－
登録取得年月日：－
ＧＩ登録：－
銘柄規約の有無：－
規約設定年月日：－
規約改定年月日：－

農場HACCP・JGAPについて
農場HACCP：無
ＪＧＡＰ：無

交配様式

雌	雌　　　　　　　　雄 （ランドレース×大ヨークシャー） × デュロック
雄	
雌	（大ヨークシャー×ランドレース） × デュロック
雄	

特長
- 肉質はきめ細かく、滑らかであっさりとした脂身が特長。
- 清潔な環境で衛生的に育てられている。

主な流通経路および販売窓口
◆主 な と 畜 場 ：東京食肉市場
◆主 な 処 理 場 ：－
◆年 間 出 荷 頭 数 ：4,000頭
◆主 要 卸 売 企 業 ：東京食肉市場
◆輸 出 実 績 国・地 域 ：－
◆今 後 の 輸 出 意 欲 ：－

販売指定店制度について
指定店制度：－
販促ツール：シール

概要	管 理 主 体：㈲米川養豚場 代 表 者：米川　智明 所 在 地：鉾田市造谷1326	電 話：0291-37-0281 Ｆ Ａ Ｘ：0291-37-3775 Ｕ Ｒ Ｌ：－ メールアドレス：－

茨城県
蓮根豚
（れんこんぶた）

蓮 根 豚

飼育管理
出荷日齢：180日齢
出荷体重：約110～118kg
指定肥育地・牧場 ：－
飼料の内容 ：配合飼料 　地域名産の蓮根（れんこん）を与 　えている

商標登録・GI登録・銘柄規約について
商標登録の有無：有 登録取得年月日：2013年4月5日
G I 登 録：
銘柄規約の有無：有 規約設定年月日：2010年10月 規約改定年月日：－

農場HACCP・JGAPについて
農場HACCP：無
J G A P：無

交配様式

雌	雌 （ランドレース×大ヨークシャー） ×
雄	雄 デュロック

	特長
特 長	● 地域循環型農業の構築の一環として育てた豚。 ● 地域特産品のれんこんを食べているので、脂身があっさりしていて臭みがない豚肉に仕上がっている。

主な流通経路および販売窓口
◆主 な と 畜 場 ：茨城協同食肉
◆主 な 処 理 場 ：同上
◆年 間 出 荷 頭 数 ：1,200頭
◆主 要 卸 売 企 業 ：全農ミートフーズ
◆輸出実績国・地域 ：無
◆今 後 の 輸 出 意 欲 ：無

販売指定店制度について
指定店制度：無 販促ツール：シール、のぼり

概要		
概 要	管 理 主 体 ：㈱広原畜産 代 表 者 ：廣原 賢 所 在 地 ：かすみがうら市岩坪2137-4	電 話 ： 029-896-8315 F A X ： 029-896-1273 U R L ：－ メールアドレス：－

茨 城 県
ローズポーク
（ろーずぽーく）

ROSE PORK
茨城県銘柄豚振興会

飼育管理
出荷日齢：約190日齢
出荷体重：約110kg
指定肥育地・牧場 ：－
飼料の内容 ：ローズポーク専用飼料

商標登録・GI登録・銘柄規約について
商標登録の有無：有 登録取得年月日：1988年3月30日
G I 登 録：未定
銘柄規約の有無：有 規約設定年月日：1983年11月28日 規約改定年月日：2014年6月18日

農場HACCP・JGAPについて
農場HACCP：無
J G A P：無

交配様式

雌	雌 （ランドレース×大ヨークシャー） ×
雄	雄 デュロック

	特長
特 長	● ローズポーク専用飼料で、じっくりと肥育している。 ● 育てる人、育てる豚、育てる飼料、販売する人を指定した限定商品。 ● 締まりの良い赤肉の筋肉に混在する良質の脂肪が光沢のある豚肉をつくり出している。 ● 食味は、豚肉のうまみを感じやすい濃厚な味わいであることが科学的に証明されている。

主な流通経路および販売窓口
◆主 な と 畜 場 ：茨城県中央食肉公社、茨城協同 　食肉
◆主 な 処 理 場 ：同上
◆年 間 出 荷 頭 数 ：32,000頭
◆主 要 卸 売 企 業 ：－
◆輸出実績国・地域 ：無
◆今 後 の 輸 出 意 欲 ：無

販売指定店制度について
指定店制度：有 販促ツール：シール、のぼり

概要		
概 要	管 理 主 体 ：全農茨城県本部 代 表 者 ：鴨川 隆計 所 在 地 ：東茨城郡茨城町下土師字高山 　　　　　　1950-1	電 話 ： 029-292-6906 F A X ： 029-292-7743 U R L ： www.ib.zennoh.or.jp/ メールアドレス： kikaku@ib.zennoh.or.jp

茨城県

ろっこくおとめぶた
六穀おとめ豚

飼育管理
出荷日齢：約180〜190日齢
出荷体重：約110〜115kg
指定肥育地・牧場 　：指定協力農場
飼料の内容 　：6種類の穀物をメーンとした飼料にいも（キャッサバ）をバランスよく配合した指定配合飼料

商標登録・GI登録・銘柄規約について
商標登録の有無：無 登録取得年月日：—
GI登録：未定
銘柄規約の有無：無 規約設定年月日：— 規約改定年月日：—

農場HACCP・JGAPについて
農場HACCP：—
JGAP：—

交配様式

雌	雌　　　　　　雄 （ランドレース×大ヨークシャー） × デュロック
雄	

	特長
特長	● 6種類の穀物（とうもろこし、大麦、小麦、米、マイロ、大豆）をメーンにした飼料にいも（キャッサバ）をバランス良く配合した飼料を与え、味（うま味、脂の甘み）を追求。 ● 雌豚に限定。

主な流通経路および販売窓口
◆主なと畜場 　：本庄食肉センター
◆主な処理場 　：アイ・ポーク本庄工場
◆年間出荷頭数 　：36,000頭
◆主要卸売企業 　：米久
◆輸出実績国・地域 　：無
◆今後の輸出意欲 　：無

販売指定店制度について
指定店制度：無 販促ツール：シール、のぼり、ポスター、ボード、POP各種

概要	管理主体	：アイ・ポーク㈱（米久㈱関連会社）	電話	：027-252-5353
	代表者	：小泉 隆 社長	FAX	：027-253-6933
	所在地	：群馬県前橋市鳥羽町161-1	URL	：www.yonekyu.co.jp
			メールアドレス	：—

茨城県

わのかとん
和之家豚

飼育管理
出荷日齢：約180日齢
出荷体重：約110kg
指定肥育地・牧場 　：和家養豚場
飼料の内容 　：専用混合飼料「和之家」

商標登録・GI登録・銘柄規約について
商標登録の有無：有 登録取得年月日：2008年8月29日
GI登録：未定
銘柄規約の有無：無 規約設定年月日：— 規約改定年月日：—

農場HACCP・JGAPについて
農場HACCP：無
JGAP：無

交配様式

雌	雌　　　　　　雄 （ランドレース×大ヨークシャー） × デュロック
雄	

	特長
特長	● 専用混合飼料「和之家」を添加している。 ● 肉豚の仕上げ期の2カ月間、地元産の飼料米を自家粉砕し、飼料中10%以上混合して給餌している。

主な流通経路および販売窓口
◆主なと畜場 　：茨城県食肉市場
◆主な処理場 　：同上
◆年間出荷頭数 　：1,500頭
◆主要卸売企業 　：飯島畜産
◆輸出実績国・地域 　：無
◆今後の輸出意欲 　：有

販売指定店制度について
指定店制度：無 販促ツール：シール、のぼり

概要	管理主体	：㈱和家養豚場	電話	：029-291-0977
	代表者	：和家 貴之 代表取締役	FAX	：同上
	所在地	：東茨城郡茨城町鳥羽田276-55	URL	：www.wanokaton.com
			メールアドレス	：waketaka.6530@atnena.ocn.ne.jp

栃 木 県

おーしゃんとん
桜 山 豚

交配様式

ケンボロー

飼育管理	
出荷日齢：180日齢	
出荷体重：約115kg	
指定肥育地・牧場	
：寺内農牧	
飼料の内容	
：指定配合飼料（米を配合）	

商標登録・GI登録・銘柄規約について	
商標登録の有無：有	
登録取得年月日：2005年12月26日	
GI 登 録：－	
銘柄規約の有無：無	
規約設定年月日：－	
規約改定年月日：－	

農場HACCP・JGAPについて	
農場HACCP：－	
JGAP：－	

主な流通経路および販売窓口
◆主 な と 畜 場
：栃木県畜産公社
◆主 な 処 理 場
：滝沢ハム、泉川ミートセンター
◆年 間 出 荷 頭 数
：26,000頭
◆主 要 卸 売 企 業
：関東フーズ、テルマンフーズ
◆輸 出 実 績 国・地 域
：無
◆今 後 の 輸 出 意 欲
：有

販売指定店制度について
指定店制度：無
販促ツール：シール、パネル

特長	● 希少品種のケンボローとハーフバーグを交配。 ● 脂のおいしさが特長で、バラのしゃぶしゃぶは天下一品。 ● 最新の脱臭設備により、豚のストレスを無くし、周りの環境にも優しい豚舎で元気に育てられている。 ● 季節により配合の割合を調節して、安定した肉質に仕上がっている。

概要	管 理 主 体：滝沢ハム㈱ 代 表 者：瀧澤 太郎 所 在 地：栃木市泉川町556	電 話：0282-23-3646 F A X：0282-24-4198 U R L：takizawaham.co.jp メールアドレス：tk4911@takizawaham.co.jp

---

栃 木 県

こがねとん・なすこくみとん
黄金豚・那須こくみ豚

交配様式

神明黄金系交配豚

飼育管理	
出荷日齢：200～230日齢	
出荷体重：110～130kg	
指定肥育地・牧場	
：－	
飼料の内容	
：神明牧場オリジナル配合飼料を	
季節・地域要因を加味し給与	

商標登録・GI登録・銘柄規約について	
商標登録の有無：無	
登録取得年月日：－	
GI 登 録：未定	
銘柄規約の有無：無	
規約設定年月日：－	
規約改定年月日：－	

農場HACCP・JGAPについて	
農場HACCP：－	
JGAP：－	

主な流通経路および販売窓口
◆主 な と 畜 場
：肉の神明筑西食肉センター
◆主 な 処 理 場
：肉の神明中央ミートセンター
◆年 間 出 荷 頭 数
：50,000頭
◆主 要 卸 売 企 業
：神明畜産、肉の神明
◆輸 出 実 績 国・地 域
：無
◆今 後 の 輸 出 意 欲
：無

販売指定店制度について
指定店制度：無
販促ツール：シール、のぼり

特長	● 黄金豚：うまみと軟らかさを追求した神明牧場の開発豚。 ● 那須こくみ豚：黄金豚をベースにイトーヨーカ堂との共同企画によりプロデュースされた豚肉。

概要	管 理 主 体：神明畜産㈱ 代 表 者：高橋 義一 代表取締役 所 在 地：東京都東久留米市中央町6-2-14	電 話：042-471-0011 F A X：042-473-4445 U R L：－ メールアドレス：－

栃木県
さつきポーク
（さつきぽーく）

飼育管理
出荷日齢：150～180日齢
出荷体重：115kg
指定肥育地・牧場 ：限定3農場
飼料の内容 ：自家配合飼料

商標登録・GI登録・銘柄規約について
商標登録の有無：有
登録取得年月日：2009年10月30日
ＧＩ登録：
銘柄規約の有無：有
規約設定年月日：－
規約改定年月日：－

農場HACCP・JGAPについて
農場HACCP：無
ＪＧＡＰ：無

交配様式

雌	（ランドレース×大ヨークシャー）
	×
雄	デュロック

特長
- 良質な原料による自家配合。
- ワクチンの使用による健康管理（抗生物質は最少の使用）
- 肉締まりがよく、食味は最高。

主な流通経路および販売窓口
◆主 な と 畜 場 ：宇都宮市食肉市場
◆主 な 処 理 場 ：ＪＡ全農ミートセンター
◆年 間 出 荷 頭 数 ：10,000頭
◆主 要 卸 売 企 業 ：ＪＡ全農栃木県本部
◆輸出実績国・地域 ：－
◆今 後 の 輸 出 意 欲 ：－

販売指定店制度について
指定店制度：－
販促ツール：シール、のぼり

概要	管 理 主 体 ：石川畜産㈱ 代 表 者 ：石川 一男 代表取締役 所 在 地 ：鹿沼市奈佐原町357	電 話 ：0289-75-2052 Ｆ Ａ Ｘ ：0289-75-1185 Ｕ Ｒ Ｌ ：－ メールアドレス ：space357@cream.plala.or.jp

---

栃木県
千本松豚
（せんぼんまつとん）

飼育管理
出荷日齢：200日齢
出荷体重：125～130kg
指定肥育地・牧場 ：－
飼料の内容 ：とうもろこし、大麦を主体とした飼料。飼料安全法を遵守

商標登録・GI登録・銘柄規約について
商標登録の有無：有
登録取得年月日：2010年4月30日
ＧＩ登録：未定
銘柄規約の有無：無
規約設定年月日：－
規約改定年月日：－

農場HACCP・JGAPについて
農場HACCP：無
ＪＧＡＰ：無

交配様式

雌	（ランドレース×大ヨークシャー）
	×
雄	デュロック

特長

緑豊な那須塩原市千本松地区で那須山麓の湧き水を水源とした、おいしい水ととうもろこし、大麦を主体とした飼料で飼育しており、徹底した防疫衛生環境で飼育しております。飼育期間を延長し、じっくり時間をかけて肥育しました。鮮度品質保持のよい風味、コクのある豚肉に仕上げております。

主な流通経路および販売窓口
◆主 な と 畜 場 ：宇都宮市食肉市場
◆主 な 処 理 場 ：西谷商店
◆年 間 出 荷 頭 数 ：780頭
◆主 要 卸 売 企 業 ：西谷商店
◆輸出実績国・地域 ：無
◆今 後 の 輸 出 意 欲 ：無

販売指定店制度について
指定店制度：有
販促ツール：シール、のぼり

概要	管 理 主 体 ：㈱ぜんちく那須山麓牧場 代 表 者 ：加藤 義康 代表取締役社長 所 在 地 ：那須塩原市千本松776-1	電 話 ：0287-36-0042 Ｆ Ａ Ｘ ：0287-36-3962 Ｕ Ｒ Ｌ ：zenchiku-nasusanroku.co.jp/ メールアドレス ：info@zenchiku-nasusanroku.co.jp

栃 木 県

曽我の屋の豚
（そがのやのぶた）

飼育管理	
出荷日齢：193日齢	
出荷体重：117kg	
指定肥育地・牧場	
：那須農場、豊原農場、吉田農場、夕狩農場、高城農場	
飼料の内容	
：トウモロコシ、大豆粕　主体の自家配合飼料。仕上期はトウモロコシ、大豆粕で98%	

商標登録・GI登録・銘柄規約について	
商標登録の有無：有	
登録取得年月日：2018 年 8 月 3 日	
ＧＩ登録：－	
銘柄規約の有無：無	
規約設定年月日：－	
規約改定年月日：－	

農場HACCP・JGAPについて	
農場HACCP：無	
ＪＧＡＰ：－	

交配様式

ケンボロー

主な流通経路および販売窓口
◆主 な と 畜 場 ：神奈川食肉センター、栃木県畜産公社
◆主 な 処 理 場 ：同上、及び　曽我の屋農興　自社工場
◆年 間 出 荷 頭 数 ：120,000 頭
◆主 要 卸 売 企 業 ：滝沢ハム
◆輸出実績国・地域 ：無
◆今後の輸出意欲 ：無

販売指定店制度について
指定店制度：無
販促ツール：シール、のぼり、パネル、コピーベルト、リーフレット

特長	● 豚の味を決める大きな要素である『飼料』にこだわっています。 ● 豚肉の「うまみ」を最大限に引き出す為、日々食べる分だけの丸粒とうもろこしを自家粉砕、自家配合しており、飼料の鮮度にもこだわり育てております。

概要	管 理 主 体：曽我の屋農興㈱ 代 表 者：野上　元彦 所 在 地：神奈川県平塚市南金目 925	電 話：0463-58-0485 Ｆ Ａ Ｘ：0463-59-0688 Ｕ Ｒ Ｌ：www.soganoya.co.jp メールアドレス：buta@soganoya.co.jp

---

栃 木 県

とちぎゆめポーク
（とちぎゆめぽーく）

飼育管理	
出荷日齢：180日齢	
出荷体重：約115kg	
指定肥育地・牧場	
：県内	
飼料の内容	
：仕上げ飼料・ピッグマーブル	

商標登録・GI登録・銘柄規約について	
商標登録の有無：有	
登録取得年月日：2012 年 7 月 13 日	
ＧＩ登録：未定	
銘柄規約の有無：有	
規約設定年月日：－	
規約改定年月日：2015 年 8 月 1 日	

農場HACCP・JGAPについて	
農場HACCP：無	
ＪＧＡＰ：無	

交配様式

雌	雌 (ランドレース × 大ヨークシャー)
雄	× 雄 デュロック

主な流通経路および販売窓口
◆主 な と 畜 場 ：栃木県畜産公社
◆主 な 処 理 場 ：全農栃木県本部
◆年 間 出 荷 頭 数 ：10,000 頭
◆主 要 卸 売 企 業 ：渡清、那須ミート、大山食肉
◆輸出実績国・地域 ：－
◆今後の輸出意欲 ：－

販売指定店制度について
指定店制度：有
販促ツール：のぼり、ポスター

特長	● 肉質はさしが入りやすく、不飽和脂肪酸の含有が多いため、脂肪の融点が低く、舌ざわりが良い。

概要	管 理 主 体：全農栃木県本部 代 表 者：－ 所 在 地：宇都宮市川田町 220	電 話：028-657-7717 Ｆ Ａ Ｘ：028-656-7443 Ｕ Ｒ Ｌ：－ メールアドレス：－

栃木県

那須高原豚
なすこうげんとん

飼育管理

出荷日齢：175～185日齢
出荷体重：110～120kg

指定肥育地・牧場
：－

飼料の内容
：神明牧場オリジナル配合飼料

商標登録・GI登録・銘柄規約について

商標登録の有無：無
登録取得年月日：－

ＧＩ登録：

銘柄規約の有無：無
規約設定年月日：－
規約改定年月日：－

農場HACCP・JGAPについて

農場HACCP：－
ＪＧＡＰ：－

那須高原豚 神明牧場

交配様式

	雌	雄
雌	（ランドレース × 大ヨークシャー）	
	×	
雄	デュロック	

主な流通経路および販売窓口

◆ 主 な と 畜 場
：肉の神明筑西食肉センター

◆ 主 な 処 理 場
：肉の神明

◆ 年 間 出 荷 頭 数
：150,000頭
◆ 主 要 卸 売 企 業
：－

◆ 輸出実績国・地域
：－

◆ 今 後 の 輸 出 意 欲
：－

販売指定店制度について

指定店制度：有 or 無
販促ツール：シール、のぼり

特長

● 麦類をふんだんに与えるとともに、いも類を十分に与えることで、白色の良質な脂身と、きめ細かなもち豚の肉質をつくり出した。

概要

管 理 主 体	： 神明畜産㈱	電　　　話	： 042-471-0011
代 表 者	： 高橋 義一 代表取締役	Ｆ Ａ Ｘ	： 042-473-4445
所 在 地	： 東京都東久留米市中央町 6-2-14	Ｕ Ｒ Ｌ	： －
		メールアドレス	： －

栃木県

那須高原牧場豚
なすこうげんぼくじょうとん

飼育管理

出荷日齢：180日齢
出荷体重：約115kg

指定肥育地・牧場
：－

飼料の内容
：肉豚肥育用飼料に麦類を24％以上

商標登録・GI登録・銘柄規約について

商標登録の有無：有
登録取得年月日：2010年7月9日

ＧＩ登録：未定

銘柄規約の有無：無
規約設定年月日：－
規約改定年月日：－

農場HACCP・JGAPについて

農場HACCP：無
ＪＧＡＰ：無

那須の息吹をうけて育ちました 那須高原牧場豚

交配様式

	雌	雄
雌	（大ヨークシャー × ランドレース）	
	×	
雄	デュロック	

主な流通経路および販売窓口

◆ 主 な と 畜 場
：印旛食肉センター

◆ 主 な 処 理 場
：ウェルファムフーズ豚肉事業本部

◆ 年 間 出 荷 頭 数
：64,000頭
◆ 主 要 卸 売 企 業
：ウェルファムフーズ

◆ 輸出実績国・地域
：無

◆ 今 後 の 輸 出 意 欲
：無

販売指定店制度について

指定店制度：有
販促ツール：シール、のぼり

特長

● 栃木県那須地域産の豚肉。
● 肉豚肥育専用飼料には麦類24％以上を配合。

概要

管 理 主 体	： 那須高原牧場㈱	電　　　話	： 0287-74-2661
代 表 者	： 河野 敬	Ｆ Ａ Ｘ	： 0287-65-0105
所 在 地	： 栃木県那須塩原市方京 1-2-6	Ｕ Ｒ Ｌ	： －
		メールアドレス	： －

栃 木 県

那須山麓豚
（なすさんろくとん）

飼育管理	
出荷日齢：185日齢	
出荷体重：115kg	
指定肥育地・牧場 ：－	
飼料の内容 ：とうもろこし、大麦を主体とし た飼料。飼料安全法を順守。	

商標登録・GI登録・銘柄規約について	
商標登録の有無：有 登録取得年月日：2013年6月14日	
Ｇ Ｉ 登 録：未定	
銘柄規約の有無：無 規約設定年月日：－ 規約改定年月日：－	

農場HACCP・JGAPについて	
農場HACCP：無	
ＪＧＡＰ：無	

交配様式

雌	（ランドレース^雌 × 大ヨークシャー^雄）
	×
雄	デュロック

主な流通経路および販売窓口
◆主 な と 畜 場 ：茨城県中央食肉公社
◆主 な 処 理 場 ：日畜フード
◆年 間 出 荷 頭 数 ：500頭
◆主 要 卸 売 企 業 ：全国畜産農業協同組合連合会、 ぜんちく那須山麓牧場
◆輸 出 実 績 国・地 域 ：無
◆今 後 の 輸 出 意 欲 ：無

販売指定店制度について
指定店制度：有 販促ツール：シール、のぼり

特長	● 那須山麓の湧き水を水源としたおいしい水と、とうもろこし、大麦、小麦をバランス良く配合した専用飼料でじっくりと育てた鮮度、品質保持の良い、風味とこくのあるうま味が際立つ三元豚。

概要	管 理 主 体：㈱ぜんちく那須山麓牧場 代 表 者：加藤 義康 代表取締役社長 所 在 地：那須塩原市千本松776-1	電 話：0287-36-0042 F A X：0287-36-3962 U R L：zenchiku-nasusanroku.co.jp メールアドレス：info@zenchiku-nasusanroku.co.jp

---

栃 木 県

那須 湯津上特産 ハーブ豚
（なす ゆづかみとくさん はーぶとん）

飼育管理	
出荷日齢：－	
出荷体重：118kg	
指定肥育地・牧場 ：－	
飼料の内容 ：日清丸紅飼料専用飼料	

商標登録・GI登録・銘柄規約について	
商標登録の有無：無 登録取得年月日：－	
Ｇ Ｉ 登 録：	
銘柄規約の有無：無 規約設定年月日：－ 規約改定年月日：－	

農場HACCP・JGAPについて	
農場HACCP：2020年9月取得予定	
ＪＧＡＰ：無	

交配様式

雌	（ランドレース^雌 × 大ヨークシャー^雄）
	×
雄	デュロック

主な流通経路および販売窓口
◆主 な と 畜 場 ：宇都宮市食肉市場
◆主 な 処 理 場 ：同上
◆年 間 出 荷 頭 数 ：5,000頭
◆主 要 卸 売 企 業 ：丸亀精肉店
◆輸 出 実 績 国・地 域 ：無
◆今 後 の 輸 出 意 欲 ：－

販売指定店制度について
指定店制度：－ 販促ツール：シール、のぼり

特長	● 4種類のハーブ（ジンジャー、シナモン、ナツメグ、オレガノ）を組み合わせた専用飼料を給与し、うまみ成分が多く、さっぱりした脂肪、軟らかくドリップも少ないおいしい豚肉。 ● 独自検査体制による飼育管理で、安全安心に健康に育てた栃木県産ハーブ豚です。

概要	管 理 主 体：㈱日清畜産センター 代 表 者：畠山 知己 所 在 地：大田原市湯津上3273	電 話：0287-98-3121 F A X：0287-98-2551 U R L：－ メールアドレス：chiku-n@lwsyuton.com

栃 木 県

にっこうほわいとぽーく
日光ホワイトポーク

飼育管理
出荷日齢：約180日齢
出荷体重：110〜120kg
指定肥育地・牧場 ：－
飼料の内容 ：大麦主体

商標登録・GI 登録・銘柄規約について
商標登録の有無：有 登録取得年月日：1997 年 2 月 24 日
ＧＩ登録：－
銘柄規約の有無：有 規約設定年月日：1990 年 1 月 18 日 規約改定年月日：－

農場 HACCP・JGAP について
農場 HACCP：無
ＪＧＡＰ：無

交配様式

雌（ランドレース × 大ヨークシャー）
×
雄 デュロック

特長
● 大麦主体の飼料を 2 カ月以上給与している。

概要			
管 理 主 体 ： 銘柄豚　日光ホワイトポーク		電 話 ： 0282-43-3920	
代 表 者 ： 三柴 一男		Ｆ Ａ Ｘ ： 同上	
所 在 地 ： 栃木市大平町西水代 1960		Ｕ Ｒ Ｌ ： －	
		メールアドレス ： －	

主な流通経路および販売窓口
◆ 主 な と 畜 場 ：さいたま市食肉市場
◆ 主 な 処 理 場 ：同上
◆ 年 間 出 荷 頭 数 ：2,500 頭
◆ 主 要 卸 売 企 業 ：さいたま市食肉市場
◆ 輸出実績国・地域 ：－
◆ 今後の輸出意欲 ：－

販売指定店制度について
指定店制度：－ 販促ツール：－

栃 木 県

やしおぽーく
ヤシオポーク

飼育管理
出荷日齢：185日齢
出荷体重：110kg
指定肥育地・牧場 ：－
飼料の内容 ：とうもろこし、大麦を主体とし た飼料。飼料安全法を遵守

商標登録・GI 登録・銘柄規約について
商標登録の有無：有 登録取得年月日：2009 年 12 月 25 日
ＧＩ登録：－
銘柄規約の有無：無 規約設定年月日：－ 規約改定年月日：－

農場 HACCP・JGAP について
農場 HACCP：無
ＪＧＡＰ：無

交配様式

雌（ランドレース × 大ヨークシャー）
×
雄 デュロック

特長
● おいしい豚肉を生産するため、与える水や飼料にこだわり、徹底した衛生管理で健康に飼育しています。
● ホエーを与えて飼育された母豚から生まれた豚で、子豚のときには整腸作用の高い竹炭の粉を混ぜた飼料を与え飼育します。
● また配合飼料には大麦を配合し、時間をかけて肥育しました。肉色は少し赤みを帯び、脂肪は甘く風味とコクがあるおいしい豚肉です。

主な流通経路および販売窓口
◆ 主 な と 畜 場 ：宇都宮市食肉市場
◆ 主 な 処 理 場 ：西谷商店
◆ 年 間 出 荷 頭 数 ：620 頭
◆ 主 要 卸 売 企 業 ：山久
◆ 輸出実績国・地域 ：－
◆ 今後の輸出意欲 ：－

販売指定店制度について
指定店制度：－ 販促ツール：シール、のぼり

概要			
管 理 主 体 ： ㈱ぜんちく那須山麓牧場		電 話 ： 0287-36-0042	
代 表 者 ： 加藤 義康　代表取締役社長		Ｆ Ａ Ｘ ： 0287-36-3962	
所 在 地 ： 那須塩原市千本松 776-1		Ｕ Ｒ Ｌ ： zenchiku-nasusanroku.co.jp	
		メールアドレス ： info@zenchiku-nasusanroku.co.jp	

群　馬　県

赤城ポーク（あかぎぽーく）

飼育管理

出荷日齢：約180日齢

出荷体重：103〜124kg前後

指定肥育地・牧場
：県内11農場

飼料の内容
：銘柄豚専用飼料を生後120日前
　後から出荷まで

商標登録・GI登録・銘柄規約について

商標登録の有無：有
登録取得年月日：2011 年 4 月 1 日

G I 登　　録：未定

銘柄規約の有無：有（品質認定基準、取引条件が設定）
規約設定年月日：—
規約改定年月日：—

農場HACCP・JGAPについて

農場 HACCP：無

J G A P：無

交配様式

	雌　交配様式　雄
雌	（ランドレース×大ヨークシャー）
	×
雄	デュロック
雌	（大ヨークシャー×ランドレース）
	×
雄	デュロック

特長

● JA 赤城橘管内の生産者が、高品質で安全な豚肉を生産するために種豚や飼養管理に注意を図り、動物性飼料を排除し、穀類に麦類を多く含む肥育専用飼料を給与。
● 肉締まりが良く保水性に優れ、軟らかく風味があり、豚特有の臭みを抑え、さっぱりとした甘みを感じる豚肉に仕上げた。

主な流通経路および販売窓口

◆主 な と 畜 場
：群馬県食肉卸売市場

◆主 な 処 理 場
：同上

◆年 間 出 荷 頭 数
：30,000 頭

◆主 要 卸 売 企 業
：ＪＡ高崎ハム

◆輸出実績国・地域
：無

◆今 後 の 輸 出 意 欲
：有

販売指定店制度について

指定店制度：無
販促ツール：シール、のぼり

概要

管 理 主 体	： 赤城ポーク生産組合	電　　話	： 0279-52-4029
代 表 者	： 森田 幸裕	F A X	： 0279-52-3822
所 在 地	： 渋川市北橘真壁 1386-1	U R L	： jagunnma.net/jaat/
		メールアドレス	： —

群　馬　県

吾妻ポーク（あがつまぽーく）

飼育管理

出荷日齢：約180日齢

出荷体重：103〜124kg前後

指定肥育地・牧場
：片桐農場、友松ファーム、富澤養豚

飼料の内容
：銘柄豚専用飼料を生後120日前
　後から出荷まで与える

商標登録・GI登録・銘柄規約について

商標登録の有無：無
登録取得年月日：—

G I 登　　録：—

銘柄規約の有無：無
規約設定年月日：—
規約改定年月日：—

農場HACCP・JGAPについて

農場 HACCP：無

J G A P：無

交配様式

	雌　　　　雄
雌	（ランドレース×大ヨークシャー）
	×
雄	デュロック

特長

● 吾妻の自然に恵まれた環境でおいしさを求めた専用飼料を給与して育てた健康な豚肉です。
● あっさりとした食感で豚特有の臭みを抑え、さっぱりした甘みを感じる肉質となっています。

主な流通経路および販売窓口

◆主 な と 畜 場
：群馬県食肉卸売市場

◆主 な 処 理 場
：同上

◆年 間 出 荷 頭 数
：15,000 頭

◆主 要 卸 売 企 業
：—

◆輸出実績国・地域
：無

◆今 後 の 輸 出 意 欲
：無

販売指定店制度について

指定店制度：無
販促ツール：シール、のぼり

概要

管 理 主 体	： ＪＡあがつま	電　　話	： 0279-68-2532
代 表 者	： —	F A X	： 0279-68-2574
所 在 地	： 吾妻郡東吾妻町大字原町 607	U R L	： —
		メールアドレス	： —

群馬県

あがつま麦豚（あがつまむぎぶた）

http://www.gunmanooniku.com

飼育管理	
出荷日齢：約180日齢	
出荷体重：103〜124kg前後	
指定肥育地・牧場 ：吾妻管内3農場	
飼料の内容 ：銘柄豚専用飼料を生後120日前後から出荷まで与える	

商標登録・GI登録・銘柄規約について
商標登録の有無：無
登録取得年月日：−
GI登録：未定
銘柄規約の有無：有（品質認定基準、取引条件が設定） 規約設定年月日：− 規約改定年月日：−

農場HACCP・JGAPについて
農場HACCP：無
JGAP：無

交配様式

	雌	交配様式	雄
雌	（ランドレース × 大ヨークシャー）	×	
雄		デュロック	
雌	（大ヨークシャー × ランドレース）	×	
雄		デュロック	

主な流通経路および販売窓口
◆主なと畜場 ：群馬県食肉卸売市場
◆主な処理場 ：同上
◆年間出荷頭数 ：15,000頭
◆主要卸売企業 ：−
◆輸出実績国・地域 ：無
◆今後の輸出意欲 ：無

販売指定店制度について
指定店制度：有 販促ツール：シール、のぼり、パネル

特長
- 吾妻の自然に恵まれた環境でおいしさを求めた専用飼料を給与して育てられた健康な豚肉です。
- あっさりとした食感で豚特有の臭みを抑え、さっぱりとした甘みを感じる肉質となっています。

概要

管理主体	：JAあがつま
代表者	：−
所在地	：吾妻郡東吾妻町大字原町607
電話	：0279-68-2532
FAX	：0279-68-2574
URL	：www.gunmashokuniku.co.jp
メールアドレス	：−

群馬県

梅の郷上州豚とことん（うめのさとじょうしゅうとんとことん）

健康指向の高い飼料と徹底した衛生管理のもと新たな品質と味を追求した最高級の逸品です。

飼育管理	
出荷日齢：170日齢	
出荷体重：118kg	
指定肥育地・牧場 ：安中市	
飼料の内容 ：指定配合飼料給与で飼育	

商標登録・GI登録・銘柄規約について
商標登録の有無：有
登録取得年月日：2002年3月15日
GI登録：−
銘柄規約の有無：無 規約設定年月日：− 規約改定年月日：−

農場HACCP・JGAPについて
農場HACCP：無
JGAP：無

交配様式

雌	雄
ケンボロー × ケンボローPIC265	

主な流通経路および販売窓口
◆主なと畜場 ：高崎食肉センター
◆主な処理場 ：同上
◆年間出荷頭数 ：4,000頭
◆主要卸売企業 ：エルマ、アトム、フジ食品
◆輸出実績国・地域 ：無
◆今後の輸出意欲 ：無

販売指定店制度について
指定店制度：無 販促ツール：−

特長
- 肉に風味があり、豚肉特有の臭い（獣臭）がほとんどありません。
- 肉に甘みがあり、軟らかくソフトです。

概要

管理主体	：㈲多胡養豚
代表者	：多胡　陽登志
所在地	：安中市中野谷1920
電話	：027-385-8672
FAX	：027-385-4313
URL	：−
メールアドレス	：−

群馬県

えばらハーブ豚　未来
（えばらはーぶとん　みらい）

飼育管理	
出荷日齢	200日齢
出荷体重	約115kg
指定肥育地・牧場	： －
飼料の内容	：ＮＯＮ-ＧＭＯ原料による無薬飼料

商標登録・GI登録・銘柄規約について	
商標登録の有無	：有
登録取得年月日	：2005年11月4日
ＧＩ登録	：未定
銘柄規約の有無	：有
規約設定年月日	：2000年2月1日
規約改定年月日	：－

農場HACCP・JGAPについて	
農場HACCP	：無
ＪＧＡＰ	：無

交配様式

雌（ランドレース×大ヨークシャー）
×
雄 デュロック
＜シムコＳＰＦ＞

主な流通経路および販売窓口	
◆主 な と 畜 場	：本庄食肉センター
◆主 な 処 理 場	：同上
◆年 間 出 荷 頭 数	：2,500頭
◆主 要 卸 売 企 業	：群馬ミート・大地を守る会、ミートコンパニオン、らでぃっしゅぼーや、オイシック・ラ・大地
◆輸出実績国・地域	：無
◆今後の輸出意欲	：無

販売指定店制度について	
指定店制度	：無
販促ツール	：シール、ポップ、パンフレット

特長
- 抗生物質、合成抗菌剤、駆虫剤など完全不使用による無薬飼育。
- 主原料の非遺伝子組替え飼料給与、生産情報公表豚肉ＪＡＳ認定。
- 獣臭がなく、脂がジューシーで甘く、軟らかく弾力のある豚肉。
- ビタミンＥを２倍以上含むため鮮度、風味が長持ちする肉質です。

概要		
管 理 主 体	：	㈲江原養豚
代 表 者	：	江原　正治　代表取締役
所 在 地	：	高崎市上滝町 649-1
電 話	：	027-352-7661
Ｆ Ａ Ｘ	：	027-353-1470
Ｕ Ｒ Ｌ	：	www.ebarayohton.co.jp
メールアドレス	：	ebara@gaea.ocn.ne.jp

群馬県

奥利根もち豚
（おくとねもちぶた）

飼育管理	
出荷日齢	約180日齢
出荷体重	約103～124kg
指定肥育地・牧場	： －
飼料の内容	：銘柄豚専用飼料を生後120日前後から出荷まで与える

商標登録・GI登録・銘柄規約について	
商標登録の有無	：無
登録取得年月日	：－
ＧＩ登録	：未定
銘柄規約の有無	：有（品質認定基準、取引条件が設定）
規約設定年月日	：2002年4月1日
規約改定年月日	：－

農場HACCP・JGAPについて	
農場HACCP	：無
ＪＧＡＰ	：無

交配様式

雌（ランドレース×大ヨークシャー）
×
雄 デュロック

主な流通経路および販売窓口	
◆主 な と 畜 場	：群馬県食肉卸売市場
◆主 な 処 理 場	：同上
◆年 間 出 荷 頭 数	：2,500頭
◆主 要 卸 売 企 業	：群馬ミート
◆輸出実績国・地域	：無
◆今後の輸出意欲	：無

販売指定店制度について	
指定店制度	：無
販促ツール	：シール、のぼり

特長
- ＪＡ利根沼管内の生産者が、動物性飼料を排除し、穀類に麦類を多く含む肥育専用飼料を給与して生産している地域銘柄豚で、きめが細かく、肉の締まりが良く、保水性に優れ、軟らかく風味のある豚肉です。
- 地域銘柄豚としてJA、会員が自ら販売を行うほか、県内外の食肉店で販売をしています。

概要		
管 理 主 体	：	奥利根もち豚研究会
代 表 者	：	小野　文雄　会長
所 在 地	：	利根郡川場村生品 6-1
電 話	：	0278-23-0170
Ｆ Ａ Ｘ	：	0278-23-0297
Ｕ Ｒ Ｌ	：	www.jatone.or.jp/
メールアドレス	：	－

群馬県

尾瀬ポーク
おぜぽーく

飼育管理	
出荷日齢：150〜170日齢	
出荷体重：110〜120kg	
指定肥育地・牧場 　：利根沼田ドリームファーム	
飼料の内容 　：とうもろこしや麦類など穀類の 　　ほか、お茶の成分「カテキン」を 　　加えたホエイを配合し給与。	

商標登録・GI登録・銘柄規約について
商標登録の有無：有
登録取得年月日：2017年3月24日
ＧＩ登録：未定
銘柄規約の有無：無
規約設定年月日：－
規約改定年月日：－

農場HACCP・JGAPについて
農場HACCP：有（2018年8月13日）
ＪＧＡＰ：2020年取得予定

交配様式

雌　（ランドレース×大ヨークシャー）
　　　　　　×
雄　　　　　デュロック

主な流通経路および販売窓口
◆主なと畜場 　：群馬県食肉卸売市場
◆主な処理場 　：同上
◆年間出荷頭数 　：21,000頭
◆主要卸売企業 　：ＪＡ高崎ハム
◆輸出実績国・地域 　：無
◆今後の輸出意欲 　：無

販売指定店制度について
指定店制度：無
販促ツール：のぼり、ポイントシール

特長
● 自然豊かな水、空気の澄んだ環境で育てられた尾瀬ポークは、味はジューシーで口当たりが良く、脂身がまろやかでおいしい豚肉。

概要			
管理主体	：利根沼田ドリームファーム㈱	電話	：0278-56-2022
代表者	：黒澤 豊 代表取締役	ＦＡＸ	：同上
所在地	：沼田市利根町平川1550	ＵＲＬ	：www.tn-dreamfarm.co.jp
		メールアドレス	：tndf@tn-dreamfarm.co.jp

群馬県

おらがくにのいなか豚
おらがくにのいなかぶた

飼育管理	
出荷日齢：175〜195日齢	
出荷体重：110〜120kg	
指定肥育地・牧場 　：－	
飼料の内容 　：－	

商標登録・GI登録・銘柄規約について
商標登録の有無：有
登録取得年月日：2004年4月16日
ＧＩ登録：未定
銘柄規約の有無：無
規約設定年月日：－
規約改定年月日：－

農場HACCP・JGAPについて
農場HACCP：推進中
ＪＧＡＰ：推進中

交配様式

雌　（ランドレース×大ヨークシャー）
　　　　　　×
雄　　　　　デュロック

主な流通経路および販売窓口
◆主なと畜場 　：高崎食肉センター
◆主な処理場 　：金井畜産
◆年間出荷頭数 　：5,000頭
◆主要卸売企業 　：－
◆輸出実績国・地域 　：無
◆今後の輸出意欲 　：無

販売指定店制度について
指定店制度：無
販促ツール：シール、のぼり、リーフレット

特長
●軟らかく、さっぱりとした肉をつくるために植物性飼料にこだわっている。
●また生菌性を与えることで、豚がより健康に育ち、臭いの少ない、口溶けの良い肉質に仕上がる。
●女性向けの豚肉として、軟らかさ、さっぱり、臭みが少ないなどの要素を兼ね備えている。

概要			
管理主体	：金井畜産㈱	電話	：042-560-0022
代表者	：金井 一三 代表取締役	ＦＡＸ	：042-560-1129
所在地	：東京都武蔵村山市岸1-40-1	ＵＲＬ	：www.kanaicchikusan.co.jp
		メールアドレス	：kanai@lily.ocn.ne.jp

群馬県
かぶちゃんとん
かぶちゃん豚

飼育管理	
出荷日齢：180日齢	
出荷体重：110kg	
指定肥育地・牧場 ：－	
飼料の内容 ：－	

商標登録・GI登録・銘柄規約について	
商標登録の有無：無 登録取得年月日：－	
ＧＩ登　録：－	
銘柄規約の有無：無 規約設定年月日：－ 規約改定年月日：－	

農場HACCP・JGAPについて	
農場HACCP：無	
ＪＧＡＰ：無	

主な流通経路および販売窓口
◆主 な と 畜 場 ：東京都食肉市場
◆主 な 処 理 場 ：同上
◆年 間 出 荷 頭 数 ：2,500頭
◆主 要 卸 売 企 業
◆輸出実績国・地域 ：－
◆今後の輸出意欲

販売指定店制度について
指定店制度：－ 販促ツール：－

交配様式

雌	（ランドレース × 大ヨークシャー）
	×
雄	デュロック

特長	● ノーサン食肉研究会銘柄豚枝肉共進会で2年連続最優秀を受賞（24年、25年） ● 栄養コンサルタントの指導のもとリン、カルシウム、ビタミン、タンパク質を強化した飼料により健康な豚を飼育。 ● 肉質が軟らかく、脂肪のさっぱり感と甘みのある豚肉です。

概要	管 理 主 体：蕪木養豚 代 表 者：蕪木 康人 所 在 地：桐生市新里町板橋273	電 話：0277-74-5813 Ｆ Ａ Ｘ：同上 Ｕ Ｒ Ｌ：－ メールアドレス：－

群馬県
くいーんぽーく
クイーンポーク

飼育管理	
出荷日齢：約180日齢	
出荷体重：103～124kg	
指定肥育地・牧場 ：－	
飼料の内容 ：指定配合飼料を出荷前70日以上給与。木酢酸（クリーンエースII）	

商標登録・GI登録・銘柄規約について	
商標登録の有無：有 登録取得年月日：－	
ＧＩ登　録：－	
銘柄規約の有無：有 規約設定年月日：2011年4月1日 規約改定年月日：－	

農場HACCP・JGAPについて	
農場HACCP：無	
ＪＧＡＰ：無	

主な流通経路および販売窓口
◆主 な と 畜 場 ：群馬県食肉卸売市場
◆主 な 処 理 場 ：同上
◆年 間 出 荷 頭 数 ：11,000頭
◆主 要 卸 売 企 業 ：群馬ミート
◆輸出実績国・地域 ：－
◆今後の輸出意欲 ：－

販売指定店制度について
指定店制度：－ 販促ツール：－

交配様式

雌	（ランドレース × 大ヨークシャー）
	×
雄	デュロック

特長	● 品種改良や飼養管理の改善に加え、肉質の改善のために木酢液を添加することにより消費者がおいしいと喜んでいただける豚肉を目標に作出しています。 ● ドリップの漏出が少なく、おいしさが長く保持され、豚肉特有の臭いが少ないことが特色です。

概要	管 理 主 体：クイーンポーク生産者組合 代 表 者：国定 良光 組合長 所 在 地：前橋市問屋町1-5-5	電 話：027-251-3115 Ｆ Ａ Ｘ：027-251-3119 Ｕ Ｒ Ｌ：www.local-foods.jp メールアドレス：－

群馬県

群馬の黒豚 "とんくろ～"
（ぐんまのくろぶたとんくろ～）

飼育管理
出荷日齢：230日齢前後
出荷体重：約100～124kg
指定肥育地・牧場 ：県内
飼料の内容 ：銘柄豚専用飼料を生後120日前 　後から出荷まで与える

商標登録・GI登録・銘柄規約について
商標登録の有無：有
登録取得年月日：2000年5月26日
GI登録：未定
銘柄規約の有無　有 （研究会規約、品質認定基準、取引条件などの設定） 規約設定年月日：2005年4月1日 規約改定年月日：2007年6月18日

農場HACCP・JGAPについて
農場HACCP：無
JGAP：無

交配様式
純粋バークシャー

主な流通経路および販売窓口
◆主なと畜場 ：群馬県食肉卸売市場
◆主な処理場 ：同上
◆年間出荷頭数 ：1,350頭
◆主要卸売企業 ：－
◆輸出実績国・地域 ：無
◆今後の輸出意欲 ：有

販売指定店制度について
指定店制度：無
販促ツール：シール、のぼり、ポスター、パネル

特長
- 動物性飼料を排除し、黒豚肥育専用飼料を給与し、契約農場でも計画生産されています。
- 群馬県独自の黒豚を確立するために国内をはじめ英国からも種豚を導入し、六白の遺伝子にこだわり、黒豚特有の肉質を最大限に表現した豚肉となっています。
- すべての"とんくろ～"に純粋バークシャーを証明する血統書を添付しています。

概要		
管理主体	：	とんくろ～研究会
代表者	：	吉沢 和男 会長
所在地	：	佐波郡玉村町上福島1189 （事務局）
電話	：	0270-65-2014
FAX	：	0270-65-1414
URL	：	www.gunmashokuniku.co/jp
メールアドレス	：	－

群馬県

ぐんま麦豚
（ぐんまむぎぶた）

飼育管理
出荷日齢：約180日齢
出荷体重：約103～124kg
指定肥育地・牧場 ：県内
飼料の内容 ：銘柄豚専用飼料を生後120日前 　後から出荷まで与える

商標登録・GI登録・銘柄規約について
商標登録の有無：無
登録取得年月日：－
GI登録：未定
銘柄規約の有無：有 （品質認定基準、取引条件などの設定） 規約設定年月日：－ 規約改定年月日：－

農場HACCP・JGAPについて
農場HACCP：無
JGAP：無

交配様式

雌	（ランドレース×大ヨークシャー） × デュロック	雄
雌	（大ヨークシャー×ランドレース） × デュロック	雄

主な流通経路および販売窓口
◆主なと畜場 ：群馬県食肉卸売市場
◆主な処理場 ：同上
◆年間出荷頭数 ：2,000頭
◆主要卸売企業 ：群馬ミート
◆輸出実績国・地域 ：無
◆今後の輸出意欲 ：－

販売指定店制度について
指定店制度：－
販促ツール：シール、のぼり

特長
- 群馬県の生産者が、安全で高品質な豚肉を安定的に供給する生産を行っています。
- 動物性飼料を排除し、穀類に麦類を多く含む肥育専用飼料を給与し、契約農場で計画生産されている。
- 豚特有の臭みを抑え、さっぱりとした甘みを感じる品質となっています。

概要		
管理主体	：	㈱群馬県食肉卸売市場・営業部
代表者	：	萩原 宣弘 社長
所在地	：	佐波郡玉村町上福島1189
電話	：	0270-65-7135
FAX	：	0270-65-9236
URL	：	www.gunmashokuniku.co.jp
メールアドレス	：	－

群馬県
幸豚（さちぶた）

飼育管理	
出荷日齢：170日齢	
出荷体重：120kg	
指定肥育地・牧場 ：林牧場	
飼料の内容 ：自社飼料工場にて配合した飼料 　を給与	

商標登録・GI登録・銘柄規約について	
商標登録の有無：有 登録取得年月日：－	
GI登録：未定	
銘柄規約の有無：無 規約設定年月日：－ 規約改定年月日：－	

農場HACCP・JGAPについて	
農場HACCP：有（2019年7月3日） JGAP：無	

交配様式

雌　　（ランドレース×大ヨークシャー）
　　　　　　　×
雄　　　　　デュロック

主な流通経路および販売窓口
◆ 主 な と 畜 場 ：群馬県食肉卸売市場、さいたま市 食肉市場、東京都食肉市場ほか
◆ 主 な 処 理 場 ：－
◆ 年 間 出 荷 頭 数 ：300,000頭（グループ全体）
◆ 主 要 卸 売 企 業 ：－
◆ 輸出実績国・地域 ：無
◆ 今 後 の 輸 出 意 欲 ：無

販売指定店制度について
指定店制度：無 販促ツール：シール、のぼり

特長
- スリーサイトシステム、オールインオールアウトの徹底による衛生的な生産を実施。
- 自社で飼料工場を保有し、自社専用の飼料によって高品質な豚肉を研究しています。

概要		
管 理 主 体 ：㈱林牧場	電　　　　　話 ：027-289-5235	
代 表 者 ：林 篤志 代表取締役	F A X ：027-289-5236	
所 在 地 ：前橋市苗ヶ島町2331	U R L ：www.f884.co.jp	
	メールアドレス ：niisato@f884.co.jp	

群馬県
三代目まるやま豚（さんだいめまるやまとん）

飼育管理	
出荷日齢：220日齢前後	
出荷体重：約103～124kg	
指定肥育地・牧場 ：県内	
飼料の内容 ：専用飼料を生後120日前後から 　出荷まで与える（海藻粉末、甘 　藷、にんにく、ビタミンE）	

商標登録・GI登録・銘柄規約について	
商標登録の有無：無 登録取得年月日：－	
GI登録：未定	
銘柄規約の有無：有 規約設定年月日：2013年4月1日 規約改定年月日：－	

農場HACCP・JGAPについて	
農場HACCP：無 JGAP：無	

交配様式

バークシャー×デュロック

主な流通経路および販売窓口
◆ 主 な と 畜 場 ：群馬県食肉卸売市場
◆ 主 な 処 理 場 ：同上
◆ 年 間 出 荷 頭 数 ：850頭
◆ 主 要 卸 売 企 業 ：群馬ミート
◆ 輸出実績国・地域 ：無
◆ 今 後 の 輸 出 意 欲 ：無

販売指定店制度について
指定店制度：有 販促ツール：シール、のぼり

特長
- 予防的抗生物質を排除した飼料を育成段階から給与し、不飽和脂肪酸のバランスを考えた健康に良い豚肉を生産するために米を配合し、海藻、甘藷、にんにく、ビタミンEを強化した専用飼料を与えています。
- 種豚は、バークシャー種、デュロック種の交雑で、肉質にこだわった結果、口どけの良い脂肪、軟らかい肉質、甘みを感じる食味を得ている豚肉です。

概要		
管 理 主 体 ：㈲稲村ファーム	電　　　　　話 ：0276-57-0909	
代 表 者 ：稲村 浩一 社長	F A X ：0276-57-0980	
所 在 地 ：太田市新田大町7201-1	U R L ：－	
	メールアドレス ：－	

群馬県

しあわせぽーく

飼育管理

出荷日齢：170日齢

出荷体重：120kg

指定肥育地・牧場
：林牧場

飼料の内容
：自社飼料工場にて配合した飼料を給与

商標登録・GI登録・銘柄規約について

商標登録の有無：有
登録取得年月日：—

ＧＩ登録：未定

銘柄規約の有無：無
規約設定年月日：—
規約改定年月日：—

農場HACCP・JGAPについて

農場HACCP：有（2019年7月3日）
ＪＧＡＰ：無

交配様式

雌	（ランドレース × 大ヨークシャー）
×	
雄	デュロック

特長

- スリーサイトシステム、オールインオールアウトの徹底による衛生的な生産を実施。
- 自社で飼料工場を保有し、自社専用の飼料によって高品質な豚肉を研究しています。

主な流通経路および販売窓口

◆主なと畜場
：群馬県食肉卸売市場、さいたま市食肉市場、東京都食肉市場ほか

◆主な処理場
：—

◆年間出荷頭数
：300,000頭（グループ全体）

◆主要卸売企業
：—

◆輸出実績国・地域
：無

◆今後の輸出意欲
：無

販売指定店制度について

指定店制度：無
販促ツール：シール、のぼり

概要

管理主体：㈱林牧場
代表者：林 篤志 代表取締役
所在地：前橋市苗ヶ島町2331

電話：027-289-5235
ＦＡＸ：027-289-5236
ＵＲＬ：www.f884.co.jp
メールアドレス：niisato@f884.co.jp

群馬県

G1ポーク

飼育管理

出荷日齢：約180日齢

出荷体重：約103〜124kg

指定肥育地・牧場
：県内

飼料の内容
：専用飼料を生後120日前後から出荷まで与える（海藻粉末、甘しょ、ニンニク、ビタミンE）

商標登録・GI登録・銘柄規約について

商標登録の有無：有
登録取得年月日：2005年11月4日

ＧＩ登録：未定

銘柄規約の有無：有
（研究会規約、品質認定基準、取引条件などの設定）
規約設定年月日：1998年4月1日
規約改定年月日：—

農場HACCP・JGAPについて

農場HACCP：無
ＪＧＡＰ：無

交配様式

雌	（ランドレース × 大ヨークシャー）
×	
雄	デュロック
雌	（大ヨークシャー × ランドレース）
×	
雄	デュロック

特長

- 予防的抗生物質を排除した飼料を育成段階から給与し、不飽和脂肪酸のバランスを考えた健康によい豚肉を生産するために米を配合し、海藻、甘しょ、にんにく、ビタミンEを強化した専用飼料を与えています。
- 種豚段階から肉質にこだわる選畜を行い、肉質にこだわる飼育を行った結果、口溶けよい脂肪、軟らかい肉質、甘みを感じる食味を得ている豚肉です。

主な流通経路および販売窓口

◆主なと畜場
：群馬県食肉卸売市場

◆主な処理場
：同上

◆年間出荷頭数
：1,000頭

◆主要卸売企業
：—

◆輸出実績国・地域
：無

◆今後の輸出意欲
：無

販売指定店制度について

指定店制度：有
販促ツール：シール、のぼり、ポスター、パネル

概要

管理主体：はつらつ豚研究会
代表者：稲村 浩一 会長
所在地：佐波郡玉村町上福島1189
（事務局）

電話：0270-65-2014
ＦＡＸ：0270-65-1414
ＵＲＬ：haturatu.chiharuya.com
メールアドレス：—

群馬県

しもにたぽーく
下仁田ポーク

飼育管理	
出荷日齢	：約180日齢
出荷体重	：約115kg
指定肥育地・牧場	：自社農場
飼料の内容	：独自の飼料基準に基づく

商標登録・GI登録・銘柄規約について	
商標登録の有無：無	
登録取得年月日：－	
ＧＩ登録：未定	
銘柄規約の有無：無	
規約設定年月日：－	
規約改定年月日：－	

農場HACCP・JGAPについて	
農場HACCP：有（2018年3月30日）	
ＪＧＡＰ：無	

交配様式

雌　（大ヨークシャー × ランドレース）
×
雄　　　　デュロック

主な流通経路および販売窓口
◆主 な と 畜 場 ：北毛ミートセンター
◆主 な 処 理 場 ：同上
◆年 間 出 荷 頭 数 ：15,000頭
◆主 要 卸 売 企 業 ：全農ミートフーズ
◆輸 出 実 績 国・地 域 ：無
◆今 後 の 輸 出 意 欲 ：無

販売指定店制度について
指定店制度：無 販促ツール：シール、のぼり

特長
- 飼料用原料の内容が明確で、とうもろこしと大豆粕に重点を置いた自家配合飼料を給与。
- （大ヨークシャー × ランドレース）× デュロックの三元交配で優秀な系統を選抜し、統一した品種を育成。
- 赤身が多く、脂質も良くて風味ある「もち豚」を年間を通じて均一に生産。
- 脂肪の色が適度に交雑していて、シマリの良いのが特徴。

概要			
管 理 主 体 ：下仁田ミート㈱	電 話 ：027-382-2521
代 表 者 ：岡田 一美	Ｆ Ａ Ｘ ：027-382-2486
所 在 地 ：安中市鷺宮3624	Ｕ Ｒ Ｌ ：www.shimonita-meat.jp
	メールアドレス ：－

群馬県

しもにたぽーくこめぶた
下仁田ポーク米豚

飼育管理	
出荷日齢	：約180日齢
出荷体重	：約115kg
指定肥育地・牧場	：自社農場
飼料の内容	：独自の飼料基準に基づく

商標登録・GI登録・銘柄規約について	
商標登録の有無：無	
登録取得年月日：－	
ＧＩ登録：未定	
銘柄規約の有無：無	
規約設定年月日：－	
規約改定年月日：－	

農場HACCP・JGAPについて	
農場HACCP：無	
ＪＧＡＰ：無	

交配様式

雌　（大ヨークシャー × ランドレース）
×
雄　　　　デュロック

主な流通経路および販売窓口
◆主 な と 畜 場 ：北毛ミートセンター
◆主 な 処 理 場 ：同上
◆年 間 出 荷 頭 数 ：15,000頭
◆主 要 卸 売 企 業 ：全農ミートフーズ
◆輸 出 実 績 国・地 域 ：無
◆今 後 の 輸 出 意 欲 ：無

販売指定店制度について
指定店制度：無 販促ツール：シール、のぼり

特長
- 飼料用原料の内容が明確で、肥育期に2カ月間、飼料用米を15%添加。自家配合飼料を給与。
- （大ヨークシャー × ランドレース）× デュロックの三元交配で優秀な系統を選抜し、統一した品種を育成。
- 赤身が多く、脂質も良くてさっぱりした味の豚肉を年間を通じて均一に生産。
- 脂肪の色が適度に交雑していて、シマリの良いのが特徴。

概要			
管 理 主 体 ：下仁田ミート㈱	電 話 ：027-382-2521
代 表 者 ：岡田 一美	Ｆ Ａ Ｘ ：027-382-2486
所 在 地 ：安中市鷺宮3624	Ｕ Ｒ Ｌ ：www.shimonita-meat.jp
	メールアドレス ：－

群馬県

じょうしゅうこめぶた
上州米豚

飼育管理	
出荷日齢：180日齢	
出荷体重：103〜124kg	
指定肥育地・牧場 ：県内	
飼料の内容 ：専用飼料を生後120日前後から出荷まで与える（海藻粉末、甘しょ、ニンニク、ビタミンE）	

商標登録・GI登録・銘柄規約について	
商標登録の有無　無 登録取得年月日　ー	
GI登録　未定	
銘柄規約の有無　有 （研究会規約、品質認定基準、取引条件が設定） 規約設定年月日　1998年4月1日 規約改定年月日　ー	

農場HACCP・JGAPについて	
農場HACCP：無	
JGAP：無	

	交配様式	
	雌	雄
雌	（ランドレース×大ヨークシャー）	
雄	× デュロック	
雌	（大ヨークシャー×ランドレース）	
雄	× デュロック	

主な流通経路および販売窓口
◆主なと畜場 ：群馬県食肉卸売市場
◆主な処理場 ：同上
◆年間出荷頭数 ：2,000頭
◆主要卸売企業 ：ー
◆輸出実績国・地域 ：無
◆今後の輸出意欲 ：有

販売指定店制度について
指定店制度：無
販促ツール：シール、のぼり、ポスター、パネル

特長	●予防的抗生物質を排除した飼料を育成段階から給与し、不飽和脂肪酸のバランスを考えた健康に良い豚肉を生産するために米を混合し、海藻、さつまいも、にんにく、ビタミンEを強化した専用飼料を与えています。 ●種豚段階から肉質にこだわる選畜を行い、肉質にこだわる飼育を行った結果、口溶けの良い脂肪、軟らかい肉質、甘みを感じる食味を得ている豚肉です。

概要	管理主体：はつらつ豚研究会 代表者：稲村浩一 会長 所在地：佐波郡玉村町上福島1189（事務局）	電話：0270-65-2014 FAX：0270-65-1414 URL：ー メールアドレス：ー

群馬県

じょうしゅうすてびあそだち
上州ステビア育ち

飼育管理	
出荷日齢：約180日齢	
出荷体重：約103〜124kg	
指定肥育地・牧場 ：ー	
飼料の内容 ：組合指定飼料を生後120日齢以降出荷まで給与。ステビア	

商標登録・GI登録・銘柄規約について	
商標登録の有無：無 登録取得年月日：ー	
GI登録：未定	
銘柄規約の有無：有（品質認定基準、取引条件が設定） 規約設定年月日：2003年4月1日 規約改定年月日：ー	

農場HACCP・JGAPについて	
農場HACCP：無	
JGAP：無	

	交配様式	
	雌	雄
雌	（ランドレース×大ヨークシャー）	
雄	× デュロック	

主な流通経路および販売窓口
◆主なと畜場 ：群馬県食肉卸売市場
◆主な処理場 ：同上
◆年間出荷頭数 ：20,000頭
◆主要卸売企業 ：群馬ミート
◆輸出実績国・地域 ：ー
◆今後の輸出意欲 ：ー

販売指定店制度について
指定店制度：ー
販促ツール：ー

特長	●植物性配合飼料をエキスパンダー加工し、ハーブの仲間であるステビアを添加した組合の指定飼料で、農家養豚の生産者が1頭1頭大切に健康に育てた地域銘柄豚。 ●ほどよい脂肪で自然な甘みがあり、軟らかく風味があり、食感も滑らかで、さっぱりとした豚肉です。

概要	管理主体：ステビア豚出荷組合 代表者：林幹雄 組合長 所在地：前橋市問屋町1-5-5	電話：027-251-3115 FAX：027-251-3119 URL：www.local-foods.jp メールアドレス：ー

群馬県

上州蒼天豚
（じょうしゅうそうてんぶた）

飼育管理	
出荷日齢：180日齢	
出荷体重：114kg前後	
指定肥育地・牧場 ：―	
飼料の内容 ：麦類を15%以上	

商標登録・GI登録・銘柄規約について	
商標登録の有無：有	
登録取得年月日：2010年9月3日	
GI登録：―	
銘柄規約の有無：無	
規約設定年月日：―	
規約改定年月日：―	

農場HACCP・JGAPについて	
農場HACCP：無	
JGAP：無	

交配様式

雌	（ランドレース×大ヨークシャー）雌
	×
雄	デュロック雄
雌	（大ヨークシャー×ランドレース）
	×
雄	デュロック

主な流通経路および販売窓口
◆主なと畜場 ：横浜市食肉市場
◆主な処理場 ：同上
◆年間出荷頭数 ：12,000頭
◆主要卸売企業 ：セントラルフーズ
◆輸出実績国・地域 ：―
◆今後の輸出意欲 ：―

販売指定店制度について
指定店制度：―
販促ツール：シール、のぼり

特長
- 蒼天豚の特徴として赤身肉と脂があげられる。
- 赤身肉は軟らかく、脂はサラサラしていて、しつこくなく焼いた時の風味や食べたときの肉の甘味が楽しめる。
- うま味や風味の成分とされている、オレイン酸やパルミチン酸を一般的なブランド豚肉より多く含んでいる。
- 保水性が高く、しっとりとしているので、ジューシーな食べ応えである。豚肉特有の匂いもなく、豚肉が苦手だという人にも楽しめる豚肉。家庭で使われる際にも、味付けしやすく、色々な料理に使うことのできる豚肉。

概要		
管理主体	：㈱横山ホッグファーム	電話：027-283-2925
代表者	：横山 武	FAX：027-283-5944
所在地	：前橋市鼻毛石町1968-2	URL：―
		メールアドレス：―

群馬県

上州麦育ち
（じょうしゅうむぎそだち）

飼育管理	
出荷日齢：約180日齢	
出荷体重：103～124kg前後	
指定肥育地・牧場 ：県内	
飼料の内容 ：銘柄豚専用飼料を生後120日前 　後から出荷まで与える	

商標登録・GI登録・銘柄規約について	
商標登録の有無：無	
登録取得年月日：―	
GI登録：未定	
銘柄規約の有無：有（品質認定基準、取引条件）	
規約設定年月日：―	
規約改定年月日：―	

農場HACCP・JGAPについて	
農場HACCP：無	
JGAP：無	

交配様式

雌	（ランドレース×大ヨークシャー）雌
	×
雄	デュロック雄
雌	（大ヨークシャー×ランドレース）
	×
雄	デュロック

主な流通経路および販売窓口
◆主なと畜場 ：群馬県食肉卸売市場
◆主な処理場 ：同上
◆年間出荷頭数 ：8,800頭
◆主要卸売企業 ：ＪＡ高崎ハム
◆輸出実績国・地域 ：無
◆今後の輸出意欲 ：無

販売指定店制度について
指定店制度：無
販促ツール：シール

特長
- 群馬県全域の生産者が、安全で高品質な豚肉を安定的に供給する生産を行っている。
- 動物性飼料を排除し、穀類に麦類を多く含む肥育専用飼料を給与し、契約農場で計画生産されている。
- 豚特有の臭みを抑え、さっぱりとした甘みを感じる肉質となっている。

概要		
管理主体	：㈱群馬県食肉卸売市場	電話：0270-65-7135
代表者	：荻原 宣弘 社長	FAX：0270-65-9236
所在地	：佐波郡玉村町上福島1189	URL：www.gunmashokuniku.co.jp
		メールアドレス：―

群馬県

上州麦豚
（じょうしゅうむぎぶた）

飼育管理
出荷日齢：約180日齢
出荷体重：103〜124kg前後
指定肥育地・牧場 ：県内
飼料の内容 ：銘柄豚専用飼料を生後120日前 後から出荷まで与える

商標登録・GI登録・銘柄規約について
商標登録の有無：有
登録取得年月日：2007年8月24日
GI登録：未定
銘柄規約の有無：有（品質認定基準、取引条件が設定） 規約設定年月日：— 規約改定年月日：—

農場HACCP・JGAPについて
農場HACCP：無
JGAP：無

交配様式

雌 × 雄	（ランドレース×大ヨークシャー） × デュロック
雌 × 雄	（大ヨークシャー×ランドレース） × デュロック

特長
- 動物性飼料を排除し、穀類に麦類を多く含む肥育専用飼料を給与し、契約農場で計画生産されている。
- 肉締まりがあり、保水性が高く、豚特有の臭みを抑え、さっぱりとした甘みを感じる肉質となっている。
- 地域銘柄である赤城ポーク、群馬麦豚、あがつまポーク、上州麦育ちの統一銘柄です。

主な流通経路および販売窓口
◆主なと畜場 ：群馬県食肉卸売市場
◆主な処理場 ：同上
◆年間出荷頭数 ：45,000頭
◆主要卸売企業 ：—
◆輸出実績国・地域 ：無
◆今後の輸出意欲 ：有

販売指定店制度について
指定店制度：無
販促ツール：シール、のぼり、ポスター、パネル

概要	管理主体：㈱群馬県食肉卸売市場・営業部 代表者：荻原宣弘社長 所在地：佐波郡玉村町上福島1189	電話：0270-65-7135 FAX：0270-65-9236 URL：www.gunmashokuniku.co.jp メールアドレス：—

群馬県

上州六穀豚
（じょうしゅうろっこくとん）

飼育管理
出荷日齢：約180〜190日齢
出荷体重：約110〜115kg
指定肥育地・牧場 ：群馬県・指定協力農場
飼料の内容 ：6種類の穀物をバランス良く配 合した指定配合飼料

商標登録・GI登録・銘柄規約について
商標登録の有無：無
登録取得年月日：—
GI登録：未定
銘柄規約の有無：無 規約設定年月日：— 規約改定年月日：—

農場HACCP・JGAPについて
農場HACCP：—
JGAP：—

交配様式

雌 × 雄	（ランドレース×大ヨークシャー） × デュロック

特長
- 6種類の穀物（とうもろこし・マイロ・米・大麦・小麦・大豆）をバランス良く配合した飼料を与え、味（うま味、脂の甘み）を追求。

主な流通経路および販売窓口
◆主なと畜場 ：本庄食肉センター
◆主な処理場 ：アイ・ポーク本庄工場
◆年間出荷頭数 ：36,000頭
◆主要卸売企業 ：米久
◆輸出実績国・地域 ：無
◆今後の輸出意欲 ：無

販売指定店制度について
指定店制度：無
販促ツール：シール、のぼり、ポスター、ボード、POP各種

概要	管理主体：アイ・ポーク㈱（米久㈱関連会社） 代表者：小泉隆社長 所在地：前橋市鳥羽町161-1	電話：027-252-5353 FAX：027-253-6933 URL：www.yonekyu.co.jp メールアドレス：—

群馬県

とやまのむぎぶた
とやまの麦豚

飼育管理
出荷日齢：180日齢
出荷体重：115kg
指定肥育地・牧場
：－
飼料の内容
：麦類15%以上配合の肥育飼料使用

商標登録・GI登録・銘柄規約について
商標登録の有無：無
登録取得年月日：－
GI登録：未定
銘柄規約の有無：無
規約設定年月日：－
規約改定年月日：－

農場HACCP・JGAPについて
農場HACCP：未定
JGAP：未定

交配様式

雌　　（ランドレース×大ヨークシャー）
×
雄　　　　　デュロック

主な流通経路および販売窓口
◆主なと畜場
：埼玉県北食肉センター
◆主な処理場
：同上
◆年間出荷頭数
：3,500頭
◆主要卸売企業
：中村牧場
◆輸出実績国・地域
：無
◆今後の輸出意欲
：無

販売指定店制度について
指定店制度：無
販促ツール：－

特長	● 農場が標高500mの高台に位置し、豊かな自然ときれいな水、関東平野を一望できる環境で、家族で愛情を注ぎ大事に飼育。 ● 麦類を多く含む飼料を与えているため肉質は軟らかく、臭みのないうまみたっぷりの豚肉に仕上がっている。

概要	管理主体：㈲登山養豚 代表者：登山康明 所在地：前橋市粕川町中之沢15	電話：027-285-4916 FAX：同上 URL：－ メールアドレス：yasuaki@tkcnet.ne.jp

---

群馬県

にっぽんのぶた　やまとぶた
日本の豚　やまと豚

飼育管理
出荷日齢：170日齢
出荷体重：115kg
指定肥育地・牧場
：－
飼料の内容
：とうもろこしを主体とした自社設計配合飼料

商標登録・GI登録・銘柄規約について
商標登録の有無：有
登録取得年月日：2003年5月30日
GI登録：－
銘柄規約の有無：有
規約設定年月日：2001年6月1日
規約改定年月日：2003年6月1日

農場HACCP・JGAPについて
農場HACCP：有（2012年4月27日）
JGAP：有（2019年5月17日、団体認証）

交配様式

（ランドレース×大ヨークシャー）
×
デュロック

主な流通経路および販売窓口
◆主なと畜場
：神奈川食肉センター、群馬県食肉卸売市場
◆主な処理場
：神奈川ミートパッカー、群馬県食肉市場
◆年間出荷頭数
：250,000頭（フリーデングループ）
◆主要卸売企業
：精肉店など
◆輸出実績国・地域
：－
◆今後の輸出意欲
：－

販売指定店制度について
指定店制度：－
販促ツール：－

特長	● 「日本の豚やまと豚」として岩手県、群馬県、秋田県など広域で生産している。 ● とうもろこしを主体とした純植物性の自社設計の配合飼料で肥育。 ● 脂肪に甘味があり、きめ細かい軟らかな肉質。 ● 日本の畜産業として初めてとなるJGAP認証を取得（現在は団体認証）

概要	管理主体：㈱フリーデン 代表者：森延孝 所在地：神奈川県平塚市南金目227	電話：0463-58-0123 FAX：0463-58-6314 URL：www.frieden.jp メールアドレス：info@frieden.co.jp

群馬県

はつらつ豚（上州銘柄豚）
はつらつとん

飼育管理
出荷日齢：180日齢前後
出荷体重：103〜124kg前後
指定肥育地・牧場 ：県内
飼料の内容 ：専用飼料を生後120日前後から出荷まで与える。（海藻粉末、甘しょ、にんにく、ビタミンE）

商標登録・GI登録・銘柄規約について
商標登録の有無：無 登録取得年月日：ー
GI 登 録：未定
銘柄規約の有無：有（研究会規約、品質認定基準、取引条件） 規約設定年月日：1998年4月1日 規約改定年月日：ー

農場HACCP・JGAPについて
農場HACCP：無
JGAP：無

交配様式
雌	（ランドレース × 大ヨークシャー） × デュロック
雄	
雌	（大ヨークシャー × ランドレース） × デュロック
雄	

主な流通経路および販売窓口
◆主 な と 畜 場 ：群馬県食肉卸売市場
◆主 な 処 理 場 ：同上
◆年 間 出 荷 頭 数 ：4,700頭
◆主 要 卸 売 企 業 ：ー
◆輸 出 実 績 国・地 域 ：無
◆今 後 の 輸 出 意 欲 ：有

販売指定店制度について
指定店制度：無 販促ツール：シール、のぼり、ポスター、パネル

特長
- 予防的抗生物質を排除した飼料を育成段階から給与し、不飽和脂肪酸のバランスを考えた健康によい豚肉を生産するために米を配合し海藻、甘しょ、にんにく、ビタミンEを強化した専用飼料を与えています。
- 種豚段階から肉質にこだわる選畜を行い、肉質にこだわる飼育を行った結果、口溶けのよい脂肪、軟らかい肉質、甘みを感じる食味を得ている豚肉です。

概要	管 理 主 体：はつらつ豚研究会 代 表 者：稲村 浩一 会長 所 在 地：佐波郡玉村町上福島1189 （事務局）	電 話：0270-65-2014 F A X：0270-65-1414 U R L：haturatu.chiharuya.com メールアドレス：ー

群馬県

榛名山麓　宝生豚
はるなさんろく　ほうしょうとん

飼育管理
出荷日齢：170〜190日齢
出荷体重：115〜120kg
指定肥育地・牧場 ：群馬県東吾妻町・榛名農場
飼料の内容 ：バイプロ

商標登録・GI登録・銘柄規約について
商標登録の有無：無 登録取得年月日：ー
GI 登 録：未定
銘柄規約の有無：無 規約設定年月日：ー 規約改定年月日：ー

農場HACCP・JGAPについて
農場HACCP：未定
JGAP：未定

交配様式
チャイナジャパン

雌		雄
チャイナジャパン × デュロック		

主な流通経路および販売窓口
◆主 な と 畜 場 ：県北食肉センター協業組合
◆主 な 処 理 場 ：同上
◆年 間 出 荷 頭 数 ：6,000頭
◆主 要 卸 売 企 業 ：中村牧場
◆輸 出 実 績 国・地 域 ：無
◆今 後 の 輸 出 意 欲 ：無

販売指定店制度について
指定店制度：無 販促ツール：ー

特長
- 食パンなどの麦類を主体に給餌し、豚にストレスを与えないよう飼育環境に配慮。
- 肉質はキメ細かく、脂はなめらか。
- 東京食肉市場豚枝肉共進会で最優秀賞を獲得し、多くの人から高評価を得ている。
- 独自の血統を約50年間引き継いだ宝のような豚。

概要	管 理 主 体：宝生豚販売促進協議会 代 表 者：中村 光一 所 在 地：埼玉県熊谷市下増田173	電 話：048-533-2929 F A X：048-533-4513 U R L：ー メールアドレス：ー

群馬県

榛名ポーク
（はるなぽーく）

飼育管理
出荷日齢：190日齢
出荷体重：115kg前後
指定肥育地・牧場 　：－
飼料の内容 　：－

商標登録・GI登録・銘柄規約について
商標登録の有無：無 登録取得年月日：－
G I 登 録：未定
銘柄規約の有無：無 規約設定年月日：－ 規約改定年月日：－

農場HACCP・JGAPについて
農場HACCP：無
J G A P：無

交配様式		
雌	雌 （ランドレース× 大ヨークシャー） × デュロック	雄
雄	（大ヨークシャー× ランドレース） × デュロック	

主な流通経路および販売窓口
◆主 な と 畜 場 　：高崎食肉センター
◆主 な 処 理 場 　：同上
◆年 間 出 荷 頭 数 　：36,000 頭
◆主 要 卸 売 企 業 　：高崎食肉センター、エルマ
◆輸出実績国・地域 　：無
◆今 後 の 輸 出 意 欲 　：有

販売指定店制度について
指定店制度：無 販促ツール：シール

特長	● 肥育雄豚には仕上げ期の飼料にとうもろこしを使用せず、小麦やマイロ、キャッサバ多給。 ● 肥育雌豚には仕上げ期には麦類を飼料に給与している。

概要	管 理 主 体 ： ㈱オーケーコーポレーション 代 表 者 ： 岡部 幹雄 代表取締役 所 在 地 ： 北群馬郡榛東村山子田 414	電 話 ： 0279-54-2901 F A X ： 0279-54-8699 U R L ： － メールアドレス ： okc@minos.ocn.ne.jp

---

群馬県

福豚
（ふくぶた）

飼育管理
出荷日齢：170日齢
出荷体重：120kg
指定肥育地・牧場 　：林牧場
飼料の内容 　：自社飼料工場にて配合した飼料 　　を給与

商標登録・GI登録・銘柄規約について
商標登録の有無：有 登録取得年月日：－
G I 登 録：未定
銘柄規約の有無：無 規約設定年月日：－ 規約改定年月日：－

農場HACCP・JGAPについて
農場HACCP：有（2019年7月3日）
J G A P：無

交配様式		
雌	雌 （ランドレース× 大ヨークシャー） × デュロック	雄
雄		

主な流通経路および販売窓口
◆主 な と 畜 場 　：群馬県食肉卸売市場、さいたま 　　市食肉市場
◆主 な 処 理 場 　：－
◆年 間 出 荷 頭 数 　：－
◆主 要 卸 売 企 業 　：福豚の里とんとん広場
◆輸出実績国・地域 　：無
◆今 後 の 輸 出 意 欲 　：無

販売指定店制度について
指定店制度：有 販促ツール：シール、のぼり

特長	● スリーサイトシステム、オールインオールアウトの徹底による衛生的な生産を実施。 ● 自社で飼料工場を保有し、自社専用の飼料によって高品質な豚肉を研究しています。 ● 林牧場産の豚肉のうち、とんとん広場で販売される豚肉が「福豚」です。

概要	管 理 主 体 ： 福豚の里とんとん広場 代 表 者 ： 林 智浩 所 在 地 ： 前橋市三夜沢町 534	電 話 ： 027-283-2983 F A X ： 027-283-2980 U R L ： www.fukubuta.co.jp メールアドレス ： －

群馬県

ほそやのまるぶた
ほそやのまる豚

飼育管理
出荷日齢：約180日齢
出荷体重：110〜118kg
指定肥育地・牧場 　：－
飼料の内容 　：麦入り飼料で仕上げています

商標登録・GI登録・銘柄規約について
商標登録の有無：有
登録取得年月日：2016年8月5日
ＧＩ登録：
銘柄規約の有無：有
規約設定年月日：－
規約改定年月日：－

農場HACCP・JGAPについて
農場HACCP：有（2019年8月8日）
ＪＧＡＰ：無

交配様式

雌	雌 （ランドレース×大ヨークシャー）
	×
雄	雄 デュロック

主な流通経路および販売窓口
◆主なと畜場 　：群馬県食肉卸売市場
◆主な処理場 　：同上
◆年間出荷頭数 　：4,000頭
◆主要卸売企業 　：群馬ミート、クリマ
◆輸出実績国・地域 　：無
◆今後の輸出意欲 　：有

販売指定店制度について
指定店制度：－ 販促ツール：パンフレット、シール

特長	● 日本ＳＰＦ協会認定農場。 ● きめ細かい赤身とさっぱりとした中にも甘みのある脂肪。

概要	管理主体：㈲ほそや 代表者：細谷　広平 所在地：渋川市有馬2543	電話：0279-24-5155 ＦＡＸ：0279-23-5550 ＵＲＬ：marubuta.jp メールアドレス：info@marubuta.jp

---

群馬県

むぎじだて　じょうしゅうもちぶた
麦仕立て　上州もち豚

飼育管理
出荷日齢：180日齢
出荷体重：約115kg
指定肥育地・牧場 　：ミツバピッグファーム
飼料の内容 　：麦類を多配した良質な飼料

商標登録・GI登録・銘柄規約について
商標登録の有無：有
登録取得年月日：2010年4月2日
ＧＩ登録：未定
銘柄規約の有無：有
規約設定年月日：2007年6月18日
規約改定年月日：－

農場HACCP・JGAPについて
農場HACCP：無
ＪＧＡＰ：無

交配様式

雌	雌 （ランドレース×大ヨークシャー）
	×
雄	雄 デュロック

主な流通経路および販売窓口
◆主なと畜場 　：高崎食肉センター
◆主な処理場 　：ミツバミート
◆年間出荷頭数 　：4,300頭
◆主要卸売企業 　：ミツバミート
◆輸出実績国・地域 　：無
◆今後の輸出意欲 　：－

販売指定店制度について
指定店制度：有 販促ツール：シール、パネル、のぼり、取扱店証

特長	● 麦類を多配した良質な飼料と地下150mからくみ上げた天然ミネラル含有の水で育った肉は、脂身が白く甘みがあり、肉質はきめ細かい良質な豚肉です。

概要	管理主体：ミツバピッグファーム 代表者：塩野　武士 所在地：高崎市倉渕町水沼3053-2	電話：027-362-5164 ＦＡＸ：027-362-9099 ＵＲＬ：－ メールアドレス：－

群馬県

悠牧舎の桜絹豚
ゆうぼくしゃのさくらきぬぶた

飼育管理

出荷日齢：185日齢

出荷体重：115kg前後

指定肥育地・牧場
：－

飼料の内容
：リキッドフィード、配合飼料

商標登録・GI登録・銘柄規約について

商標登録の有無：有
登録取得年月日：－

ＧＩ登録：未定

銘柄規約の有無：無
規約設定年月日：－
規約改定年月日：－

農場HACCP・JGAPについて

農場HACCP：無

ＪＧＡＰ：無

交配様式

雌 　（ランドレース × 大ヨークシャー）
　　　　　　　　×
雄 　　　　　デュロック

主な流通経路および販売窓口

◆主なと畜場
：高崎食肉センター

◆主な処理場
：同上

◆年間出荷頭数
：20,000頭

◆主要卸売企業
：高崎食肉センター

◆輸出実績国・地域
：無

◆今後の輸出意欲
：無

販売指定店制度について

指定店制度：有
販促ツール：シール

特長

- 1農場の生産によるためトレーサビリティのできる「生産者の顔が見える」安心安全な豚肉です。
- 脂肪は白く、しっかりしていて甘みがあります。
- 遺伝子組換食品や肉類を一切含まない、人間と同じ食物を配合した安全な飼料を給与しています。
- 餌が飛び散らない液状飼料によるリキッドフィーディングシステムで常に安全。清潔な環境で育てています。

概要

管理主体	㈱悠牧舎
代表者	阿久澤 和仁 代表取締役
所在地	前橋市市之関町584
電話	027-283-5086
FAX	027-283-5444
URL	www.yubokusha.com
メールアドレス	info@yubokusha.com

群馬県

和豚もちぶた
わとんもちぶた

飼育管理

出荷日齢：150～180日齢

出荷体重：115～125kg

指定肥育地・牧場
：－

飼料の内容
：当社給餌基準に基づき、必須アミノ酸を中心にバランスを重視した自家配合設計飼料

商標登録・GI登録・銘柄規約について

商標登録の有無：有
登録取得年月日：2006年7月21日

ＧＩ登録：

銘柄規約の有無：有
規約設定年月日：1983年6月23日
規約改定年月日：－

農場HACCP・JGAPについて

農場HACCP：無

ＪＧＡＰ：有（2019年5月10日）
　　　　　一部直営農場のみ

交配様式

GPクイーン × GPキング

雌 　　　‖　　　　雄
　（ランドレース × 大ヨークシャー）
　　　　　　　×
雄 　　　　　デュロック

主な流通経路および販売窓口

◆主なと畜場
：しばたパッカーズ、神奈川食肉センター

◆主な処理場
：同上

◆年間出荷頭数
：549,250頭

◆主要卸売企業
：日本ベストミート、マツイフーズ、肉の片山、丸神食品、マルサ新田屋ほか

◆輸出実績国・地域
：マカオ、香港

◆今後の輸出意欲
：有

販売指定店制度について

指定店制度：無
販促ツール：シール、のぼり、各種POPなど

特長

- 単一銘柄で日本一の生産量。
- 保湿性の高いしっとりとした肉質でとろけるような脂の軽さと甘さが特長。
- うまみ成分であるグルタミン酸が一般豚に比べ、2.7倍含まれている。

概要

管理主体	グローバルピッグファーム㈱
代表者	桑原 政治
所在地	渋川市北橘町上箱田800
電話	0279-52-3753
FAX	0279-52-3579
URL	www.waton.jp
メールアドレス	mochibuta@gpf.co.jp

埼 玉 県

井田さん家の豚
（いださんちのぶた）

飼育管理
出荷日齢：165日齢～
出荷体重：約115kg
指定肥育地・牧場 ：井田ファーム
飼料の内容 ：配合飼料プラスパン、麺のスープ（リキッド）

商標登録・GI登録・銘柄規約について
商標登録の有無：無
登録取得年月日：－
GI 登 録：未定
銘柄規約の有無：－
規約設定年月日：－
規約改定年月日：－

農場HACCP・JGAPについて
農場HACCP：推進中
JGAP：無

交配様式

チョイス　ジェネティクス
（海外合成豚）

主な流通経路および販売窓口
◆主 な と 畜 場 ：本庄食肉センター
◆主 な 処 理 場 ：－
◆年 間 出 荷 頭 数 ：約4,000頭
◆主 要 卸 売 企 業 ：小林畜産
◆輸出実績国・地域 ：無
◆今 後 の 輸 出 意 欲 ：無

販売指定店制度について
指定店制度：無 販促ツール：－

特長	● 甘くてさっぱりとした脂。 ● 軟らかく臭みのない肉。 ● 良質な食品製造副産物を使用。

概要	管 理 主 体：井田ファーム 代 表 者：井田 均 所 在 地：深谷市針ヶ谷1239	電 話：048-585-0785 F A X：同上 U R L：－ メールアドレス：－

埼 玉 県

旨香豚
（うまかぶた）

飼育管理
出荷日齢：180日齢
出荷体重：110kg
指定肥育地・牧場 ：－
飼料の内容 ：配合飼料とエコフィードを給餌している。食糧残さを利用（日本フードエコロジーセンター）

商標登録・GI登録・銘柄規約について
商標登録の有無：有
登録取得年月日：2011年4月22日
GI 登 録：未定
銘柄規約の有無：－
規約設定年月日：－
規約改定年月日：－

農場HACCP・JGAPについて
農場HACCP：無
JGAP：無

交配様式

バブコック

主な流通経路および販売窓口
◆主 な と 畜 場 ：熊谷と畜場
◆主 な 処 理 場 ：－
◆年 間 出 荷 頭 数 ：1,400頭
◆主 要 卸 売 企 業 ：中村牧場
◆輸出実績国・地域 ：無
◆今 後 の 輸 出 意 欲 ：無

販売指定店制度について
指定店制度：有 販促ツール：－

特長	● スーパーエコスで出る食品残さを利用したエコフィードを給餌し、育てた豚肉をスーパーエコスで販売しています。

概要	管 理 主 体：㈲橋本グローバルスワイン 代 表 者：橋本 繁穂 所 在 地：深谷市東方1844	電 話：048-571-2553 F A X：048-574-1801 U R L：－ メールアドレス：－

埼 玉 県
香 り 豚
かおりぶた

飼育管理	
出荷日齢：178日齢	
出荷体重：約120kg	
指定肥育地・牧場 ：―	
飼料の内容 ：―	

商標登録・GI登録・銘柄規約について	
商標登録の有無：有	
登録取得年月日：2011年9月2日	
GI 登 録：未定	
銘柄規約の有無：無	
規約設定年月日：―	
規約改定年月日：―	

農場HACCP・JGAPについて	
農場HACCP ：有（2019年8月23日）	
JGAP：無	

交配様式

	雌	雄
雌	（大ヨークシャー × ランドレース）	
	×	
雄	デュロック	

主な流通経路および販売窓口
◆主 な と 畜 場 ：さいたま市食肉市場
◆主 な 処 理 場 ：同上
◆年 間 出 荷 頭 数 ：7,500頭
◆主 要 卸 売 企 業 ：―
◆輸出実績国・地域 ：無
◆今 後 の 輸 出 意 欲 ：無

販売指定店制度について
指定店制度：無
販促ツール：シール、のぼり

特長
- 良質な丸粒とうもろこしを全粒粉砕して食べさせています。
- 徹底したクリーンな環境ときめ細やかな飼養管理で健康な豚を育て、おいしい豚肉つくりに努めています。

概要		
管 理 主 体： ㈲松村牧場	電 話： 0480-62-5925	
代 表 者： 松村 昌雄	FAX： 同上	
所 在 地： 加須市阿良川903-1	URL： www.butaniku.jp	
	メールアドレス： kaoributa@gmail.com	

埼 玉 県
キトンポーク
きとんぽーく

飼育管理	
出荷日齢：180～210日齢	
出荷体重：115～120kg	
指定肥育地・牧場 ：―	
飼料の内容 ：パンまたはめん類を主体とした 飼料	

商標登録・GI登録・銘柄規約について	
商標登録の有無：無	
登録取得年月日：―	
GI 登 録：―	
銘柄規約の有無：無	
規約設定年月日：―	
規約改定年月日：―	

農場HACCP・JGAPについて	
農場HACCP ：―	
JGAP：―	

交配様式

ハイポー

主な流通経路および販売窓口
◆主 な と 畜 場 ：東京都食肉市場
◆主 な 処 理 場 ：―
◆年 間 出 荷 頭 数 ：2,500頭
◆主 要 卸 売 企 業 ：―
◆輸出実績国・地域 ：―
◆今 後 の 輸 出 意 欲 ：―

販売指定店制度について
指定店制度：―
販促ツール：―

特長
- エコ飼料、オガ床飼料、キトサンを加えた乳酸発酵飼料。
- 昔の豚肉の味。臭みもないし、脂肪は白く甘みがある。

※ 情報の一部は2016年時点。

概要		
管 理 主 体： ―	電 話： 0493-56-2872	
代 表 者： 山下 武	FAX： 0493-56-2872	
所 在 地： 比企郡滑川町中尾223	URL： ―	
	メールアドレス： ―	

埼 玉 県

こえどくろぶた
小江戸黒豚

特 選
小江戸黒豚
生産者 大野賢司

飼育管理	
出荷日齢：250日齢	
出荷体重：110kg	
指定肥育地・牧場 ：－	
飼料の内容 ：抗生物質など無添加	

商標登録・GI登録・銘柄規約について	
商標登録の有無：有	
登録取得年月日：2002年4月23日	
ＧＩ 登 録：－	
銘柄規約の有無：無	
規約設定年月日：－	
規約改定年月日：－	

農場HACCP・JGAPについて	
農場HACCP：有（2005年度）	
ＪＧＡＰ：無	

交配様式

バークシャー

主な流通経路および販売窓口
◆主 な と 畜 場 ：熊谷食肉センター
◆主 な 処 理 場 ：セーケン商事
◆年 間 出 荷 頭 数 ：1,200頭
◆主 要 卸 売 企 業 ：萩原畜産
◆輸出実績国・地域 ：－
◆今 後 の 輸 出 意 欲 ：－

販売指定店制度について
指定店制度：有
販促ツール：シール、のぼり

特長	● さつまいも、パン、牛乳など飼料原料を自家配合することにより、黒豚の持つうま味（脂の甘さなど）を最大限に引き出すように大切に育てています。 ● 衛生面でも埼玉県優良生産農場の認定を受けています。 ● 黒豚生産農場の認定を受けています。

概要	管 理 主 体：㈲大野農場 代 表 者：大野 賢司 所 在 地：川越市谷中27	電 話：049-226-0861 Ｆ Ａ Ｘ：同上 Ｕ Ｒ Ｌ：www.miocasalo.co.jp メールアドレス：ohno@miocalo.co.jp

---

埼 玉 県

こやのさんちのさきたまくろぶた
小谷野さんちのさきたま黒豚

飼育管理	
出荷日齢：210〜240日齢	
出荷体重：約118kg	
指定肥育地・牧場 ：小谷野精肉店直営農場	
飼料の内容 ：日本農産工業協同飼料配合の 「さきたま黒豚専用飼料」	

商標登録・GI登録・銘柄規約について	
商標登録の有無：有	
登録取得年月日：2015年5月22日	
ＧＩ 登 録：未定	
銘柄規約の有無：有	
規約設定年月日：2015年5月22日	
規約改定年月日：－	

農場HACCP・JGAPについて	
農場HACCP：無	
ＪＧＡＰ：無	

交配様式

バークシャー

主な流通経路および販売窓口
◆主 な と 畜 場 ：県北食肉センター
◆主 な 処 理 場 ：同上
◆年 間 出 荷 頭 数 ：200頭
◆主 要 卸 売 企 業 ：小谷野精肉店
◆輸出実績国・地域 ：無
◆今 後 の 輸 出 意 欲 ：－

販売指定店制度について
指定店制度：有
販促ツール：シール、のぼり

特長	● 後期飼料には黒豚専用飼料を給与し、肥育期間を210〜240日で出荷しています。 ● 全飼料に抗生物質はすべて無添加です。

概要	管 理 主 体：㈲小谷野精肉店 代 表 者：小谷野 光一 所 在 地：行田市埼玉3517-9	電 話：048-559-4101 Ｆ Ａ Ｘ：同上 Ｕ Ｒ Ｌ：www.plus-kun.com/koyano メールアドレス：－

埼　玉　県

さいたまけんさんいもぶた
埼玉県産いもぶた

飼育管理
出荷日齢：190日齢
出荷体重：115kg前後
指定肥育地・牧場 ：加須畜産
飼料の内容 ：中部飼料指定配合「いもぶた仕 　上げ」（いも類30%配合）給与

商標登録・GI登録・銘柄規約について
商標登録の有無：無 登録取得年月日：－
G I 登　録：未定
銘柄規約の有無：有 規約設定年月日：2008年7月1日 規約改定年月日：－

農場HACCP・JGAPについて
農場HACCP：無
J G A P：無

交配様式

	雌	雄
雌	（ランドレース × 大ヨークシャー）	
	×	
雄	デュロック	
雌	（大ヨークシャー × ランドレース）	
	×	
雄	デュロック	

主な流通経路および販売窓口
◆主 な と 畜 場 ：北埼食肉センター、県北食肉セ ンター
◆主 な 処 理 場 ：中村牧場
◆年 間 出 荷 頭 数 ：9,000頭 ◆主 要 卸 売 企 業 ：中部飼料
◆輸出実績国・地域 ：無
◆今 後 の 輸 出 意 欲 ：有

販売指定店制度について
指定店制度：無 販促ツール：パネル、シール、棚帯

特長	● 良質なでん粉質を含んだいも類多配合仕上げ飼料を給与しているので、風味、甘みが異なり、脂身のうまさは格別。 ● 生後120日以上は飼料に抗生物質は使わない。

概要	管 理 主 体：中部飼料㈱食肉チーム 代　表　者：伊藤 貴之 所 在 地：横浜市鶴見区大黒町1-50	電　　　話：045-501-8331 F A X：045-502-8854 U R L：www.e-niku-smile.com/imobuta/index.html メールアドレス：ckeigyou@chubushiryo.co.jp

---

埼　玉　県

さいのくに　あいさいさんげんとん
彩の国 愛彩三元豚

飼育管理
出荷日齢：180〜210日齢
出荷体重：110〜120kg
指定肥育地・牧場 ：埼玉県
飼料の内容 ：－

商標登録・GI登録・銘柄規約について
商標登録の有無：未定 登録取得年月日：－
G I 登　録：未定
銘柄規約の有無：無 規約設定年月日：－ 規約改定年月日：－

農場HACCP・JGAPについて
農場HACCP：未定
J G A P：未定

交配様式

	雌	雄
雌	（ランドレース × 大ヨークシャー）	
	×	
雄	デュロック	

主な流通経路および販売窓口
◆主 な と 畜 場 ：県北食肉センター協業組合
◆主 な 処 理 場 ：同上
◆年 間 出 荷 頭 数 ：4,500頭 ◆主 要 卸 売 企 業 ：中村牧場
◆輸出実績国・地域 ：無
◆今 後 の 輸 出 意 欲 ：有

販売指定店制度について
指定店制度：無 販促ツール：－

特長	●埼玉県で生産された三元交配種。 ●PMS 3以上の場合は「特選 愛彩三元豚」とする（日格協PMS基準に準ずる）

概要	管 理 主 体：彩の国愛彩三元豚販売促進協議会 代　表　者：中村 光一 所 在 地：熊谷市拾六間557-2	電　　　話：048-532-6621 F A X：048-533-4513 U R L：www.nakamurabokujyou.com メールアドレス：info@nakamurabokujyou.com

埼 玉 県

さいのくにいちばんぶた
彩の国いちばん豚

飼育管理	
出荷日齢：170日齢	
出荷体重：116kg	
指定肥育地・農場 :大里郡寄居町赤浜2465	
飼料の内容 :完全配合飼料	

商標登録・GI登録・銘柄規約について	
商標登録の有無：有	
登録取得年月日：2010年2月19日	
ＧＩ登録：－	
銘柄規約の有無：－	
規約設定年月日：－	
規約改定年月日：－	

農場HACCP・JGAPについて	
農場HACCP：無	
ＪＧＡＰ：無	

交配様式

雌 雄
雌 （大ヨークシャー×ランドレース）
×
雄 デュロック

主な流通経路および販売窓口
◆主なと畜場 ：本庄食肉センター
◆主な処理場 ：同上
◆年間出荷頭数 ：16,800頭
◆主要卸売企業 ：小林畜産
◆輸出実績国・地域 ：無
◆今後の輸出意欲 ：－

販売指定店制度について
指定店制度：無
販促ツール：－

特長	●自然豊かな環境の中で健康に育ったおいしい豚肉。

概要	管理主体：	㈲清水畜産	電話：	048-578-2901
	代表者：	清水 由香 代表取締役	ＦＡＸ：	048-578-2828
	所在地：	深谷市畠山1077-3	ＵＲＬ：	－
			メールアドレス：	－

埼 玉 県

さいのくにくろぶた
彩の国黒豚

飼育管理	
出荷日齢：240日齢	
出荷体重：105～115kg	
指定肥育地・牧場 :－	
飼料の内容 :指定配合・彩の国黒豚肥育専用	

商標登録・GI登録・銘柄規約について	
商標登録の有無：有	
登録取得年月日：2000年1月28日	
ＧＩ登録：－	
銘柄規約の有無：有	
規約設定年月日：1998年4月1日	
規約改定年月日：2017年9月20日	

農場HACCP・JGAPについて	
農場HACCP：無	
ＪＧＡＰ：無	

交配様式

バークシャー

主な流通経路および販売窓口
◆主なと畜場 ：群馬県食肉市場
◆主な処理場 ：同上
◆年間出荷頭数 ：5,000頭
◆主要卸売企業 ：－
◆輸出実績国・地域 ：香港
◆今後の輸出意欲 ：－

販売指定店制度について
指定店制度：無
販促ツール：シール、のぼり

特長	●品種はバークシャー種。 ●仕上げ期の給与飼料は彩の国黒豚肥育専用飼料を与えている。 ●生産者組織「彩の国黒豚倶楽部」を設立し、おいしい豚肉生産を目指している。

概要	管理主体：	全農埼玉県本部	電話：	048-583-7111
	代表者：	水村 洋一 県本部長	ＦＡＸ：	048-583-7105
	所在地：	深谷市田中2065	ＵＲＬ：	－
			メールアドレス：	－

埼 玉 県

さいぼくごーるでんぽーく
サイボクゴールデンポーク

飼育管理

出荷日齢：180日齢

出荷体重：約115kg

指定肥育地・牧場
：サイボクグループ牧場

飼料の内容
：指定配合（自家配合）

商標登録・GI登録・銘柄規約について

商標登録の有無：有
登録取得年月日：－
- - - - - - - - - - - - - - - - - - - -
GI登録：未定
- - - - - - - - - - - - - - - - - - - -
銘柄規約の有無：有
規約設定年月日：1984年4月1日
規約改定年月日：－

農場HACCP・JGAPについて

農場HACCP：一部農場で取得

JGAP：一部農場で取得

交配様式

雌	サイボクハイブリッド（G）
	×
雄	デュロック

主な流通経路および販売窓口

◆ 主 な と 畜 場
：宮城県食肉流通公社ほか

◆ 主 な 処 理 場
：同上

◆ 年 間 出 荷 頭 数
：30,000頭
◆ 主 要 卸 売 企 業
：－

◆ 輸 出 実 績 国・地 域
：無

◆ 今 後 の 輸 出 意 欲
：有

販売指定店制度について

指定店制度：有
販促ツール：シール

特長
- 50余年の歳月をかけ「種豚から加工販売」までの完全一貫経営により独自においしさを追求した原種豚の改良を行っている。
- 飼料はゴールデンポーク専用の配合設計とし、赤身と脂肪のバランスがよく、軟らかくてコクのある豚肉本来のうま味を味わえる。

概要	管 理 主 体：㈱埼玉種畜牧場	電 話：042-989-2221
	代 表 者：笹﨑 静雄 代表取締役社長	F A X：042-989-7933
	所 在 地：日高市下大谷沢546	U R L：www.saiboku.co.jp
		メールアドレス：－

埼 玉 県

さいぼくびはだとん
サイボク美肌豚

飼育管理

出荷日齢：175日齢

出荷体重：約110kg

指定肥育地・牧場
：サイボクグループ牧場

飼料の内容
：ビタミンE強化飼料

商標登録・GI登録・銘柄規約について

商標登録の有無：無
登録取得年月日：－
- - - - - - - - - - - - - - - - - - - -
GI登録：未定
- - - - - - - - - - - - - - - - - - - -
銘柄規約の有無：有
規約設定年月日：2012年3月1日
規約改定年月日：－

農場HACCP・JGAPについて

農場HACCP：有（2019年5月24日）

JGAP：無

交配様式

サイボクハイブリッド

主な流通経路および販売窓口

◆ 主 な と 畜 場
：さいたま市食肉市場

◆ 主 な 処 理 場
：同上

◆ 年 間 出 荷 頭 数
：2,000頭
◆ 主 要 卸 売 企 業
：－

◆ 輸 出 実 績 国・地 域
：無

◆ 今 後 の 輸 出 意 欲
：有

販売指定店制度について

指定店制度：有
販促ツール：シール

特長
- 独自に改良したヨークシャー系統により、肉のキメが細かく、絹のような舌触り。
- マイロ主体の飼料で甘みのある脂肪。
- ビタミンEが豊富でドリップが少ない肉質。

概要	管 理 主 体：㈱埼玉種畜牧場	電 話：042-989-2221
	代 表 者：笹﨑 静雄 代表取締役社長	F A X：042-989-7933
	所 在 地：日高市下大谷沢546	U R L：www.saiboku.co.jp
		メールアドレス：－

埼玉県

さくらぶた
彩桜豚

株式会社 ポーク

飼育管理
出荷日齢：170日齢
出荷体重：117kg
指定肥育地・牧場 ：－
飼料の内容 ：丸粒とうもろこし全粒粉砕、小麦類

商標登録・GI登録・銘柄規約について
商標登録の有無：有
登録取得年月日：2011年7月1日
GI登録：
銘柄規約の有無：無
規約設定年月日：－
規約改定年月日：－

農場HACCP・JGAPについて
農場HACCP：無
JGAP：無

交配様式

雌　（大ヨークシャー × ランドレース）
×
雄　　　　　デュロック

主な流通経路および販売窓口
◆主なと畜場 ：本庄食肉センター
◆主な処理場 ：同上
◆年間出荷頭数 ：20,000頭
◆主要卸売企業 ：小林畜産
◆輸出実績国・地域 ：－
◆今後の輸出意欲 ：－

販売指定店制度について
指定店制度：－
販促ツール：－

特長	●徹底した衛生管理のもと原種豚から飼育管理しており、当社の選抜規定をクリアした優秀な母豚から肉豚出荷まで一貫体制で生産。 ●飼料は良質なとうもろこしの栄養を余すことなく給与できる全物粉砕方式に加え、小麦を自家配合し給与。 ●肉質はまろやかで口溶けがよく、甘みがあります。

概要	管理主体　：㈱ポーク 代表者　：髙鳥　勇人 所在地　：羽生市須影468	電話　：048-561-8023 FAX　：048-563-2219 URL　：www.pork.co.jp メールアドレス：info@pork.co.jp

---

埼玉県

さやまきゅうりょうちぇりーぽーく
狭山丘陵チェリーポーク

埼玉県産　商標登録No.4140697

飼育管理
出荷日齢：165～185日齢
出荷体重：105～120kg
指定肥育地・牧場 ：－
飼料の内容 ：自家配合

商標登録・GI登録・銘柄規約について
商標登録の有無：有
登録取得年月日：1999年5月1日
GI登録：未定
銘柄規約の有無：有
規約設定年月日：1999年5月1日
規約改定年月日：2010年5月1日

農場HACCP・JGAPについて
農場HACCP：推進中
JGAP：推進中

交配様式

雌　（大ヨークシャー × ランドレース）
×
雄　　　　　デュロック

主な流通経路および販売窓口
◆主なと畜場 ：アグリス・ワン、和光ミートセンター
◆主な処理場 ：金井畜産
◆年間出荷頭数 ：1,500頭
◆主要卸売企業 ：－
◆輸出実績国・地域 ：無
◆今後の輸出意欲 ：無

販売指定店制度について
指定店制度：無
販促ツール：シール、のぼり、リーフレット

特長	●仕上げにパン粉などを含む自家配合を与えることで、甘みのある味わい深い肉ができる。 ●血統のよいデュロック種を種豚として使用しているため、適度なマーブリングが入る桜色をした肉に仕上がる。 ●昔ながらの味のある肉をつくるため、まず白く粘りのある脂肪をつくり、よく締まった脂肪で覆われている肉は淡い桜色をした豚肉本来のもつ風味となる。

概要	管理主体　：金井畜産㈱ 代表者　：金井　一三　代表取締役 所在地　：東京都武蔵村山市岸1-40-1	電話　：042-560-0022 FAX　：042-560-1129 URL　：www.kanaichikusan.co.jp メールアドレス：kanai@lily.ocn.jp

埼 玉 県

すーぱーごーるでんぽーく
スーパーゴールデンポーク

飼育管理	
出荷日齢：190日齢	
出荷体重：115〜120kg	
指定肥育地・牧場	
：サイボクグループ牧場	
飼料の内容	
：指定配合（自家配合）	

商標登録・GI登録・銘柄規約について	
商標登録の有無：有	
登録取得年月日：−	
GI 登 録：未定	
銘柄規約の有無：有	
規約設定年月日：1984年4月1日	
規約改定年月日：−	

農場HACCP・JGAPについて	
農場HACCP：一部農場で取得	
JGAP：無	

交配様式

雌	サイボクハイブリッド（S）
	×
雄	デュロック

主な流通経路および販売窓口
◆主なと畜場
：宮城県食肉流通公社ほか
◆主な処理場
：同上
◆年間出荷頭数
：10,000頭
◆主要卸売企業
：−
◆輸出実績国・地域
：無
◆今後の輸出意欲
：有

販売指定店制度について
指定店制度：有
販促ツール：シール

特長
● 独自に改良したイギリス系バークシャー種を加えた肉は非常にきめ細かく、パン粉を使用した飼料により脂肪は甘みがあり、軽い食感に仕上がっています。

概要		
管 理 主 体 ： ㈱埼玉種畜牧場	電 話 ： 042-989-2221
代 表 者 ： 笹﨑 静雄 代表取締役社長	F A X ： 042-989-7933
所 在 地 ： 日高市下大谷沢546	U R L ： www.saiboku.co.jp
	メールアドレス ： −

埼 玉 県

はなぞのくろぶた
花園黒豚

飼育管理	
出荷日齢：210日齢	
出荷体重：約110kg	
指定肥育地・牧場	
：深谷市黒田地内2カ所	
飼料の内容	
：大麦、キャッサバ、甘しょ、小麦、	
マイロ、炭酸カルシウム、リン酸	
カルシウム、食塩	

商標登録・GI登録・銘柄規約について	
商標登録の有無：有	
登録取得年月日：2009年2月20日	
GI 登 録：	
銘柄規約の有無：無	
規約設定年月日：−	
規約改定年月日：−	

農場HACCP・JGAPについて	
農場HACCP：無	
JGAP：無	

交配様式

英国バークシャー

主な流通経路および販売窓口
◆主なと畜場
：群馬県食肉市場
◆主な処理場
：同上
◆年間出荷頭数
：1,000頭
◆主要卸売企業
：−
◆輸出実績国・地域
：無
◆今後の輸出意欲
：有

販売指定店制度について
指定店制度：無
販促ツール：シール、のぼり、カタログ

特長
● 「花園黒豚」元祖笠原は明治29年（1896）以来、現在に至るまで国内ではほとんど飼育されていない黒豚である。

概要		
管 理 主 体 ： 黒豚ミート花園パーク	電 話 ： 048-584-3267、0120-009622
代 表 者 ： 笠原 春次	F A X ： 048-584-4403
所 在 地 ： 深谷市黒田450-1	U R L ： www.hanazonokurobuta..com
	メールアドレス ： −

埼 玉 県

武州さし豚
ぶしゅうさしぶた

飼育管理	
出荷日齢：180日齢	
出荷体重：約115kg	
指定肥育地・牧場	
：—	
飼料の内容	
：武州さし豚専用飼料（ピッグマーブル肉豚用M）	

商標登録・GI登録・銘柄規約について	
商標登録の有無：有	
登録取得年月日：2007年3月9日	
GI登録：未定	
銘柄規約の有無：無	
規約設定年月日：—	
規約改定年月日：—	

農場HACCP・JGAPについて	
農場HACCP：無	
JGAP：無	

交配様式

雌	（ランドレース雌 × 大ヨークシャー雄）
雄	× デュロック

主な流通経路および販売窓口

- ◆ 主 な と 畜 場
  ：本庄食肉センター
- ◆ 主 な 処 理 場
  ：同上
- ◆ 年 間 出 荷 頭 数
  ：2,000頭
- ◆ 主 要 卸 売 企 業
  ：—
- ◆ 輸出実績国・地域
  ：無
- ◆ 今 後 の 輸 出 意 欲
  ：有

販売指定店制度について
指定店制度：有
販促ツール：シール

特長	● 一般の豚肉に比べ、サシが格段に多い武州さし豚は甘くてさっぱり、口の中でとろけます。 ● 一般豚より不飽和脂肪酸、オレイン酸が多いのも特徴です。

概要	管 理 主 体 ：㈲相原畜産 代 表 者 ：相原 保夫 代表取締役 所 在 地 ：鴻巣市新井153	電 話 ：048-569-0841 F A X ：048-569-2813 U R L ：— メールアドレス：—

埼 玉 県

武州豚
ぶしゅうとん

飼育管理	
出荷日齢：180日齢	
出荷体重：115kg	
指定肥育地・牧場	
：坂本ファーム	
飼料の内容	
：—	

商標登録・GI登録・銘柄規約について	
商標登録の有無：有	
登録取得年月日：2011年6月17日	
GI登録：—	
銘柄規約の有無：無	
規約設定年月日：—	
規約改定年月日：—	

農場HACCP・JGAPについて	
農場HACCP：無	
JGAP：無	

交配様式

雌	（ランドレース雌 × 大ヨークシャー雄）
雄	× デュロック

主な流通経路および販売窓口

- ◆ 主 な と 畜 場
  ：県北食肉センター
- ◆ 主 な 処 理 場
  ：同上
- ◆ 年 間 出 荷 頭 数
  ：4,000頭
- ◆ 主 要 卸 売 企 業
  ：セーケン商事
- ◆ 輸出実績国・地域
  ：無
- ◆ 今 後 の 輸 出 意 欲
  ：無

販売指定店制度について
指定店制度：無
販促ツール：シール、パンフレット

特長	● 飼料は丸つぶとうもろこしを原料とした植物性の飼料に炭、米、エコ飼料などを混ぜて給与。 ● うまみのある、さっぱりとした肉に仕上げています。 ● 精肉用には「武州豚」、加工品は「バルツバイン」で商標登録しています。

概要	管 理 主 体 ：坂本ファーム 代 表 者 ：坂本 和彦 所 在 地 ：大里郡寄居町富田85-3	電 話 ：048-582-2954 F A X ：同上 U R L ：www.shop-warzwein.com メールアドレス：k-sakamoto@snow.plala.or.jp

埼玉県

マーブルピッグ
（まーぶるぴっぐ）

飼育管理
出荷日齢：210〜240日齢
出荷体重：110〜120kg前後
指定肥育地・牧場 ：小谷野精肉店直営農場
飼料の内容 ：日本農産工業協同組合飼料が配 　合されたさきたま黒豚専用飼料

商標登録・GI登録・銘柄規約について
商標登録の有無：無 登録取得年月日：－
GI登録：未定
銘柄規約の有無：無 規約設定年月日：－ 規約改定年月日：－

農場HACCP・JGAPについて
農場HACCP：無
JGAP：無

交配様式

雌	雄
バークシャー × デュロック	

主な流通経路および販売窓口
◆主なと畜場 ：県北食肉センター
◆主な処理場 ：同上
◆年間出荷頭数 ：50頭
◆主要卸売企業 ：小谷野精肉店
◆輸出実績国・地域 ：無
◆今後の輸出意欲 ：－

販売指定店制度について
指定店制度：有 販促ツール：－

特長
- 後期飼料には黒豚専用飼料を給与し、肥育期間を210〜240日で出荷しています。
- 全飼料に抗生物質はすべて無添加です。

概要

管理主体：㈲小谷野精肉店	電話：048-559-4101
代表者：小谷野 光一	FAX：同上
所在地：行田市埼玉3517-9	URL：www.plus-kun.com/koyano
	メールアドレス：－

埼玉県

幻の肉 古代豚
（まぼろしのにく こだいぶた）

飼育管理
出荷日齢：210日〜240日齢
出荷体重：約110kg
指定肥育地・牧場 ：－
飼料の内容 ：－

商標登録・GI登録・銘柄規約について
商標登録の有無：有 登録取得年月日：1999年
GI登録：
銘柄規約の有無：有 規約設定年月日：1999年 規約改定年月日：－

農場HACCP・JGAPについて
農場HACCP：無
JGAP：無

交配様式

雌	雄
中ヨークシャー × 大ヨークシャー	
大ヨークシャー × 中ヨークシャー	

主な流通経路および販売窓口
◆主なと畜場 ：県北食肉センター（埼玉）
◆主な処理場 ：同上
◆年間出荷頭数 ：約800頭
◆主要卸売企業 ：－
◆輸出実績国・地域 ：－
◆今後の輸出意欲 ：－

販売指定店制度について
指定店制度：－ 販促ツール：－

特長
- 希少価値となった中ヨークシャー種を基礎豚として味の向上を図っている。
- 飼料には乳酸菌、納豆菌などを混ぜ、豚の健康に役立てている。
- 脂肪の融点が低く、口溶けがよく、上品な甘みの食味となっています。

概要

管理主体：古代豚 白石農場	電話：0495-76-1738
代表者：白石 光江	FAX：0495-76-5291
所在地：児玉郡美里町白石1927-1	URL：www.kodaibuta.com
	メールアドレス：info@kodaibuta.com

埼　玉　県

むさしむぎぶた
むさし麦豚

飼育管理	
出荷日齢：185日齢	
出荷体重：115kg	
指定肥育地・牧場	
：直営3牧場、群馬県預託1農場	
（前橋市、伊勢崎市）	
飼料の内容	
：自家製飼料	

商標登録・GI登録・銘柄規約について	
商標登録の有無：有	
登録取得年月日：2011年9月30日	
GI　登　録：未定	
銘柄規約の有無：無	
規約設定年月日：－	
規約改定年月日：－	

農場HACCP・JGAPについて	
農場HACCP：無	
JGAP：無	

交配様式

雌　（ランドレース × 大ヨークシャー）
×
雄　デュロック

主な流通経路および販売窓口
◆主 な と 畜 場
：熊谷食肉センター、東京都食肉市場、本庄食肉センター
◆主 な 処 理 場
：同上
◆年 間 出 荷 頭 数
：37,000頭
◆主 要 卸 売 企 業
：中村牧場、アイ・ポーク、日本畜産振興
◆輸 出 実 績 国・地 域
：無
◆今 後 の 輸 出 意 欲
：有

販売指定店制度について
指定店制度：有
販促ツール：シール、のぼり、ポスター

特長
- ●バームクーヘンやパン、うどん、ラーメン、パスタなど加熱乾燥処理をした小麦由来の飼料と粉砕した米を与え、衛生管理の行き届いた環境で、じっくりと育てています。
- ●軟らかく溶けるような甘い脂身で、ロース芯にはサシが入り、濃厚な味わいの赤身が特長です。

概要	管 理 主 体：㈲長島養豚	電　　　　話：048-584-2265
	代　表　者：長島　健 代表取締役	F　A　X：048-579-1318
	所　在　地：深谷市永田131-1	U　R　L：www.n-swine.co.jp
		メールアドレス：info@n-swine.co.jp

埼　玉　県

ろっきんぽーく
六金ポーク

飼育管理	
出荷日齢：180日齢	
出荷体重：115kg前後	
指定肥育地・牧場	
：児玉郡上里町七本木121	
飼料の内容	
：とうもろこし、大豆、大麦、ビタミン、納豆菌、腐葉、米、小麦、マイロ、甘しょ	

商標登録・GI登録・銘柄規約について	
商標登録の有無：無	
登録取得年月日：－	
GI　登　録：未定	
銘柄規約の有無：無	
規約設定年月日：－	
規約改定年月日：－	

農場HACCP・JGAPについて	
農場HACCP：無	
JGAP：無	

交配様式

雌　（ランドレース × 大ヨークシャー）
×
雄　デュロック

主な流通経路および販売窓口
◆主 な と 畜 場
：本庄食肉センター
◆主 な 処 理 場
：同上
◆年 間 出 荷 頭 数
：1,000頭
◆主 要 卸 売 企 業
：－
◆輸 出 実 績 国・地 域
：無
◆今 後 の 輸 出 意 欲
：有

販売指定店制度について
指定店制度：有
販促ツール：のぼり

特長
- ●飼料は自家配合、添加物はプレミックス（ビタミン）、スタミゲン（脱臭、肉質良好）、納豆菌など。
- ●抗生物質は通常、使用していない。
- ●霜降りが入った肉質で、脂肪色は真っ白く仕上がる。
- ●良質の水を使用しています。

概要	管 理 主 体：橋爪ファーム	電　　　　話：0495-33-7611
	代　表　者：橋爪　一松 代表取締役社長	F　A　X：同上
	所　在　地：児玉郡上里町七本木121	U　R　L：－
		メールアドレス：idopxqobi@gamil.com

千葉県

あぼかどさんらいずぽーく
アボカドサンライズポーク

飼育管理	
出荷日齢：180日齢	
出荷体重：110kg	
指定肥育地・牧場	
：香取市岡飯田・サンライズファームアボトン農場	
飼料の内容	
：配合飼料＋メキシコ産アボガドオイルを添加	

商標登録・GI登録・銘柄規約について
商標登録の有無：有
登録取得年月日：2017年8月4日
G I 登 録：未定
銘柄規約の有無：有
規約設定年月日：2013年7月31日
規約改定年月日：－

農場HACCP・JGAPについて
農場HACCP：無
J G A P：無

交配様式

シムコSPF

雌　　　　　　　雄
（ランドレース×大ヨークシャー）

主な流通経路および販売窓口
◆主 な と 畜 場 ：東庄町食肉センター
◆主 な 処 理 場 ：ハヤシ、田谷ミートセンター
◆年 間 出 荷 頭 数 ：4,000頭
◆主 要 卸 売 企 業 ：サンライズファーム
◆輸 出 実 績 国・地 域 ：無
◆今 後 の 輸 出 意 欲 ：有

販売指定店制度について
指定店制度：有
販促ツール：ポスター、取扱店証明書

特長
- 肉質は軟らかくうま味に富んでいます。
- 脂身は融点が低く、さらっとして甘みがあるのが特長です。
- アボカド由来のオレイン酸を含み、豚肉特有の臭みが全くありません。

概要	管 理 主 体：㈲サンライズ	電　　話：0478-78-5336
	代 表 者：髙木　秀直	F A X：0478-78-3440
	所 在 地：香取市高野677	U R L：avocado-pork.jp
		メールアドレス：k_takagi@sunrisefarm.ne.jp

千葉県

かしわげんそうぽーく
柏幻霜ポーク

飼育管理	
出荷日齢：240日齢	
出荷体重：120kg	
指定肥育地・牧場	
：寺田畜産（柏市手賀）	
飼料の内容	
：とうもろこし、大豆かす、パンみみ	

商標登録・GI登録・銘柄規約について
商標登録の有無：有
登録取得年月日：2011年9月16日
G I 登 録：－
銘柄規約の有無：有
規約設定年月日：2014年9月16日
規約改定年月日：－

農場HACCP・JGAPについて
農場HACCP：無
J G A P：無

High Quality Pork
千葉県産 柏幻霜ポーク 惣左衛門
千葉県産 柏幻霜ポーク 寺田農場

交配様式

雌　　　　　　　雄
雌　（ランドレース×大ヨークシャー）
　×
雄　　　　デュロック

主な流通経路および販売窓口
◆主 な と 畜 場 ：東京都食肉市場、取手食肉センター
◆主 な 処 理 場 ：取手食肉センター
◆年 間 出 荷 頭 数 ：1,200頭
◆主 要 卸 売 企 業 ：惣左衛門
◆輸 出 実 績 国・地 域 ：無
◆今 後 の 輸 出 意 欲 ：無

販売指定店制度について
指定店制度：無
販促ツール：－

特長
- ロースは薄灰紅色に細かなサシの入った、臭みのない豚肉です。

概要	管 理 主 体：㈱惣左衛門	電　　話：04-7191-9460
	代 表 者：寺田　治雄	F A X：04-7191-9722
	所 在 地：柏市手賀611	U R L：－
		メールアドレス：－

千 葉 県

元 気 豚（げんきぶた）

健康育ちの 元気豚 千葉県産
http://jb-farm.jp/

飼育管理	
出荷日齢：180日齢	
出荷体重：約118kg	
指定肥育地・牧場 ：自社農場（匝瑳市、香取市）	
飼料の内容 ：でんぷん質の多いマイロを配合した専用飼料	

商標登録・GI登録・銘柄規約について	
商標登録の有無：有 登録取得年月日：2008年6月20日	
GI登録：未定	
銘柄規約の有無：有 規約設定年月日：－ 規約改定年月日：－	

農場 HACCP・JGAP について	
農場 HACCP：有（2019年9月20日） JGAP：無	

交配様式	
雌	（ランドレース × 大ヨークシャー）
	×
雄	デュロック

主な流通経路および販売窓口
◆主なと畜場 ：千葉県食肉公社、東陽食肉センター
◆主な処理場 ：東総食肉センター、東陽食肉センター
◆年間出荷頭数 ：44,000頭
◆主要卸売企業 ：千葉県食肉公社、鎌倉ハム村井商会
◆輸出実績国・地域 ：無
◆今後の輸出意欲 ：有

販売指定店制度について
指定店制度：無 販促ツール：シール、のぼり

特長
- でんぷん質の多いマイロを高配合した専用飼料を与えています。
- 特有の軟らかい甘みのあるお肉です。
- 豚にストレスを与えないよう、豚舎の移動回数を1回に限定し、同腹ごとの兄弟豚だけで飼育する環境を整えています。

概要		
管理主体 ：㈲ジェリービーンズ	電話 ：0479-74-3929	
代表者 ：内山 利之	FAX ：0479-74-3910	
所在地 ：香取郡多古町飯笹 55-3	URL ：jellybeans.co.jp	
	メールアドレス ：info@genkibuta.com	

千 葉 県

恋する豚（こいするぶた）

恋する豚研究所

飼育管理	
出荷日齢：180日齢	
出荷体重：約115kg	
指定肥育地・牧場 ：－	
飼料の内容 ：自家配合	

商標登録・GI登録・銘柄規約について	
商標登録の有無：有 登録取得年月日：2004年	
GI登録：未定	
銘柄規約の有無：－ 規約設定年月日：－ 規約改定年月日：－	

農場 HACCP・JGAP について	
農場 HACCP：有（2019年11月） JGAP：無	

交配様式	
雌	（ランドレース × 大ヨークシャー）
	×
雄	デュロック

主な流通経路および販売窓口
◆主なと畜場 ：日本畜産振興、横浜食肉市場
◆主な処理場 ：日本畜産振興、フィード・ワンフーズ
◆年間出荷頭数 ：9,000頭
◆主要卸売企業 ：伊藤ハム、丸大ミート、スターゼン販売
◆輸出実績国・地域 ：－
◆今後の輸出意欲 ：－

販売指定店制度について
指定店制度：－ 販促ツール：シール、ブランドボード、リーフレット

特長
- 乳酸菌などで発酵した飼料で健やかに育てています。
- 脂に甘みがあり、臭みが少ないのが特長です。

概要		
管理主体 ：㈱恋する豚研究所	電話 ：0478-70-5115	
代表者 ：飯田 大輔 代表取締役	FAX ：0478-70-5335	
所在地 ：香取市沢 2459-1	URL ：www.koisurubuta.com	
	メールアドレス ：info@koisurubuta.com	

千 葉 県

シザワポーク・米仕上げ
しざわぽーく・こめしあげ

飼育管理	
出荷日齢：180日齢	
出荷体重：115kg	
指定肥育地・牧場	
：ブライトピック千葉・飯岡農場	
飼料の内容	
：ブライトピック千葉が製造する	
専用液状飼料。有機酸	

商標登録・GI登録・銘柄規約について	
商標登録の有無：有	
登録取得年月日：2010 年 7 月 16 日	
GI 登 録：未定	
銘柄規約の有無：有	
規約設定年月日：2009 年 4 月	
規約改定年月日：－	

農場 HACCP・JGAP について	
農場 HACCP：推進中（6 農場で取得）	
J G A P：推進中（1 農場で取得）	

交配様式

雌	（ランドレース× 大ヨークシャー）
	×
雄	デュロック

特長
- ●ブライトピック千葉が製造する専用液状飼料で育てた肉豚。
- ●飼料米および米系原料を主体とした飼料を給与。
- ●米類に由来する脂肪性状の肉質。

主な流通経路および販売窓口
◆主 な と 畜 場 ：印旛食肉センター
◆主 な 処 理 場 ：同上
◆年 間 出 荷 頭 数 ：－
◆主 要 卸 売 企 業 ：－
◆輸出実績国・地域 ：無
◆今 後 の 輸 出 意 欲 ：有

販売指定店制度について
指定店制度：無
販促ツール：－

概要	管 理 主 体：㈲ブライトピック、㈲ブライトピック千葉	電 話：0467-77-2413（グループ代表）
	代 表 者：志澤 輝彦、志澤 勝	F A X：0467-76-2245（同）
	所 在 地：神奈川県綾瀬市吉岡 2321 千葉県旭市南堀之内 8-2	U R L：www.brightpig.co.jp メールアドレス：m.shizawa@nifty.com

---

千 葉 県

ダイヤモンドポーク
だいやもんどぽーく

飼育管理	
出荷日齢：220日齢	
出荷体重：120kg	
指定肥育地・牧場	
：3農場（横芝光町、香取市、富里市）	
飼料の内容	
：独自の配合飼料	

商標登録・GI登録・銘柄規約について	
商標登録の有無：無	
登録取得年月日：－	
GI 登 録：－	
銘柄規約の有無：有	
規約設定年月日：2004 年 11 月 5 日	
規約改定年月日：2017 年 6 月 29 日	

農場 HACCP・JGAP について	
農場 HACCP：無	
J G A P：無	

交配様式

ヨークシャー

特長
- ●純粋ヨークシャー種に独自の配合飼料を給与し、コクのあるうま味になっています。
- ●脂身の白さがより一層の輝きを放ち、その輝きが宝石のダイヤモンドをイメージさせるため「ダイヤモンドポーク」と命名しました。

主な流通経路および販売窓口
◆主 な と 畜 場 ：千葉県食肉公社
◆主 な 処 理 場 ：東総食肉センター
◆年 間 出 荷 頭 数 ：800 頭
◆主 要 卸 売 企 業 ：東総食肉センター
◆輸出実績国・地域 ：無
◆今 後 の 輸 出 意 欲 ：無

販売指定店制度について
指定店制度：無
販促ツール：シール、のぼり

概要	管 理 主 体：千葉ヨーク研究会（東総食肉センター内）	電 話：0479-64-1964
	代 表 者：山崎 義貞	F A X：0479-64-0544
	所 在 地：千葉県旭市鎌数 6354-3	U R L：－ メールアドレス：－

千 葉 県

たくみぶた
匠 味 豚

飼育管理
出荷日齢：160〜180日齢
出荷体重：110〜120kg

指定肥育地・牧場
　：−

飼料の内容
　：独自の給与基準に基づく

商標登録・GI登録・銘柄規約について
商標登録の有無：無
登録取得年月日：−

ＧＩ登録：−

銘柄規約の有無：無
規約設定年月日：−
規約改定年月日：−

農場HACCP・JGAPについて
農場HACCP：無
ＪＧＡＰ：無

交配様式
雌	雌 （ランドレース× 大ヨークシャー） × 雄 デュロック
雄	

主な流通経路および販売窓口
◆ 主 な と 畜 場
　：千葉県食肉公社

◆ 主 な 処 理 場
　：東総食肉センター

◆ 年 間 出 荷 頭 数
　：50,000頭
◆ 主 要 卸 売 企 業
　：−

◆ 輸出実績国・地域
　：香港

◆ 今 後 の 輸 出 意 欲
　：−

販売指定店制度について
指定店制度：−
販促ツール：−

特長
● ＩＳＯ22000 取得の衛生的な施設で処理されています。
● 長年の経験と実績を基に、熟練した枝肉選別者によって選び抜かれています。

概要
管 理 主 体	：小川畜産食品㈱	電 話	：03-3790-5151
代 表 者	：小川　晃弘　代表取締役社長	Ｆ Ａ Ｘ	：03-3790-5160
所 在 地	：東京都大田区京浜島 1-4-1	Ｕ Ｒ Ｌ	：www.ogawa-group.co.jp
		メールアドレス	：−

千 葉 県

ちばけんさんいもぶた
千葉県産いも豚

飼育管理
出荷日齢：170〜190日齢
出荷体重：115〜120kg

指定肥育地・牧場
　：県内北総地区 5 農場

飼料の内容
　：いもぶた専用飼料

　100日齢以降は抗生物質は添加せず

商標登録・GI登録・銘柄規約について
商標登録の有無：無
登録取得年月日：−

ＧＩ登録：−

銘柄規約の有無：有
規約設定年月日：2008 年 7 月 1 日
規約改定年月日：−

農場HACCP・JGAPについて
農場HACCP：無
ＪＧＡＰ：無

交配様式
雌	雌 （ランドレース× 大ヨークシャー） × 雄 デュロック
雄	

主な流通経路および販売窓口
◆ 主 な と 畜 場
　：千葉県食肉公社

◆ 主 な 処 理 場
　：旭食肉協同組合

◆ 年 間 出 荷 頭 数
　：22,000頭
◆ 主 要 卸 売 企 業
　：中部飼料

◆ 輸出実績国・地域
　：香港、イタリア

◆ 今 後 の 輸 出 意 欲
　：有

販売指定店制度について
指定店制度：無
販促ツール：シール、のぼり、棚帯、
　　　　　　ＤＶＤ、パネル

特長
● いも類を多給した飼料を出荷前平均70日間給与し、100日齢以降、飼料に抗生物質は使わない。
● 良質なでんぷん質を含む飼料が、豚肉のうまみ、風味、甘みを変える。
● 指定農場で生産し、生産情報はホームページで公開している。

概要
管 理 主 体	：旭食肉協同組合	電 話	：0479-63-1521
代 表 者	：井上　晴夫　理事長	Ｆ Ａ Ｘ	：0479-63-8363
所 在 地	：旭市二の 5944	Ｕ Ｒ Ｌ	：www.asahi-shokuniku.or.jp
		メールアドレス	：info@asahi-shokuniku.or.jp

千 葉 県

ちばけんさんびみとん

千葉県産美味豚

飼育管理	
出荷日齢：	180日齢
出荷体重：	75kg（枝肉ベース）
指定肥育地・牧場 ：	－
飼料の内容 ：	中部飼料美味豚専用配合飼料

商標登録・GI登録・銘柄規約について
商標登録の有無：無
登録取得年月日：－
ＧＩ登録：－
銘柄規約の有無：無
規約設定年月日：－
規約改定年月日：－

農場HACCP・JGAPについて
農場HACCP：無
ＪＧＡＰ：無

交配様式

	雌	雄
雌	（ランドレース× 大ヨークシャー）	
	×	
雄	デュロック	

ケンボロー

特長
● 豚本来の味わいを引き出すべく、高品質なでんぷん類を多く含んだ原料を給与することで、臭みがなく、脂肪はほんのり甘い食味に仕上がります。
● また保水性に優れ、焼いてもうま味が逃げることなく、肉に詰まったままなので非常にジューシーな味わいを堪能できます。

主な流通経路および販売窓口
◆ 主 な と 畜 場 ：印旛食肉センター
◆ 主 な 処 理 場 ：同上
◆ 年 間 出 荷 頭 数 ：3,500頭
◆ 主 要 卸 売 企 業 ：ビッグミート中村
◆ 輸出実績国・地域 ：－
◆ 今 後 の 輸 出 意 欲 ：－

販売指定店制度について
指定店制度：－
販促ツール：－

概要		
管 理 主 体 ：	㈱中島商店	
代 表 者 ：	中島 登 代表取締役社長	
所 在 地 ：	富里市七栄532-88	
電 話：	0476-93-4329	
ＦＡＸ：	0476-92-1929	
ＵＲＬ：	－	
メールアドレス：	nakajima11298@yahoo.co.jp	

千 葉 県

ちばけんさんまーがれっとぽーく

千葉県産マーガレットポーク

飼育管理	
出荷日齢：180日齢	
出荷体重：115〜117kg	
指定肥育地・牧場 ：旭市、香取市、東庄町、銚子市	
飼料の内容 ：穀物主体の配合飼料	

商標登録・GI登録・銘柄規約について
商標登録の有無：有
登録取得年月日：2007年4月20日
ＧＩ登録：－
銘柄規約の有無：有
規約設定年月日：2006年4月1日
規約改定年月日：2013年9月18日

農場HACCP・JGAPについて
農場HACCP：無
ＪＧＡＰ：無

植物性乳酸菌パワー 千葉県産 マーガレットポーク

交配様式

	雌	雄
雌	（ランドレース× 大ヨークシャー）	
	×	
雄	デュロック	

特長
● 穀物主体の配合飼料に植物性乳酸菌を添加し、子豚から出荷までの全ステージで給餌させることにより、豚肉独特の臭みが抑制され、本来の脂身の甘みが実感できます。
● 歯切れの良い、軟らかい豚肉となっています。

主な流通経路および販売窓口
◆ 主 な と 畜 場 ：千葉県食肉公社
◆ 主 な 処 理 場 ：ハヤシ、旭食肉協同組合
◆ 年 間 出 荷 頭 数 ：40,000頭
◆ 主 要 卸 売 企 業 ：ハヤシ、旭食肉協同組合
◆ 輸出実績国・地域 ：無
◆ 今 後 の 輸 出 意 欲 ：有

販売指定店制度について
指定店制度：無
販促ツール：パンフレット、シール、ポスターなど

概要		
管 理 主 体 ：	マーガレットポーク研究会	
代 表 者 ：	岩岡 誠治 会長	
所 在 地 ：	旭市鎌数6354-3 千葉県食肉公社内	
電 話：	0479-62-1073	
ＦＡＸ：	0479-63-8515	
ＵＲＬ：	marguerite-pork.jp	
メールアドレス：	marguerite-pork@cmpc.co.jp	

千葉県
テラポーク 地球豚
（てらぽーく　ちきゅうぶた）

飼育管理
出荷日齢：180日齢
出荷体重：115kg
指定肥育地・牧場
：ブライトピック、ブライトピック千葉の千葉県農場
飼料の内容
：ブライトピック千葉が製造する専用液状飼料。有機酸

商標登録・GI登録・銘柄規約について
商標登録の有無：有
登録取得年月日：2010年4月9日
GI登録：未定
銘柄規約の有無：有
規約設定年月日：2009年4月
規約改定年月日：－

農場HACCP・JGAPについて
農場HACCP：推進中（6農場で取得）
JGAP：推進中（1農場で取得）

交配様式

雌	（ランドレース^雌×大ヨークシャー^雄）
	×
雄	デュロック

主な流通経路および販売窓口
◆主なと畜場
：印旛食肉センター
◆主な処理場
：同上
◆年間出荷頭数
：－
◆主要卸売企業
：－
◆輸出実績国・地域
：無
◆今後の輸出意欲
：有

販売指定店制度について
指定店制度：無
販促ツール：－

特長
● ブライトピック千葉が製造する専用液状飼料で育てた肉豚。
● 小麦系原料を主体とした飼料を給与。
● 小麦類に由来する脂肪性状の肉質。

概要	管理主体	：	㈲ブライトピック、㈲ブライトピック千葉	電話	：	0467-77-2413（グループ代表）
	代表者	：	志澤 輝彦、志澤 勝	FAX	：	0467-76-2245（同）
	所在地	：	神奈川県綾瀬市吉岡2321 千葉県旭市南堀之内8-2	URL	：	www.brightpig.co.jp
				メールアドレス	：	m.shizawa@nifty.com

千葉県
なでしこポーク
（なでしこぽーく）

NADESHIKO
PORK

飼育管理
出荷日齢：180日齢
出荷体重：100kg前後
指定肥育地・牧場
：－
飼料の内容
：－

商標登録・GI登録・銘柄規約について
商標登録の有無：有
登録取得年月日：2006年6月9日
GI登録：－
銘柄規約の有無：無
規約設定年月日：－
規約改定年月日：－

農場HACCP・JGAPについて
農場HACCP：無
JGAP：無

交配様式

雌	（ランドレース^雌×大ヨークシャー^雄）
	×
雄	デュロック

主な流通経路および販売窓口
◆主なと畜場
：千葉県食肉公社
◆主な処理場
：同上
◆年間出荷頭数
：3,700頭
◆主要卸売企業
：小川畜産
◆輸出実績国・地域
：－
◆今後の輸出意欲
：－

販売指定店制度について
指定店制度：－
販促ツール：－

特長
● 大高酵素（発酵飼料）を使用。
● オリーブオイル、国産米、さつまいもを使用
● 美容に良いオレイン酸が多く、女性におすすめの豚肉。

概要	管理主体	：	㈱栄進フーズグループ ㈱松央ミート	電話	：	0479-63-6250
	代表者	：	花澤 昇一 代表取締役会長	FAX	：	0479-63-5207
	所在地	：	旭市新町731	URL	：	www.eishinfoods.com
				メールアドレス	：	eishin-f@proof.ocn.ne.jp

千葉県

ばななぽーく
バナナポーク

飼育管理	
出荷日齢：180日齢	
出荷体重：110kg	
指定肥育地・牧場	
：茨城県自社牧場、千葉県協力牧場	
飼料の内容	
：肉豚用仕上飼料にバナナクラッシャー（乾燥バナナ）を特別配合し、出荷前2カ月間給与	

商標登録・GI登録・銘柄規約について
商標登録の有無：有
登録取得年月日：2011年3月16日

GI 登 録：－

銘柄規約の有無：無
規約設定年月日：－
規約改定年月日：－

農場HACCP・JGAPについて
農場HACCP：無
JGAP：無

交配様式

雌	（ランドレース×大ヨークシャー）
	×
雄	デュロック

特長
●フィリピン産の乾燥バナナを与えることにより脂肪融点が低く、軟らかい肉質、アミノ酸成分が多く甘みのある脂肪、臭みが少ないさっぱりした豚肉。

主な流通経路および販売窓口
◆主なと畜場
：日本畜産振興、取手食肉センター

◆主な処理場
：日本畜産振興

◆年間出荷頭数
：3,000～3,500頭

◆主要卸売企業
：丸大ミート関西、ゼンショク、イシダフーズ

◆輸出実績国・地域
：無

◆今後の輸出意欲
：有

販売指定店制度について
指定店制度：無
販促ツール：ワンポイントシール、のぼり

概要	管理主体：日本畜産振興㈱	電話：0297-73-2901
	代表者：安藤 貴子 代表取締役社長	FAX：0297-74-2983
	所在地：茨城県取手市長兵衛新田238-8	URL：－
		メールアドレス：－

千葉県

ばんどうけんぼろー
坂東ケンボロー

飼育管理	
出荷日齢：180日齢	
出荷体重：115kg	
指定肥育地・牧場	
：野田市関宿台町（USジャパン）	
飼料の内容	
：高品質でんぷん飼料（大麦など）	

商標登録・GI登録・銘柄規約について
商標登録の有無：有 2529013号
登録取得年月日：－

GI 登 録：－

銘柄規約の有無：有
規約設定年月日：2010年11月1日
規約改定年月日：－

農場HACCP・JGAPについて
農場HACCP：無
JGAP：無

交配様式

ケンボロー

特長
●希少品種のケンボロー、ホテル、レストランのメニューとしても好評であっさりとおいしい豚肉との評価です。

主な流通経路および販売窓口
◆主なと畜場
：千葉県印旛食肉センター事業協同組合

◆主な処理場
：中島商店

◆年間出荷頭数
：600頭

◆主要卸売企業
：ビックミート中村

◆輸出実績国・地域
：無

◆今後の輸出意欲
：無

販売指定店制度について
指定店制度：無
販促ツール：パンフレット、リーフレット、ポスターなど

概要	管理主体：㈱ビックミート中村	電話：03-3629-2901
	代表者：中村 省吾 代表取締役社長	FAX：03-3629-2920
	所在地：東京都足立区神明南1-1-15	URL：－
		メールアドレス：bigmeat@d9.dion.ne.jp

千葉県

ひがた椿ポーク
ひがたつばきぽーく

飼育管理	
出荷日齢：180日齢	
出荷体重：75kg（枝肉重量）	
指定肥育地・牧場	
：伊藤養豚（旭市）ほか	
飼料の内容	
：国産飼料米15％配合飼料（肥育	
仕上げ期）	

商標登録・GI登録・銘柄規約について
商標登録の有無：有
登録取得年月日：2006 年
GI 登　　録：未定
銘柄規約の有無：無
規約設定年月日：－
規約改定年月日：－

農場 HACCP・JGAP について
農場 HACCP：有（2015 年 1 月 30 日）
J G A P：申請中

交配様式

雌	（ランドレース× 大ヨークシャー）雄
	×
雄	デュロック

主な流通経路および販売窓口
◆主 な と 畜 場
：千葉県食肉公社
◆主 な 処 理 場
：同上
◆年 間 出 荷 頭 数
：30,000 頭
◆主 要 卸 売 企 業
：ＪＡ全農ミートフーズ
◆輸 出 実 績 国・地 域
：無
◆今 後 の 輸 出 意 欲
：無

販売指定店制度について
指定店制度：有
販促ツール：パネル、シール

特長
- 飼料はすべて穀物を使用し、さらに天然の甘味料として知られるステビアエキスを配合しています。
- 肉のキメが細かく、弾力、保水性ともに良く歯触りの良い肉に仕上がっています。

概要	管 理 主 体　：千葉ポークランド㈱	電　　　　　話：0479-68-1129
	代　表　者　：宮﨑 政博 代表取締役	Ｆ　Ａ　Ｘ：－
	所　在　地　：旭市清和甲 41	Ｕ　Ｒ　Ｌ：－
		メールアドレス：－

千葉県

総の銘豚 林SPF
ふさのめいとん　はやしえすぴーえふ

飼育管理	
出荷日齢：185日齢	
出荷体重：115kg	
指定肥育地・牧場	
：－	
飼料の内容	
：人工乳Ａ・Ｂ段階を除く飼料に	
抗生物質は入っていない。仕上	
げ用には指定配合飼料「林ＳＰ	
Ｆ（Ｖ）」を使用	

商標登録・GI登録・銘柄規約について
商標登録の有無：有
登録取得年月日：1999 年 9 月 10 日
GI 登　　録：未定
銘柄規約の有無：有
規約設定年月日：1980 年 4 月 1 日
規約改定年月日：－

農場 HACCP・JGAP について
農場 HACCP：無
J G A P：無

交配様式

雌	（ランドレース× 大ヨークシャー）雄
	×
雄	デュロック

主な流通経路および販売窓口
◆主 な と 畜 場
：東京都食肉市場、横浜市食肉市場
東庄町食肉センター
◆主 な 処 理 場
：－
◆年 間 出 荷 頭 数
：30,000 頭
◆主 要 卸 売 企 業
：田谷ミートセンター
◆輸 出 実 績 国・地 域
：無
◆今 後 の 輸 出 意 欲
：無

販売指定店制度について
指定店制度：有
販促ツール：シール、パンフレット、
のぼり、ポスター

特長
- ＳＰＦ種豚（ＬＷ×Ｄ）で統一して、グループの指定配合飼料（林ＳＰＦ(v)）、ビタミン、ミネラルを強化したものを出荷前 60 日間給与することにより、保水性があり、脂肪の質もしっかりとした独特の風味のある豚肉に仕上がっている。

概要	管 理 主 体　：林商店肉豚出荷組合	電　　　　　話：0478-86-1030
	代　表　者　：林 寛康	Ｆ　Ａ　Ｘ：0478-86-1459
	所　在　地　：香取郡東庄町石出 1585	Ｕ　Ｒ　Ｌ：hayashi-spf.co.jp
		メールアドレス：postmaster@hayashi-spf.co.jp

千 葉 県

房総オリヴィアポーク
ぼうそうおりづぃあぽーく

オリーブ入り配合飼料で育てました

飼育管理	
出荷日齢：185日齢	
出荷体重：115kg	
指定肥育地・牧場 ：井上本店（千葉県東部、北東部）	
飼料の内容 ：とうもろこし、玄米（精白米）、大麦を77%加えた穀物主体の配合飼料にオリーブのしぼりかすを加えたもの	

商標登録・GI登録・銘柄規約について
商標登録の有無：有 登録取得年月日：2015年9月18日
GI 登 録：未定
銘柄規約の有無：有 規約設定年月日：2015年3月25日 規約改定年月日：－

農場HACCP・JGAPについて
農場HACCP：無
JGAP：無

交配様式

雌	（ランドレース × 大ヨークシャー） × デュロック
雄	

主な流通経路および販売窓口
◆主 な と 畜 場 ：千葉県食肉公社
◆主 な 処 理 場 ：丸美ミート
◆年 間 出 荷 頭 数 ：9,000頭
◆主 要 卸 売 企 業 ：丸美ミート
◆輸出実績国・地域 ：無
◆今 後 の 輸 出 意 欲 ：無

販売指定店制度について
指定店制度：無 販促ツール：パネル、シール、ポスター、リーフレット

特長	●ビタミンB₁が豊富。 ●脂肪の融点が36℃前後のため、脂の口溶けが良く、軟らかい肉質。

概要	管 理 主 体 ： ㈲丸美ミート 代 表 者 ： 小川 哲也 所 在 地 ： 山武郡横芝光町栗山3300	電 話 ： 0479-82-0984 F A X ： 0479-82-0990 U R L ： www.marumi-meat.co.jp メールアドレス ： info@marumi-meat.co.jp

---

千 葉 県

房総ポーク
ぼうそうぽーく

飼育管理	
出荷日齢：180日齢	
出荷体重：115kg	
指定肥育地・牧場 ：22農場（香取市、成田市、富里市、旭市）	
飼料の内容 海草粉末を加え、ビタミンEを強化した専用飼料	

商標登録・GI登録・銘柄規約について
商標登録の有無：有 登録取得年月日：1987年5月29日
GI 登 録：－
銘柄規約の有無：有 規約設定年月日：2004年8月17日 規約改定年月日：2015年5月25日

農場HACCP・JGAPについて
農場HACCP：無
JGAP：無

交配様式

雌	（ランドレース × 大ヨークシャー） × デュロック
雄	

主な流通経路および販売窓口
◆主 な と 畜 場 ：千葉県食肉公社
◆主 な 処 理 場 ：同上
◆年 間 出 荷 頭 数 ：28,000頭
◆主 要 卸 売 企 業 ：JA全農ミートフーズ
◆輸出実績国・地域 ：無
◆今 後 の 輸 出 意 欲 ：無

販売指定店制度について
指定店制度：無 販促ツール：シール、パンフレット、のぼり、パネル

特長	●飼料に海草粉末を加え、ビタミンEを強化しています。 ●豚肉特有のくささが無く、軟らかい食感、スッキリしたうま味が特長。 ●トレーサビリティによって安心・安全な豚肉です。

概要	管 理 主 体 ： 房総ポーク販売促進協議会 代 表 者 ： 塩澤 英一 会長 所 在 地 ： 千葉市中央区新千葉3-2-6	電 話 ： 043-245-7381 F A X ： 043-246-2547 U R L ： www.boso-pork.gr.jp メールアドレス ： －

千葉県

ほころぶた
ほころぶた

飼育管理	
出荷日齢：185日齢	
出荷体重：115kg	
指定肥育地・牧場 :旭市	
飼料の内容 :とうもろこし配合割合を抑え、麦、マイロ等でんぷん質を多給した飼料。ドリップロスを低減するためビタミンEを配合。	

商標登録・GI登録・銘柄規約について
商標登録の有無：無
登録取得年月日：－
GI登録：無
銘柄規約の有無：無
規約設定年月日：－
規約改定年月日：－

農場HACCP・JGAPについて
農場HACCP：有（2015年11月16日）
JGAP：無

交配様式

雌　（ランドレース^雌 × 大ヨークシャー^雄）
　　　×
雄　　デュロック

主な流通経路および販売窓口
◆主なと畜場 :東庄町食肉センター
◆主な処理場 :田谷ミートセンター
◆年間出荷頭数 :15,000頭
◆主要卸売企業 :－
◆輸出実績国・地域 :無
◆今後の輸出意欲 :有

販売指定店制度について
指定店制度：無
販促ツール：シール

特長
- 大群飼育し、広々としたスペースで豚が十分に運動できる環境で飼育しています。
- トウモロコシの配合を制限し、麦・マイロなどに置き換えオレイン酸を豊富に含む脂肪酸バランスの良い肉質です。
- 飼料中にビタミンEを強化することで鮮度保持に優れた軟らかい肉質に仕上げました。"

概要	管理主体	：㈲下山農場	電話	：0479-55-3814
	代表者	：下山　正大	FAX	：0479-55-5863
	所在地	：旭市後草684	URL	：－
			メールアドレス	：－

千葉県

南房総の名水もちぶた
みなみぼうそうのめいすいもちぶた

飼育管理	
出荷日齢：185日齢	
出荷体重：115kg	
指定肥育地・牧場 :君津市3農場（大野台、山滝町、戸崎農場）	
飼料の内容 :指定配合	

商標登録・GI登録・銘柄規約について
商標登録の有無：有
登録取得年月日：2016年10月21日
GI登録：未定
銘柄規約の有無：無
規約設定年月日：－
規約改定年月日：－

農場HACCP・JGAPについて
農場HACCP：無
JGAP：無

交配様式

雌　（ランドレース^雌 × 大ヨークシャー^雄）
　　　×
雄　　デュロック

主な流通経路および販売窓口
◆主なと畜場 :神奈川食肉センター
◆主な処理場 :神奈川ミートパッカー
◆年間出荷頭数 :30,000頭
◆主要卸売企業 :中山畜産
◆輸出実績国・地域 :無
◆今後の輸出意欲 :有

販売指定店制度について
指定店制度：有
販促ツール：シール、パネル

特長
- 肉のおいしさは、肉質のキメの細かさと脂質で決まるとのコンセプトから、おいしさをモットーに軟らかさ、脂のうまみ、肉のつや（筋繊維のキメ）を求め、独自の指定配合に加え、千葉県で唯一「平成の名水百選」に選ばれた原水を与えることで、価値あるおいしいもち豚が生産されています。

概要	管理主体	：㈱スワインファームジャパン	電話	：0436-96-1721
	代表者	：中山　修　代表取締役社長	FAX	：0436-96-1722
	所在地	：市原市石神1269	URL	：www.sfj.jp
			メールアドレス	：sfj001@nakayama-c.com

千葉県

ろいやるさんげん
ロイヤル三元

飼育管理	
出荷日齢	180日齢
出荷体重	115kg
指定肥育地・牧場	：山武郡横芝光町(斉藤ファーム)
飼料の内容	：植物性飼料と木酢液使用

商標登録・GI登録・銘柄規約について	
商標登録の有無	無
登録取得年月日	－
GI登録	－
銘柄規約の有無	無
規約設定年月日	－
規約改定年月日	－

農場HACCP・JGAPについて	
農場HACCP	無
JGAP	無

交配様式

雌（ランドレース×大ヨークシャー）
×
雄　デュロック

特長
- 豚肉本来の生態を生かしてストレスの少ない肥育環境と木酢液を加えた植物原料中心の飼料で育てました。

主な流通経路および販売窓口

- 主 な と 畜 場
  ：千葉県印旛食肉センター事業協同組合
- 主 な 処 理 場
  ：中島商店
- 年 間 出 荷 頭 数
  ：600頭
- 主 要 卸 売 企 業
  ：ビックミート中村
- 輸 出 実 績 国・地 域
  ：無
- 今 後 の 輸 出 意 欲
  ：無

販売指定店制度について

- 指定店制度：無
- 販促ツール：パンフレット、リーフレット、ポスターなど

概要			
管理主体	：㈱ビックミート中村	電話	：03-3629-2901
代表者	：中村 省吾 代表取締役社長	FAX	：03-3629-2920
所在地	：東京都足立区神明南1-1-15	URL	：－
		メールアドレス	：bigmeat@d9.dion.ne.jp

東京都

とうきょう　えっくす
TOKYO X

飼育管理	
出荷日齢	210日齢
出荷体重	110～120kg
指定肥育地・牧場	：－
飼料の内容	：肥育期間は指定飼料。指定飼料はPHF、かつNON-GMOのとうもろこし、大豆粕等。米を15%含む飼料採用

商標登録・GI登録・銘柄規約について	
商標登録の有無	有
登録取得年月日	2005年6月17日
GI登録	
銘柄規約の有無	有
規約設定年月日	2001年7月18日
規約改定年月日	2017年7月28日

農場HACCP・JGAPについて	
農場HACCP	－
JGAP	－

交配様式

トウキョウX 純粋種

特長
- 7年にわたり育種改良を続け、遺伝的に固定した新たな系統豚として日本種豚登録協会に平成9年に登録された。
- 4つの理念に基づいて育てられている「Safety」「Biotics」「Animal welfare」「Quality」
- TOKYO X -Association認定店でのみ販売。
- 肉に微細な脂肪が入り、きめ細かく脂肪の質に優れている。

主な流通経路および販売窓口

- 主 な と 畜 場
  ：アグリス・ワン
- 主 な 処 理 場
  ：ミートコンパニオン　神奈川事業所
- 年 間 出 荷 頭 数
  ：10,000頭
- 主 要 卸 売 企 業
  ：TOKYO X-Association 認定店
- 輸 出 実 績 国・地 域
  ：無
- 今 後 の 輸 出 意 欲
  ：無

販売指定店制度について

- 指定店制度：有
- 販促ツール：シール、のぼり、はっぴ

概要			
管理主体	：TOKYO X 生産組合	電話	：0120-398-029
代表者	：澤井 保人	FAX	：同上
所在地	：町田市原町田5-2-22 NPO法人CCCNET内	URL	：tokyox.net/(生産組合) tokyox-association.jp/about_tokyox
		メールアドレス	：info@tokyox.net

神奈川県

いいじまぽーく
イイジマポーク

飼育管理	
出荷日齢：180日齢	
出荷体重：約120kg	
指定肥育地・牧場：－	
飼料の内容：自家配合	

商標登録・GI登録・銘柄規約について	
商標登録の有無：無	
登録取得年月日：－	
ＧＩ登録：－	
銘柄規約の有無：無	
規約設定年月日：－	
規約改定年月日：－	

農場HACCP・JGAPについて	
農場HACCP：無	
ＪＧＡＰ：無	

交配様式	
雌	雌（ランドレース×大ヨークシャー）×
雄	雄 デュロック
雌	雌（大ヨークシャー×ランドレース）×
雄	雄 デュロック

特長
● 神奈川県が造成した系統豚「カナガワヨーク」と「ユメカナエル」を活用し、自ら改良したデュロックで、おいしさのトドメをさしている。

主な流通経路および販売窓口
◆主なと畜場：神奈川食肉センター
◆主な処理場：同上
◆年間出荷頭数：2,000頭
◆主要卸売企業：－
◆輸出実績国・地域：－
◆今後の輸出意欲：－

販売指定店制度について
指定店制度：－
販促ツール：－

概要		
管理主体：座間市豚肉直売部	電話：046-253-0298	
代表者：飯島 忠晴	ＦＡＸ：046-253-1500	
所在地：座間市東原2-2-22	ＵＲＬ：－	
	メールアドレス：－	

神奈川県

かながわゆめぽーく
かながわ夢ポーク

飼育管理	
出荷日齢：170日齢	
出荷体重：約115kg	
指定肥育地・牧場：－	
飼料の内容：夢ポーク指定配合	

商標登録・GI登録・銘柄規約について	
商標登録の有無：無	
登録取得年月日：－	
ＧＩ登録：－	
銘柄規約の有無：有	
規約設定年月日：2003年4月1日	
規約改定年月日：－	

農場HACCP・JGAPについて	
農場HACCP：無	
ＪＧＡＰ：無	

交配様式	
雌	雌（大ヨークシャー×ランドレース）×
雄	雄 デュロック
雌	雌（ランドレース×大ヨークシャー）×
雄	雄 デュロック

特長
●飼料原料に乾燥さつまいも、お茶粉末を利用している。

主な流通経路および販売窓口
◆主なと畜場：横浜市食肉市場
◆主な処理場：同上
◆年間出荷頭数：13,000頭
◆主要卸売企業：フィード・ワン・フーズ
◆輸出実績国・地域：－
◆今後の輸出意欲：－

販売指定店制度について
指定店制度：－
販促ツール：－

概要		
管理主体：かながわ夢ポーク推進協議会	電話：046-238-2502	
代表者：臼井 欽一 会長	ＦＡＸ：046-238-7127	
所在地：海老名市本郷3678	ＵＲＬ：www.kanagawa.lin.gr.jp/gourmet/butaniku/yume.html	
	メールアドレス：－	

神奈川県

きよかわめぐみぽーく
清川恵水ポーク

水と緑の心の源流郷
清川恵水ポーク
神奈川県愛甲郡清川村

飼育管理	
出荷日齢：180日齢	
出荷体重：120kg前後	
指定肥育地・牧場 ：清川村	
飼料の内容 ：―	

商標登録・GI登録・銘柄規約について	
商標登録の有無：有	
登録取得年月日：2011年10月14日	
G I 登 録：未定	
銘柄規約の有無：無	
規約設定年月日：―	
規約改定年月日：―	

農場HACCP・JGAPについて	
農場HACCP：無	
J G A P：無	

交配様式

雌　　(ランドレース × 大ヨークシャー)
　　　　　　　×
雄　　　　　デュロック

主な流通経路および販売窓口
◆主 な と 畜 場 ：神奈川食肉センター、横浜市食肉公社
◆主 な 処 理 場 ：同上
◆年 間 出 荷 頭 数 ：7,000頭
◆主 要 卸 売 企 業 ：横浜市食肉市場、ＪＡ全農ミートフーズ
◆輸 出 実 績 国・地 域 ：無
◆今 後 の 輸 出 意 欲 ：無

販売指定店制度について
指定店制度：無
販促ツール：シール、ポスター、ミニのぼり

特長	●厳選した原料を使用し、人工乳から各ステージに合わせ自家農場で配合した飼料を給与。 ●飼育環境の適正化により体重41kg以降、出荷まで抗生物質を無添加。 ●種豚選抜において肉のきめ細かさにこだわり生産している。 ●この結果、肉はきめが細かく、軟らかで、脂はさらりとして甘みがある。

概要	管 理 主 体：㈲山口養豚場 代 表 者：山口 昌興 代表取締役社長 所 在 地：愛甲郡清川村煤ヶ谷1913	電 話：046-288-1856 F A X：046-288-1640 U R L：― メールアドレス：masaoki1007@nifty.com

---

神奈川県

こうざぶた
髙 座 豚

神奈川県
髙座豚

飼育管理	
出荷日齢：180日齢	
出荷体重：115～125kg	
指定肥育地・牧場 ：旧高座郡地域、秦野市、横浜市、平塚市	
飼料の内容 ：成長4ステージに合わせた配合飼料	

商標登録・GI登録・銘柄規約について	
商標登録の有無：有	
登録取得年月日：1984年12月	
G I 登 録：未定	
銘柄規約の有無：有	
規約設定年月日：1983年7月15日	
規約改定年月日：2011年2月26日	

農場HACCP・JGAPについて	
農場HACCP：無	
J G A P：無	

交配様式

雌　　(ランドレース × 大ヨークシャー)
　　　　　　　×
雄　　　　　デュロック

主な流通経路および販売窓口
◆主 な と 畜 場 ：神奈川食肉センター、横浜市食肉市場
◆主 な 処 理 場 ：ミートコンパニオン、ムサシノミート、フィード・ワン・フーズ
◆年 間 出 荷 頭 数 ：20,000頭
◆主 要 卸 売 企 業 ：セントラルフーズ
◆輸 出 実 績 国・地 域 ：無
◆今 後 の 輸 出 意 欲 ：無

販売指定店制度について
指定店制度：有
販促ツール：シール、リーフレット、のぼり、はっぴ、ポスター

特長	●高座豚研究会細則に合わせた飼育管理により、赤身肉の中に含まれる脂質が豊富（ビューローベリタスジャパン㈱分析結果より）で、良質な脂が甘い香りとジューシーな食感を味わえます。

概要	管 理 主 体：高座豚研究会 代 表 者：飯島 瑞樹 会長 所 在 地：茅ヶ崎市芹沢579	電 話：0467-51-0319 F A X：同上 U R L：― メールアドレス：―

神奈川県

さがみあやせポーク
（さがみあやせぽーく）

飼育管理
出荷日齢：180日齢
出荷体重：110～116kg
指定肥育地・牧場 　：－
飼料の内容 　：指定配合飼料を給与

商標登録・GI登録・銘柄規約について
商標登録の有無：有 登録取得年月日：2001年2月6日
GI登録：－
銘柄規約の有無：有 規約設定年月日：1995年4月1日 規約改定年月日：－

農場HACCP・JGAPについて
農場HACCP：無
JGAP：無

交配様式

雌	（ランドレース×大ヨークシャー） × デュロック
雄	

特長
- 風味ある豚肉。
- きめが細かく、まろやかで歯ざわりのよいおいしさがあります。

主な流通経路および販売窓口
◆主なと畜場 　：神奈川食肉センター、横浜食肉市場
◆主な処理場 　：
◆年間出荷頭数 　：3,500頭
◆主要卸売企業 　：－
◆輸出実績国・地域 　：－
◆今後の輸出意欲 　：－

販売指定店制度について
指定店制度：－ 販促ツール：－

概要	管理主体：さがみあやせポーク生産組合 代表者：比留川　正男 所在地：綾瀬市早川城山1-1-18	電話：0467-78-5734 FAX：同上 URL：－ メールアドレス：－

神奈川県

湘南ポーク
（しょうなんぽーく）

飼育管理
出荷日齢：190日齢
出荷体重：約115kg
指定肥育地・牧場 　：－
飼料の内容 　：育成期以降、穀物飼料 　　育成期以降、抗生物質無添加

商標登録・GI登録・銘柄規約について
商標登録の有無：有 登録取得年月日：2002年7月26日
GI登録：－
銘柄規約の有無：有 規約設定年月日：1988年1月13日 規約改定年月日：－

農場HACCP・JGAPについて
農場HACCP：無
JGAP：無

交配様式

雌	（ランドレース×大ヨークシャー） × デュロック
雄	
雌	（大ヨークシャー×ランドレース） × デュロック
雄	
雌	（ランドレース×大ヨークシャー） × バークシャー
雄	

特長
- 生産豚肉の安全性を確認し販売している。
- 風味あるきめ細かい絶賛の味として評価が高い。
- 熟成した高品質な豚肉として販売している。

主な流通経路および販売窓口
◆主なと畜場 　：神奈川食肉センター、横浜市食肉市場
◆主な処理場 　：同上
◆年間出荷頭数 　：8,000頭
◆主要卸売企業 　：－
◆輸出実績国・地域 　：－
◆今後の輸出意欲 　：－

販売指定店制度について
指定店制度：－ 販促ツール：－

概要	管理主体：さがみ農協藤沢市養豚部 代表者：和田　健 所在地：藤沢市宮原3550	電話：0466-49-5100 FAX：0466-48-6682 URL：－ メールアドレス：－

神奈川県

湘南みやじ豚
しょうなんみやじぶた

飼育管理	
出荷日齢：180日齢	
出荷体重：115kg	
指定肥育地・牧場	
：藤沢市内自社農場	
飼料の内容	
：麦類、米、さつまいも、他	

商標登録・GI登録・銘柄規約について	
商標登録の有無：有	
登録取得年月日：2006年	
ＧＩ登録：－	
銘柄規約の有無：無	
規約設定年月日：－	
規約改定年月日：－	

農場HACCP・JGAPについて	
農場HACCP：推進農場（2013年）	
ＪＧＡＰ：無	

交配様式

雌	雌 （ランドレース × 大ヨークシャー） × デュロック	雄
雄		

主な流通経路および販売窓口
◆主なと畜場 　：神奈川食肉センター
◆主な処理場 　：オダユー
◆年間出荷頭数 　：1,500頭
◆主要卸売企業 　：自社のみ
◆輸出実績国・地域 　：無
◆今後の輸出意欲 　：無

販売指定店制度について
指定店制度：無
販促ツール：バーベキューイベント 　　　　　　など

特長
- 飼料、系統、飼育環境ストレスフリーにこだわり徹底的に味にこだわった飼育方法。
- みやじ豚の農場で育てられた豚のみがみやじ豚

概要	管理主体：㈱みやじ豚	電話：0466-53-5739
	代表者：宮治昌義	ＦＡＸ：0466-53-5739
	所在地：藤沢市打戻539	ＵＲＬ：miyajibuta.com
		メールアドレス：miyajipork@yahoo.co.jp

神奈川県

丹沢高原豚
たんざわこうげんぶた

飼育管理	
出荷日齢：約180日齢	
出荷体重：約125kg前後	
指定肥育地・牧場	
：愛川町さくら分場	
飼料の内容	
：非遺伝子組み換え大豆、とうも 　ろこし、大麦、米、さつまいも、他	

商標登録・GI登録・銘柄規約について	
商標登録の有無：有	
登録取得年月日：－	
ＧＩ登録：－	
銘柄規約の有無：－	
規約設定年月日：－	
規約改定年月日：－	

農場HACCP・JGAPについて	
農場HACCP：無	
ＪＧＡＰ：無	

交配様式

雌	雌 （ランドレース × 大ヨークシャー） × デュロック	雄
雄		

主な流通経路および販売窓口
◆主なと畜場 　：神奈川食肉センター
◆主な処理場 　：同上
◆年間出荷頭数 　：13,000頭
◆主要卸売企業 　：中津ミート
◆輸出実績国・地域 　：無
◆今後の輸出意欲 　：無

販売指定店制度について
指定店制度：－
販促ツール：シール、のぼり

特長

概要	管理主体：海老名畜産㈱	電話：046-281-0875
	代表者：松下憲司	ＦＡＸ：046-281-1968
	所在地：愛甲郡愛川町三増1228-1	ＵＲＬ：tanzawa-ham.co.jp
		メールアドレス：ebinachikusan@blue.ocn.ne.jp

神 奈 川 県

はまぽーく（はまぽーく）

飼育管理	
出荷日齢：180日齢	
出荷体重：約115kg	
指定肥育地・牧場 ：横浜市内養豚場	
飼料の内容 ：肥育用配合配合、食品循環飼料	

商標登録・GI登録・銘柄規約について	
商標登録の有無：有 登録取得年月日：2006年12月8日	
ＧＩ登録：－	
銘柄規約の有無：有 規約設定年月日：2004年4月1日 規約改定年月日：－	

農場HACCP・JGAPについて	
農場HACCP：無 ＪＧＡＰ：無	

交配様式

雌	（ランドレース × 大ヨークシャー） × デュロック
雄	

主な流通経路および販売窓口
◆主なと畜場 ：横浜市食肉市場
◆主な処理場 ：同上
◆年間出荷頭数 ：約5,000頭
◆主要卸売企業 ：横浜市内食肉卸売業者など
◆輸出実績国・地域 ：無
◆今後の輸出意欲 ：無

販売指定店制度について
指定店制度：無 販促ツール：シール、のぼり

特長	● 食品循環型飼料はボイル乾燥したものを配合飼料に2割を添加して誕生した豚肉。 ● 給与添加期間（30～60kg） ● 肉質の色は淡紅色を呈し、脂は甘みがあり、肉質は軟らかい。

概要	管理主体：横浜食品循環型はまぽーく出荷 　　　　　グループ 代表者：横山 清 会長 所在地：横浜市泉区和泉町5049	電話：045-802-3453 ＦＡＸ：045-802-3531 ＵＲＬ：－ メールアドレス：－

神 奈 川 県

やまゆりポーク（やまゆりぽーく）

飼育管理	
出荷日齢：180～190日齢	
出荷体重：115kg	
指定肥育地・牧場 ：－	
飼料の内容 ：子豚用やまゆりＢ、肉豚用やま 　ゆりＣの指定配合	

商標登録・GI登録・銘柄規約について	
商標登録の有無：有 登録取得年月日：1992年1月17日	
ＧＩ登録：－	
銘柄規約の有無：無 規約設定年月日：1990年4月1日 規約改定年月日：2014年7月1日	

農場HACCP・JGAPについて	
農場HACCP：有（2014年10月） ＪＧＡＰ：有（2018年12月）	

交配様式

雌	（ランドレース × 大ヨークシャー） × デュロック
雄	
雌	（大ヨークシャー × ランドレース） × デュロック
雄	

主な流通経路および販売窓口
◆主なと畜場 ：横浜市食肉市場、神奈川食肉セ 　ンター
◆主な処理場 ：同上
◆年間出荷頭数 ：14,000頭
◆主要卸売企業 ：ＪＡ全農かながわ、指定食肉専 　門店
◆輸出実績国・地域 ：無
◆今後の輸出意欲 ：無

販売指定店制度について
指定店制度：無 販促ツール：リーフレット、ポスタ 　ー、のぼり

特長	● 大麦を配合した専用飼料に、さらにビタミンEを多く配合することにより、良質 　な肉質を実現しました。 ● 脂肪が白く、赤身が軟らかく、風味豊かです。 ● 衛生面についても十分に考慮された飼育管理により、肉質の安全性向上にも努め 　ています。

概要	管理主体：全農神奈川県本部 代表者：根本 芳明 県本部長 所在地：平塚市土屋1275-1	電話：0463-58-9541 ＦＡＸ：0463-58-9625 ＵＲＬ：www.kn-zennoh.or.jp メールアドレス：－

山梨県

こうしゅうしんげんぶた
甲州信玄豚

飼育管理

出荷日齢：約180日齢

出荷体重：115〜118kg

指定肥育地・牧場
：甲府市　柿嶋ファーム

飼料の内容
：オリジナル配合飼料に小麦（パン
粉）、国産飼料米（山梨県産中心）や
大豆をメインに配合

商標登録・GI登録・銘柄規約について

商標登録の有無：有
登録取得年月日：2007年2月9日

GI登録：−

銘柄規約の有無：無
規約設定年月日：−
規約改定年月日：−

農場HACCP・JGAPについて

農場HACCP：無

JGAP：無

交配様式

雌　（ランドレース×大ヨークシャー）
×
雄　　　　　デュロック

主な流通経路および販売窓口

◆主なと畜場
：山梨県食肉流通センター

◆主な処理場
：同上

◆年間出荷頭数
：700頭

◆主要卸売企業
：自社営業部

◆輸出実績国・地域
：無

◆今後の輸出意欲
：無

販売指定店制度について

指定店制度：有
販促ツール：シール、のぼり、パンフレット

特長

● 国産飼料米と良質なパン粉を飼料に配合することにより、肉質は軟らかく、融点が40℃未満で口溶けが良く、あっさりとして食べやすいのが特長です。
● 病気に感染しやすい幼少期を除いて抗生物質は使用せず、一般豚と比較して、オレイン酸が多く含まれた健康な豚肉です。

概要

管理主体	：	オオタ総合食品㈱	電話	：	055-230-8100
代表者	：	多田 勝　代表取締役	FAX	：	055-230-8129
所在地	：	中巨摩郡昭和町築地新居1741-1	URL	：	www.smile-ohta.jp
			メールアドレス	：	info@smile-ohta.jp

山梨県

こうしゅうにゅうさんきんとん　くりすたるぽーく
甲州乳酸菌豚
クリスタルポーク

飼育管理

出荷日齢：約180日齢

出荷体重：−

指定肥育地・牧場
：千野ファーム

飼料の内容
：麦を中心に給与、乳酸菌

商標登録・GI登録・銘柄規約について

商標登録の有無：有
登録取得年月日：2010年11月5日

GI登録：未定

銘柄規約の有無：無
規約設定年月日：−
規約改定年月日：−

農場HACCP・JGAPについて

農場HACCP：無

JGAP：無

交配様式

雌　（ランドレース×大ヨークシャー）
×
雄　（バークシャー×デュロック）

主な流通経路および販売窓口

◆主なと畜場
：山梨県食肉市場

◆主な処理場
：大森畜産

◆年間出荷頭数
：1,200頭

◆主要卸売企業
：大森畜産

◆輸出実績国・地域
：無

◆今後の輸出意欲
：無

販売指定店制度について

指定店制度：無
販促ツール：シール、パンフレット、のぼり

特長

● 蒸気圧ぺん大麦を中心とした飼料に、乳酸菌を中心とした添加飼料を与えて育てています。
● ジューシーで軟らかく、臭みがなく、うまみがしっかり、後味がさっぱりしています。
● 冷めてもおいしさは変わりません。

概要

管理主体	：	㈱大森畜産	電話	：	055-232-8201
代表者	：	大森 司　代表取締役	FAX	：	055-232-8202
所在地	：	甲府市城東4-1-4	URL	：	www.big-forest.co.jp
			メールアドレス	：	info@big-forest.co.jp

山梨県

こうしゅうふじざくらぽーく
甲州富士桜ポーク

甲州富士桜ポーク

飼育管理
出荷日齢：170～180日齢
出荷体重：110～120kg
指定肥育地・牧場
：甲州富士桜ポーク生産組合員の農場
飼料の内容
：肥育後期（仕上げ期）に甲州富士桜ポーク専用飼料（大麦10％を含む麦類20％以上、キャノーラ油かす、オリゴ糖配合など）を給与

商標登録・GI登録・銘柄規約について
商標登録の有無：有
登録取得年月日：1999年11月26日
GI登録：未定
銘柄規約の有無：有
規約設定年月日：1993年9月16日
規約改定年月日：2013年10月30日

農場HACCP・JGAPについて
農場HACCP：無
JGAP：無

交配様式

	雌	雄
雌	（ランドレース×大ヨークシャー）	
	×	
雄	フジザクラDB	
	(山梨県でデュロック種とバークシャー種を基礎豚として7世代掛け合わせ造成した合成系統豚)	

主な流通経路および販売窓口
◆主なと畜場
：山梨食肉流通センター
◆主な処理場
：同上
◆年間出荷頭数
：7,000頭
◆主要卸売企業
：渡辺畜産、岩野、大森畜産、山梨食肉流通センター
◆輸出実績国・地域
：マカオ
◆今後の輸出意欲
：有

販売指定店制度について
指定店制度：無
販促ツール：シール、のぼり、パンフレット、ポスター

特長
- 米国アイオワ州と山梨県の50年の国際交流から生まれた銘柄豚で物語がたくさん詰まっています。
- 山梨県が開発した系統豚「フジザクラDB」（デュロック種とバークシャー種の合成豚）を止め雄として生産されます（LWDB）
- 甲州富士桜ポーク生産マニュアルに沿って飼育され、枝肉の規格品質が銘柄基準に合格したものだけが銘柄豚になります。

概要		
管理主体	：	甲州富士桜ポーク生産組合
代表者	：	功刀 三夫 会長
所在地	：	中央市藤巻1587
電話	：	0551-22-6647
FAX	：	0551-22-8455
URL	：	www.y-meat-center.co.jp
メールアドレス	：	Info@y-meat-center.co.jp

山梨県

ふじがねぽーく
富士ヶ嶺ポーク

MARUICHI PIG FARM / 富士ヶ嶺産 丸一ポーク / YAMANAKAKO HAM

飼育管理
出荷日齢：約170日齢
出荷体重：117kg
指定肥育地・牧場
：山梨県
飼料の内容
：指定配合、乳酸菌

商標登録・GI登録・銘柄規約について
商標登録の有無：無
登録取得年月日：－
GI登録：－
銘柄規約の有無：無
規約設定年月日：－
規約改定年月日：－

農場HACCP・JGAPについて
農場HACCP：申請中
JGAP：無

交配様式

	雌	雄
雌	（ランドレース×大ヨークシャー）	
	×	
雄	バークシャー	
雌	（ランドレース×大ヨークシャー）	
	×	
雄	デュロック	

主な流通経路および販売窓口
◆主なと畜場
：山梨県食肉市場
◆主な処理場
：同上
◆年間出荷頭数
：7,000頭
◆主要卸売企業
：－
◆輸出実績国・地域
：無
◆今後の輸出意欲
：有

販売指定店制度について
指定店制度：有
販促ツール：シール、のぼり、ホームページ

特長
- 富士の麓で地下300mの伏流水で育てています。
- 温度、湿度、換気、スペースなど豚の最適な環境の中で肥育します。
- 特有の臭いが少なく、脂が甘く、上品な味わいがあります。

概要		
管理主体	：	㈲丸一高村本店
代表者	：	高村 照己
所在地	：	南都留郡富士河口湖町富士ヶ嶺1250
電話	：	0555-62-1129
FAX	：	0555-62-3603
URL	：	www.yamanakakoham.jp
メールアドレス	：	－

山梨県

ワイントン
わいんとん

山梨名産

交配様式

| 雌 | 雌
（ランドレース × 大ヨークシャー）
×
デュロック | 雄 |

飼育管理	
出荷日齢：約180日齢	
出荷体重：約120～130kg	
指定肥育地・牧場 　：－	
飼料の内容 　：自家配合、配合飼料	

商標登録・GI登録・銘柄規約について	
商標登録の有無：有 登録取得年月日：2003 年 3 月 3 日	
ＧＩ登録：	
銘柄規約の有無：有 規約設定年月日：2011 年 7 月 8 日 規約改定年月日：－	

農場HACCP・JGAPについて	
農場 HACCP：無	
ＪＧＡＰ：準備中	

	主な流通経路および販売窓口
	◆主 な と 畜 場 　：山梨食肉流通センター
	◆主 な 処 理 場 　：同上
	◆年 間 出 荷 頭 数 　：1,000 頭
	◆主 要 卸 売 企 業 　：組合員
	◆輸 出 実 績 国・地 域 　：－
	◆今 後 の 輸 出 意 欲 　：－

販売指定店制度について
指定店制度：有 販促ツール：シール、のぼり

特長	● 飼料はパン、きなこ、大麦、アッペン大麦、とうもろこし、ほかを配合。 ● 山梨県マンズワインで醸造した専用ワインを飲用。 ● 脂肪分は甘みが強く、さっぱりとして、繊維が細かく配置されているために適度な弾力があり軟らかい。

概要	管 理 主 体： ㈱ミソカワイントン 代 表 者： 晦日 哲也 代表取締役 所 在 地： 甲州市塩山上萩原 1601	電 話： 0553-32-0646 Ｆ Ａ Ｘ： 0553-34-8129 Ｕ Ｒ Ｌ： www.wainton.co.jp メールアドレス： wainton@kcnet.ne.jp

---

長野県

安曇野放牧豚
あづみのほうぼくとん

交配様式

| 雌 | 雌
（ランドレース × 大ヨークシャー）
×
デュロック | 雄 |

飼育管理	
出荷日齢：約240日齢	
出荷体重：約120kg	
指定肥育地・牧場 　：安曇野市・藤原畜産	
飼料の内容 　：放牧豚専用の飼料 　　地場産の野菜、果実、野草	

商標登録・GI登録・銘柄規約について	
商標登録の有無：無 登録取得年月日：－	
ＧＩ登録：未定	
銘柄規約の有無：有 規約設定年月日：2000 年 4 月 1 日 規約改定年月日：－	

農場HACCP・JGAPについて	
農場 HACCP：無	
ＪＧＡＰ：無	

	主な流通経路および販売窓口
	◆主 な と 畜 場 　：松本食肉公社
	◆主 な 処 理 場 　：同上
	◆年 間 出 荷 頭 数 　：1,000 頭
	◆主 要 卸 売 企 業 　：－
	◆輸 出 実 績 国・地 域 　：無
	◆今 後 の 輸 出 意 欲 　：無

販売指定店制度について
指定店制度：有 販促ツール：シール、カタログ

特長	● 24 時間の放牧で毎日、日光に当たり、ストレスがありません。 ● 四季折々の地場産の野菜、果実を食べて健康に育ちます。 ● 肉質はしっかりと味があり、豚臭さがなく、甘みがあり、脂はシャキシャキしています。

概要	管 理 主 体： ㈲藤原畜産 代 表 者： 藤原 仁 代表取締役社長 所 在 地： 安曇野市明科中川手 6223-1	電 話： 0263-50-7128 Ｆ Ａ Ｘ： 0263-50-7183 Ｕ Ｒ Ｌ： azuminohoubokuton.naganoblog.jp メールアドレス： azumino_fujin@yahoo.co.jp

長野県

北信州みゆきポーク
きたしんしゅうみゆきぽーく

飼育管理	
出荷日齢：180日齢	
出荷体重：110〜120kg	
指定肥育地・牧場 ：−	
飼料の内容 ：指定配合飼料	

商標登録・GI登録・銘柄規約について	
商標登録の有無：有 登録取得年月日：1997年7月11日	
ＧＩ登録：−	
銘柄規約の有無：有 規約設定年月日：1992年4月1日 規約改定年月日：−	

農場HACCP・JGAPについて	
農場HACCP：無	
ＪＧＡＰ：無	

交配様式

雌	（ランドレース×大ヨークシャー）
	×
雄	デュロック
	ランドレース×大ヨークシャー

特長
●給与飼料の統一や飼育管理マニュアルに沿った肥育方法で行っています。

主な流通経路および販売窓口
◆主 な と 畜 場 ：長野県食肉公社
◆主 な 処 理 場 ：長野県農協直販
◆年 間 出 荷 頭 数 ：2,000頭
◆主 要 卸 売 企 業 ：全農長野県本部
◆輸出実績国・地域 ：−
◆今 後 の 輸 出 意 欲 ：−

販売指定店制度について
指定店制度：− 販促ツール：シール、のぼり、ポスター

概要	管 理 主 体 ： ながの農業協同組合 代 表 者 ： 豊田 実　代表理事組合長 所 在 地 ： 長野市大字中御所字岡田 131-14	電 話 ： 0269-62-5600 ＦＡＸ ： 0269-81-2171 ＵＲＬ ： − メールアドレス ： −

長野県

くりん豚・信州くりん豚
くりんとん・しんしゅうくりんとん

飼育管理	
出荷日齢：190〜220日齢	
出荷体重：118〜125kg	
指定肥育地・牧場 ：−	
飼料の内容 ：中部飼料、4カ月からいもぶた 仕上げ	

商標登録・GI登録・銘柄規約について	
商標登録の有無：有 登録取得年月日：2014年10月31日	
ＧＩ登録：未定	
銘柄規約の有無：無 規約設定年月日：− 規約改定年月日：−	

農場HACCP・JGAPについて	
農場HACCP：無	
ＪＧＡＰ：無	

交配様式

雌	（大ヨークシャー×ランドレース）
	×
雄	デュロック

特長
●脂身が苦手な女性や子供でもなじみやすい肉質が特徴。

主な流通経路および販売窓口
◆主 な と 畜 場 ：長野県食肉公社
◆主 な 処 理 場 ：同上
◆年 間 出 荷 頭 数 ：1,000頭（くりん豚以外2,500頭）
◆主 要 卸 売 企 業 ：吉清
◆輸出実績国・地域 ：有
◆今 後 の 輸 出 意 欲 ：有

販売指定店制度について
指定店制度：無 販促ツール：のぼり、ポスター、キャラステッカー

概要	管 理 主 体 ： 知久養豚 代 表 者 ： 知久 隆文 所 在 地 ： 下伊那郡喬木村 284-13	電 話 ： 090-3083-4604 ＦＡＸ ： 0265-33-3702 ＵＲＬ ： www.kurinton.com メールアドレス ： −

長野県
紅酔豚（こうすいとん）

信州中野産
美味しい豚は酵母で育つ
紅酔豚

飼育管理	
出荷日齢：180日齢	
出荷体重：110〜115kg	
指定肥育地・牧場	
：中野市ふるさと牧場	
飼料の内容	
：酵母菌、乳酸菌、ミネラル、食品	
未料品などを配合した酵母発酵	
飼料	

商標登録・GI登録・銘柄規約について
商標登録の有無：有
登録取得年月日：2011年4月1日
GI登録：－
銘柄規約の有無：－
規約設定年月日：－
規約改定年月日：－

農場HACCP・JGAPについて
農場HACCP：無
JGAP：無

交配様式

雌　ランドレース × 雄　大ヨークシャー

ハイブリッド

主な流通経路および販売窓口
◆主なと畜場
：北信食肉センター
◆主な処理場
：大信畜産
◆年間出荷頭数
：2,000頭
◆主要卸売企業
：－
◆輸出実績国・地域
：無
◆今後の輸出意欲
：無

販売指定店制度について
指定店制度：有
販促ツール：シール

特長
- 不飽和脂肪酸を多く含んでいます。
- また筋肉繊維が細く、軟らかく、ジューシーであくや臭みが無いのが特徴です。

概要	管　理　主　体：信州eループ事業協同組合	電　　　　　話：026-213-4067
	代　　表　　者：高野　保雄	F　A　X：026-213-4089
	所　　在　　地：長野市川中島町御厨5-2	U　R　L：eloop.jp
		メールアドレス：takano@eloop.jp

長野県
駒ケ岳山麓豚（こまがたけさんろくとん）

飼育管理	
出荷日齢：180日齢	
出荷体重：110〜120kg前後	
指定肥育地・牧場	
：長野県契約2農場	
飼料の内容	
：配合飼料	

商標登録・GI登録・銘柄規約について
商標登録の有無：無
登録取得年月日：－
GI登録：－
銘柄規約の有無：無
規約設定年月日：－
規約改定年月日：－

農場HACCP・JGAPについて
農場HACCP：無
JGAP：無

交配様式

雌　（ランドレース × 雄　大ヨークシャー）
×
雄　デュロック

主な流通経路および販売窓口
◆主なと畜場
：長野県食肉公社
◆主な処理場
：長野県農協直販
◆年間出荷頭数
：4,000頭
◆主要卸売企業
：全農長野県本部
◆輸出実績国・地域
：無
◆今後の輸出意欲
：無

販売指定店制度について
指定店制度：有
販促ツール：パネル、シール、リーフレット、のぼり

特長
- 自然の恵みと清らかな水で、徹底した管理のもとで飼育した安全で安心な豚肉、成長に合わせ設計された飼料を使うことで、豚肉独特のくせのない、甘い脂肪のある豚に育てられています。
- この豚肉はニシザワで販売されています。

概要	管　理　主　体：全農長野県本部	電　　　　　話：026-236-2217
	代　　表　　者：	F　A　X：026-236-2387
	所　　在　　地：長野市大字南長野北石堂町1177-3	U　R　L：－
		メールアドレス：－

長 野 県

純味豚
（じゅんみとん）

飼育管理
出荷日齢：180日齢
出荷体重：110～125kg
指定肥育地・牧場 ：長野県下伊那地区契約農場
飼料の内容 ：配合飼料

商標登録・GI登録・銘柄規約について
商標登録の有無：無 登録取得年月日：－
Ｇ Ｉ 登 録：－
銘柄規約の有無：無 規約設定年月日：－ 規約改定年月日：－

農場 HACCP・JGAP について
農場 HACCP：無
Ｊ Ｇ Ａ Ｐ：無

交配様式

	雌 雄
雌	（ランドレース × 大ヨークシャー） × デュロック
雄	ランドレース × 大ヨークシャー

主な流通経路および販売窓口
◆主 な と 畜 場 ：長野県食肉公社
◆主 な 処 理 場 ：長野県農協直販
◆年 間 出 荷 頭 数 ：2,000 頭
◆主 要 卸 売 企 業 ：全農長野県本部
◆輸出実績国・地域 ：無
◆今 後 の 輸 出 意 欲 ：無

販売指定店制度について
指定店制度：有 販促ツール：パネル、シール、リーフレット、のぼり

特長	● 長野県下伊那地区の指定農場で親豚の系統を統一し、こだわりの飼料を肉豚に与え計画的に生産されています。 ● 豚肉のおいしさを目指し、顔のみえる販売を行っています。 ● この豚肉はキラヤで販売されています。

概要	管 理 主 体 ： 全農長野県本部 代 表 者 ： 所 在 地 ： 長野市大字南長野北石堂町 1177-3	電 話 ： 026-236-2217 Ｆ Ａ Ｘ ： 026-236-2387 Ｕ Ｒ Ｌ ： － メールアドレス ： －

長 野 県

信州Aポーク
（しんしゅうえーぽーく）

こだわりの長野県内指定農場育ち

飼育管理
出荷日齢：180日齢
出荷体重：110～120kg前後
指定肥育地・牧場 ：長野県内指定ＳＰＦ農場
飼料の内容 ：肥育後期の飼料に国産飼料米を 添加

商標登録・GI登録・銘柄規約について
商標登録の有無：無 登録取得年月日：－
Ｇ Ｉ 登 録：－
銘柄規約の有無：無 規約設定年月日：－ 規約改定年月日：－

農場 HACCP・JGAP について
農場 HACCP：無
Ｊ Ｇ Ａ Ｐ：無

交配様式

	雌 雄
雌	（ランドレース × 大ヨークシャー） ×
雄	デュロック

主な流通経路および販売窓口
◆主 な と 畜 場 ：長野県食肉公社
◆主 な 処 理 場 ：長野県農協直販
◆年 間 出 荷 頭 数 ：15,000 頭
◆主 要 卸 売 企 業 ：全農長野県本部
◆輸出実績国・地域 ：無
◆今 後 の 輸 出 意 欲 ：無

販売指定店制度について
指定店制度：有 販促ツール：パネル、シール、リーフレット、のぼり

特長	● 国産飼料米を飼料に加えることで、美味しさ、うまみに影響するオレイン酸を高めることで豚特有の臭みが少なく、適度の脂が入って肉のキメが細かくジューシーで軟らかなあっさりとした食べやすさが特徴です。 ● この豚肉は長野県A・コープで販売されています。

概要	管 理 主 体 ： 全農長野県本部 代 表 者 ： 所 在 地 ： 長野市大字南長野北石堂町 1177-3	電 話 ： 026-236-2217 Ｆ Ａ Ｘ ： 026-236-2387 Ｕ Ｒ Ｌ ： － メールアドレス ： －

長野県
信州オレイン豚
しんしゅうおれいんとん

飼育管理	主な流通経路および販売窓口
出荷日齢：約200日齢 出荷体重：約115kg 指定肥育地・牧場 　：長野県農協直販 小海農場・塩沢農場・蟹窪農場・望月農場 飼料の内容 　：契約飼料工場でとうもろこし、マイロ、麦を主体とした原料を信州向けにブレンドし、信州産玄米を添加した飼料を使用	◆主 な と 畜 場 　：長野県食肉公社松本支社 ◆主 な 処 理 場 　：長野県農協直販松本食肉工場 ◆年 間 出 荷 頭 数 　：3,000頭 ◆主 要 卸 売 企 業 　：サンフレッシュ食品、信州セキュアフーズ ◆輸出実績国・地域 　：無 ◆今後の輸出意欲 　：無

商標登録・GI登録・銘柄規約について	交配様式
商標登録の有無：有 登録取得年月日：2013年4月5日 GI 登 録：未定 銘柄規約の有無：有 規約設定年月日：2013年4月5日 規約改定年月日：－	雌　　（ランドレース × 大ヨークシャー） 　　　　　　　× 雄　　　　　　デュロック

販売指定店制度について
指定店制度：無 販促ツール：ポスター、リーフレット、証明書

農場HACCP・JGAPについて	特長
農場 HACCP：無 J G A P：無	●「信州オレイン豚」は、全国に先駆けて豚肉の脂肪酸を測定する「食肉脂肪質測定装置」を導入し、1頭1頭オレイン酸含有率を測定し、自主基準値45％以上の豚だけを「信州オレイン豚」として提供します。

概要	管 理 主 体：長野県農協直販㈱ 代 表 者：内田 信一 代表取締役社長 所 在 地：長野市市場2-1	電 話：026-285-5500 F A X：026-285-5901 U R L：www.nagachoku.co.jp メールアドレス：－

長野県
信州香原豚
しんしゅうこうげんとん

飼育管理	主な流通経路および販売窓口
出荷日齢：約200日齢 出荷体重：約115kg 指定肥育地・牧場 　：長野県農協直販小海農場、グリーンフィールド長者原農場 飼料の内容 　：契約飼料工場でとうもろこし、麦、玄米を主体とした原料を信州向けにブレンドし、ハーブやフルーツパウダーを添加した飼料を使用	◆主 な と 畜 場 　：長野県食肉公社松本支社 ◆主 な 処 理 場 　：長野県農協直販松本食肉工場 ◆年 間 出 荷 頭 数 　：5,000頭 ◆主 要 卸 売 企 業 　：長野県農協直販 ◆輸出実績国・地域 　：無 ◆今後の輸出意欲 　：無

商標登録・GI登録・銘柄規約について	交配様式
商標登録の有無：有 登録取得年月日：2014年2月21日 GI 登 録：未定 銘柄規約の有無：無 規約設定年月日：－ 規約改定年月日：－	雌　　（ランドレース × 大ヨークシャー） 　　　　　　　× 雄　　　　　　デュロック

販売指定店制度について
指定店制度：無 販促ツール：店頭ＰＯＰ

農場HACCP・JGAPについて	特長
農場 HACCP：無 J G A P：無	●契約飼料工場でとうもろこし、麦、玄米を主体とした原料を信州向けにブレンドし、ハーブやフルーツパウダーを添加した飼料を給餌。

概要	管 理 主 体：長野県農協直販㈱ 代 表 者：内田 信一 代表取締役社長 所 在 地：長野市市場2-1	電 話：026-285-5500 F A X：026-285-5901 U R L：www.nagachoku.co.jp メールアドレス：－

長野県

しんしゅうこめぶた

信州米豚

信州米豚

飼育管理
出荷日齢：180日齢前後
出荷体重：110kg前後
指定肥育地・牧場
：長野県内
飼料の内容
：飼料米を給餌

商標登録・GI登録・銘柄規約について
商標登録の有無：有
登録取得年月日：2013 年 3 月 8 日
ＧＩ登録：－
銘柄規約の有無：有
規約設定年月日：2012 年 6 月
規約改定年月日：－

農場 HACCP・JGAP について
農場 HACCP：無
ＪＧＡＰ：無

主な流通経路および販売窓口
◆主 な と 畜 場
：北信食肉センター
◆主 な 処 理 場
：大信畜産工業
◆年 間 出 荷 頭 数
：10,000 頭
◆主 要 卸 売 企 業
：マルイチ産商
◆輸出実績国・地域
：－
◆今 後 の 輸 出 意 欲
：－

交配様式

雌	雌（ランドレース×大ヨークシャー）×雄
雄	デュロック

販売指定店制度について
指定店制度：－
販促ツール：－

特長
- 飼料米を給餌。
- 豚肉のオレイン酸値を測定。

概要	管 理 主 体：㈱マルイチ産商	電 話：026-282-1150
	代 表 者：根橋　博志　常務執行役員畜産事業部長	Ｆ Ａ Ｘ：026-282-1155
	所 在 地：長野市若穂川田 3800-11	Ｕ Ｒ Ｌ：www.maruichi.com
		メールアドレス：－

長野県

しんしゅうそだちたてしなむぎぶた

信州そだち蓼科麦豚

飼育管理
出荷日齢：約200日齢
出荷体重：約115kg
指定肥育地・牧場
：グリーンフィールド蓼科農場・
青木農場
飼料の内容
：麦類を多く含んだ専用飼料を肥
育後期段階に給与

商標登録・GI登録・銘柄規約について
商標登録の有無：無
登録取得年月日：－
ＧＩ登録：未定
銘柄規約の有無：無
規約設定年月日：－
規約改定年月日：－

農場 HACCP・JGAP について
農場 HACCP：無
ＪＧＡＰ：無

主な流通経路および販売窓口
◆主 な と 畜 場
：長野県食肉公社松本支社
◆主 な 処 理 場
：長野県農協直販松本食肉工場
◆年 間 出 荷 頭 数
：2,500 頭
◆主 要 卸 売 企 業
：丸水長野県水
◆輸出実績国・地域
：無
◆今 後 の 輸 出 意 欲
：無

交配様式

雌	雌（ランドレース×大ヨークシャー）×雄
雄	デュロック

販売指定店制度について
指定店制度：有
販促ツール：店頭ＰＯＰ

特長
- 麦類を多く含んだ専用飼料を肥育後期段階に給与し、生産地（信州蓼科地区）・農場を指定。

概要	管 理 主 体：長野県農協直販㈱	電 話：026-285-5500
	代 表 者：内田　信一　代表取締役社長	Ｆ Ａ Ｘ：026-285-5901
	所 在 地：長野市市場 2-1	Ｕ Ｒ Ｌ：www.nagachoku.co.jp
		メールアドレス：－

長野県

信州太郎ぽーく
しんしゅうたろうぽーく

信州太郎ぽーく®

飼育管理	
出荷日齢：180日齢	
出荷体重：120kg前後	
指定肥育地・牧場	
：上田市タローファーム	
飼料の内容	
：指定専用飼料	

商標登録・GI登録・銘柄規約について	
商標登録の有無：有	
登録取得年月日：2016年10月28日	
GI 登 録：未定	
銘柄規約の有無：無	
規約設定年月日：―	
規約改定年月日：―	

農場HACCP・JGAPについて	
農場HACCP：無	
JGAP：無	

交配様式

雌	（ランドレース×大ヨークシャー）
	×
雄	デュロック

主な流通経路および販売窓口
◆主 な と 畜 場 ：不定
◆主 な 処 理 場 ：不定
◆年 間 出 荷 頭 数 ：6,200頭
◆主 要 卸 売 企 業 ：プロミート
◆輸出実績国・地域 ：無
◆今後の輸出意欲 ：無

販売指定店制度について
指定店制度：無
販促ツール：シール、ポスター、のぼり旗、卓上POP、チラシ

特長
- 食味の特長は脂身の甘味と赤身のモチモチの食感。
- 健康に育った豚肉はクセがなく、飼料由来の甘みをダイレクトに味わえる。
- 筋繊維のキメが細かくその弾性率が高いため、軟かいなかでもモチモチの食感が楽しめる。
- 「2016年第14回全国銘柄ポーク好感度コンテスト」で、肉質・食味が評価され優良賞（第3位）を獲得。

概要	管 理 主 体：㈲タローファーム 代 表 者：小川 哲生 代表取締役 所 在 地：上田市常磐城字上平358	電 話：0268-21-3021 F A X：0268-24-1614 U R L：taro-farm.com/ メールアドレス：noudai@live.jp

---

長野県

千代福豚
ちよふくぶた

飼育管理	
出荷日齢：200日齢	
出荷体重：約115kg	
指定肥育地・牧場	
：―	
飼料の内容	
：配合飼料	

商標登録・GI登録・銘柄規約について	
商標登録の有無：有	
登録取得年月日：2004年7月12日	
GI 登 録：―	
銘柄規約の有無：無	
規約設定年月日：―	
規約改定年月日：―	

農場HACCP・JGAPについて	
農場HACCP：無	
JGAP：無	

交配様式

雌	（中ヨークシャー×大ヨークシャー）
	×
雄	デュロック

主な流通経路および販売窓口
◆主 な と 畜 場 ：長野県食肉センター（松本市）
◆主 な 処 理 場 ：同上
◆年 間 出 荷 頭 数 ：450頭
◆主 要 卸 売 企 業 ：―
◆輸出実績国・地域 ：―
◆今後の輸出意欲 ：―

販売指定店制度について
指定店制度：―（宅配）
販促ツール：―

特長
- 肉質はきめが細かく、ほんのりと甘く、とても香ばしい味。
- リサイクル飼料を利用している。
- 希少価値の豚（母豚）「中ヨークシャー」を飼育している。

概要	管 理 主 体：岡田養豚 代 表 者：岡田 温 所 在 地：飯田市千代1622-1	電 話：0265-59-2901 F A X：同上 U R L：― メールアドレス：―

長野県

ハヤシファーム豚
（はやしふぁーむとん）

幻豚
（げんとん）

信州雪豚
（しんしゅうゆきぶた）

飼育管理	
出荷日齢：210日齢	
出荷体重：約115kg	
指定肥育地・牧場 ：－	
飼料の内容 ：蕎麦、米こうじ、アーモンド	

交配様式	
雌	（中ヨークシャー×大ヨークシャー） ×
雄	デュロック

商標登録・GI 登録・銘柄規約について	
商標登録の有無：有 登録取得年月日：2003 年、2004 年	
ＧＩ登録：未定	
銘柄規約の有無：無 規約設定年月日：－ 規約改定年月日：－	

農場 HACCP・JGAP について	
農場 HACCP：無	
ＪＧＡＰ：無	

主な流通経路および販売窓口	
◆主なと畜場 ：山梨県食肉市場	
◆主な処理場 ：同上	
◆年間出荷頭数 ：2,000 頭	
◆主要卸売企業 ：協同飼料、長野県農協直販	
◆輸出実績国・地域 ：無	
◆今後の輸出意欲 ：有	

販売指定店制度について	
指定店制度：無 販促ツール：シール、のぼり、リーフレット	

特長

●中ヨークシャー系の豚をそば主体の飼料で育てた、甘みのある霜降り肉です。

概要	管理主体：㈲ハヤシファーム 代表者：林 喜内 代表取締役 所在地：飯田市伊豆木 1064	電話：0265-27-2661 ＦＡＸ：0265-27-2099 ＵＲＬ：hayashifarm.jp メールアドレス：k-1@hayashifarm.jp

---

新潟県

朝日豚
（あさひぶた）

飼育管理	
出荷日齢：180日齢	
出荷体重：約110kg	
指定肥育地・牧場 ：岩船郡関川村・山口ファーム	
飼料の内容 ：朝日豚専用飼料	

交配様式		
雌	（大ヨークシャー×ランドレース） ×	雄
雄	デュロック	
雌	（ランドレース×大ヨークシャー） ×	
雄	デュロック	

商標登録・GI 登録・銘柄規約について	
商標登録の有無：無 登録取得年月日：－	
ＧＩ登録：未定	
銘柄規約の有無：有 規約設定年月日：1983 年 4 月 1 日 規約改定年月日：－	

農場 HACCP・JGAP について	
農場 HACCP：無	
ＪＧＡＰ：無	

主な流通経路および販売窓口	
◆主なと畜場 ：新潟市食肉センター	
◆主な処理場 ：渡邉食肉店	
◆年間出荷頭数 ：5,000 頭	
◆主要卸売企業 ：渡邉食肉店	
◆輸出実績国・地域 ：無	
◆今後の輸出意欲 ：無	

販売指定店制度について	
指定店制度：有 販促ツール：シール、のぼり、ポスター	

特長

● クリーンポーク認定農場でＨＡＣＣＰ方式を取り入れた安全な豚肉。
● 生産～加工～小売りの一元化による安心な豚肉。
● 脂質がよく、獣臭が少なく、軟らかさを追求した専用飼料で肥育。
● ほのかな甘みとクセのない豚肉です。

概要	管理主体：朝日豚流通組合 代表者：山口 淳一 所在地：岩船郡関川村蛇喰 433	電話：0254-64-0544 ＦＡＸ：0254-64-0568 ＵＲＬ：－ メールアドレス：－

新潟県 — 甘豚（あまぶた）

飼育管理	
出荷日齢	約170日齢
出荷体重	約115kg前後
指定肥育地・牧場	タケファーム
飼料の内容	新潟県産飼料用米を使用した自家配合飼料

商標登録・GI登録・銘柄規約について	
商標登録の有無	有
登録取得年月日	2013年3月28日
GI登録	未定
銘柄規約の有無	有
規約設定年月日	－
規約改定年月日	－

農場HACCP・JGAPについて	
農場HACCP	無
JGAP	無

交配様式

雌	（ランドレース × 大ヨークシャー）
×	
雄	デュロック
雌	（大ヨークシャー × ランドレース）
×	
雄	デュロック

主な流通経路および販売窓口	
◆主なと畜場	新潟市食肉センター
◆主な処理場	富士畜産
◆年間出荷頭数	3,200頭
◆主要卸売企業	タケファーム
◆輸出実績国・地域	無
◆今後の輸出意欲	有

販売指定店制度について	
指定店制度	－
販促ツール	シール、のぼり、パンフレット

特長
●自家配合の飼料を与え、豚の出産から精肉の販売加工まで家族でしています。

概要		
管理主体	㈱タケファーム	
代表者	近藤 武志 代表取締役	
所在地	新潟市北区早通南1-3-4	
電話	025-369-0429	
FAX	025-388-6185	
URL	amabutakondo.wixsite.com	
メールアドレス	kondo@amabuta.com	

新潟県 — 越後米豚「越王」（えちごこめぶたこしおう）

飼育管理	
出荷日齢	180日齢
出荷体重	110～115kg前後
指定肥育地・牧場	大橋農場、増田農場、南波農場
飼料の内容	とうもろこし、マイロ、大豆かす中心の専用飼料。県産米（飼料米）を仕上げ期の2カ月間給餌

商標登録・GI登録・銘柄規約について	
商標登録の有無	有
登録取得年月日	2017年2月17日
GI登録	未定
銘柄規約の有無	有
規約設定年月日	－
規約改定年月日	－

農場HACCP・JGAPについて	
農場HACCP	無
JGAP	無

交配様式

雌	（ランドレース × 大ヨークシャー）
×	
雄	デュロック

主な流通経路および販売窓口	
◆主なと畜場	新潟ミートプラント
◆主な処理場	ウオショク
◆年間出荷頭数	－
◆主要卸売企業	ウオショク
◆輸出実績国・地域	無
◆今後の輸出意欲	有

販売指定店制度について	
指定店制度	－
販促ツール	シール、のぼり、ミニのぼり、ポスター

特長
● 新潟の米を食べて育った越王。
● 恵まれた自然環境で栽培したお米や栄養たっぷりの玄米のまま細かく砕いて混ぜた飼料で、のびのびすこやかに育っているのが越後米豚「越王」です。

概要		
管理主体	㈱ウオショク	
代表者	宇尾野 隆 代表取締役	
所在地	新潟市中央区鳥屋野450-1	
電話	025-283-7288	
FAX	025-283-7218	
URL	www.uoshoku.co.jp/	
メールアドレス	－	

新潟県

えちごむらかみいわふねぶた
越後村上岩船豚

飼育管理	
出荷日齢：180日齢	
出荷体重：115kg前後	
指定肥育地・牧場 ：新潟県内	
飼料の内容 ：中部飼料（指定配合）、マイロ、タピオカ、麦を配合	

商標登録・GI登録・銘柄規約について	
商標登録の有無：無 登録取得年月日：－	
ＧＩ登録：－	
銘柄規約の有無：－ 規約設定年月日：－ 規約改定年月日：－	

農場HACCP・JGAPについて	
農場HACCP：無	
ＪＧＡＰ：無	

	交配様式	
雌	雌（ランドレース × 大ヨークシャー）×	雄
雄	デュロック	
雌	（大ヨークシャー × ランドレース）×	
雄	デュロック	

主な流通経路および販売窓口
◆主なと畜場 ：新潟ミートプラント
◆主な処理場 ：新潟冷蔵グループ、富士畜産
◆年間出荷頭数 ：11,000頭（グループ全体）
◆主要卸売企業 ：－
◆輸出実績国・地域 ：－
◆今後の輸出意欲 ：－

販売指定店制度について
指定店制度：－ 販促ツール：－

特長
- 豚肉の風味を良くするため、とうもろこし配合割合を減らし、油脂含量の少ない飼料を配合。
- 地元産の飼料米（30％）を与えて肉質、脂質のおいしさをさらに追求している。
- 脂肪酸バランスの良く、ドリップが少なくジューシーで軟らかな肉質。
- 新潟県畜産協会認定のクリーンポーク、県内イトーヨーカドーや産直販売店で販売している。

概要	管理主体：㈲坂上ファーム 代表者：坂上 慎治 所在地：村上市小口川278	電話：0254-56-6880 FAX：0254-56-6318 URL：－ メールアドレス：－

新潟県

えちごもちぶた
越後もちぶた

飼育管理	
出荷日齢：170日齢	
出荷体重：120kg	
指定肥育地・牧場 ：－	
飼料の内容 ：指定委託配合	

商標登録・GI登録・銘柄規約について	
商標登録の有無：有 登録取得年月日：2002年	
ＧＩ登録：－	
銘柄規約の有無：無 規約設定年月日：－ 規約改定年月日：－	

農場HACCP・JGAPについて	
農場HACCP：無	
ＪＧＡＰ：無	

	交配様式	
雌	雌（ランドレース × 大ヨークシャー）×	雄
雄	デュロック	
雌	（大ヨークシャー × ランドレース）×	
雄	デュロック	

主な流通経路および販売窓口
◆主なと畜場 ：新潟ミートプラント、しばたパッカーズ
◆主な処理場 ：同上
◆年間出荷頭数 ：90,000頭
◆主要卸売企業 ：グローバルピッグファーム
◆輸出実績国・地域 ：－
◆今後の輸出意欲 ：－

販売指定店制度について
指定店制度：－ 販促ツール：－

特長
- 独自の血統。
- 飼料はとうもろこしが主体。
- コンサルタント獣医による生産管理を行っています。

概要	管理主体：新潟ファームサービス㈱ 代表者：大竹 徳治郎 代表取締役 所在地：新発田市五十公野4104-1	電話：0254-20-3828 FAX：0254-20-3833 URL：－ メールアドレス：－

新潟県

北越後パイオニアポーク
きたえちごぱいおにあぽーく

飼育管理	
出荷日齢	170日齢
出荷体重	115kg前後
指定肥育地・牧場	：新発田市北越後農協出荷農場
飼料の内容	：くみあい配合飼料

商標登録・GI登録・銘柄規約について	
商標登録の有無：無	
登録取得年月日：－	
ＧＩ登録：未定	
銘柄規約の有無：無	
規約設定年月日：－	
規約改定年月日：－	

農場HACCP・JGAPについて	
農場HACCP：無	
ＪＧＡＰ：無	

交配様式

雌		雄
雌	（ランドレース×大ヨークシャー）	
	×	
雄	デュロック	
雌	（大ヨークシャー×ランドレース）	
	×	
雄	デュロック	

特長
- ● ＪＡグループの豚肉として定められた指定配合飼料を肥育マニュアルに基づき給与しています。
- ● 新潟県が認定するクリーンポーク農場に認定されており、安全性の徹底に努めています。
- ● 生産者の細かな管理により、肉質はきめ細かく締まりのよいおいしい豚肉です。

主な流通経路および販売窓口
- ◆ 主 な と 畜 場
　：新潟市食肉センター
- ◆ 主 な 処 理 場
　：全農新潟県本部コープ畜産新潟営業所
- ◆ 年 間 出 荷 頭 数
　：3,000頭
- ◆ 主 要 卸 売 企 業
　：全農新潟県本部
- ◆ 輸出実績国・地域
　：無
- ◆ 今 後 の 輸 出 意 欲
　：無

販売指定店制度について
指定店制度：無
販促ツール：シール、のぼり、パネル

概要		
管 理 主 体	：	北越後農業協同組合
代 表 者	：	代表理事理事長　大滝　富男
所 在 地	：	新発田市島潟字弁天 1449-1
電 話	：	0254-26-7000
ＦＡＸ	：	0254-22-2838
ＵＲＬ	：	www.ja-kitaechigo.or.jp
メールアドレス	：	－

新潟県

越乃黄金豚®
こしのこがねぶた

飼育管理	
出荷日齢	180日齢
出荷体重	110～115kg前後
指定肥育地・牧場	：髙橋農産
飼料の内容	：ビタミン、ミネラル、こうじ菌、納豆菌、乳酸菌を配合した専用飼料

商標登録・GI登録・銘柄規約について	
商標登録の有無：有	
登録取得年月日：2009年7月24日	
ＧＩ登録：未定	
銘柄規約の有無：有	
規約設定年月日：2002年2月1日	
規約改定年月日：－	

農場HACCP・JGAPについて	
農場HACCP：無	
ＪＧＡＰ：無	

交配様式

雌		雄
雌	（ランドレース×デュロック）	
雄	×	
	デュロック	
雌	（ランドレース×大ヨークシャー）	
雄	×	
	デュロック	
雌	（大ヨークシャー×デュロック）	
雄	×	
	デュロック	

特長
- ● 純白で良質な脂肪は融点が低く、軟らかく食べ飽きしないおいしい豚肉。
- ● ビタミンE、α-リノレン酸の含有率が一般豚より多い健康的な豚肉。

主な流通経路および販売窓口
- ◆ 主 な と 畜 場
　：新潟ミートプラント
- ◆ 主 な 処 理 場
　：ウオショク
- ◆ 年 間 出 荷 頭 数
　：10,000頭
- ◆ 主 要 卸 売 企 業
　：ウオショク
- ◆ 輸出実績国・地域
　：香港
- ◆ 今 後 の 輸 出 意 欲
　：有

販売指定店制度について
指定店制度：無
販促ツール：シール、のぼり

概要		
管 理 主 体	：	㈱ウオショク
代 表 者	：	宇尾野　隆
所 在 地	：	新潟市中央区鳥屋野 450-1
電 話	：	025-283-7288
ＦＡＸ	：	025-283-7218
ＵＲＬ	：	www.uoshoku.co.jp/
メールアドレス	：	－

新　潟　県

さどしまくろぶた
佐渡島黒豚

飼育管理
出荷日齢：240日齢
出荷体重：90kg
指定肥育地・牧場
：佐渡市八幡・八幡放牧場
飼料の内容
：配合飼料、米粉

商標登録・GI登録・銘柄規約について
商標登録の有無：無
登録取得年月日：―
GI 登 録：―
銘柄規約の有無：―
規約設定年月日：―
規約改定年月日：―

農場HACCP・JGAP について
農場 HACCP：無
J G A P：無

交配様式

バークシャー

主な流通経路および販売窓口
◆主 な と 畜 場
：長岡食肉畜産
◆主 な 処 理 場
：同上
◆年 間 出 荷 頭 数
：550頭
◆主 要 卸 売 企 業
：クリタミートパーベイヤーズ
◆輸出実績国・地域
：無
◆今 後 の 輸 出 意 欲
：無

販売指定店制度について
指定店制度：無
販促ツール：―

特長
- 佐渡島内で肥育から繁殖まで一貫して行い、平成28年12月に新潟県クリーンポーク生産農場の指定を受けました。
- 放牧肥育のため高タンパクの赤身と良質な脂肪が特徴です。

概要		
管 理 主 体：㈱佐渡島黒ファーム	電　　　　　話：0259-58-7041	
代 表 者：須藤　由彦　代表取締役	F　A　X：0259-58-7049	
所 在 地：佐渡市窪田981-3	U　R　L：―	
	メールアドレス：somu@simakuro.com	

新　潟　県

じゅんぱくのびあんか
純白のビアンカ

飼育管理
出荷日齢：―
出荷体重：―
指定肥育地・牧場
：長岡牧場
飼料の内容
：ヨーグルトフロマージュの製造
過程でできるホエイ（乳清）を給
与

商標登録・GI登録・銘柄規約について
商標登録の有無：有
登録取得年月日：2017年8月10日
GI 登 録：―
銘柄規約の有無：無
規約設定年月日：―
規約改定年月日：―

農場HACCP・JGAP について
農場 HACCP：無
J G A P：無

交配様式

主な流通経路および販売窓口
◆主 な と 畜 場
：長岡市食肉センター
◆主 な 処 理 場
：佐藤食肉
◆年 間 出 荷 頭 数
：―
◆主 要 卸 売 企 業
：佐藤食肉
◆輸出実績国・地域
：―
◆今 後 の 輸 出 意 欲
：―

販売指定店制度について
指定店制度：―
販促ツール：ツールの提供有り

特長
- 佐藤食肉とヤスダヨーグルトと長岡農場と連携しつくり上げたブランド豚。
- 長岡市の広大な自然で育てられています。
- ビアンカとはイタリア語で「白」という意味で、ホエイの色や雪国新潟で育てられたという意味を込めて命名。
- その名にふさわしい上質なブランド豚です。

概要		
管 理 主 体：㈱佐藤食肉ミートセンター	電　　　　　話：0250-62-2149	
代 表 者：佐藤　広国　代表	F　A　X：0250-62-6707	
所 在 地：阿賀野市荒屋88-3	U　R　L：satoshokuniku.com	
	メールアドレス：hirokuni.satou@sato.shokuniku.com	

新潟県

しろねポーク
しろねぽーく

安全・新鮮・美味

飼育管理	
出荷日齢：180日齢	
出荷体重：115kg	
指定肥育地・牧場	
：新潟市南区（旧白根市地域）	
飼料の内容	
：配合飼料	

商標登録・GI登録・銘柄規約について	
商標登録の有無：無	
登録取得年月日：－	
GI 登 録：未定	
銘柄規約の有無：有	
規約設定年月日：2007年3月20日	
規約改定年月日：2013年3月19日	

農場HACCP・JGAPについて	
農場HACCP：無	
JGAP：無	

交配様式

雌	（ランドレース×大ヨークシャー） 雌 雄
	×
雄	デュロック

主な流通経路および販売窓口
◆主 な と 畜 場 ：新潟市食肉センター
◆主 な 処 理 場 ：同上
◆年 間 出 荷 頭 数 ：5,500頭
◆主 要 卸 売 企 業 ：全農新潟県本部
◆輸出実績国・地域 ：無
◆今 後 の 輸 出 意 欲 ：無

販売指定店制度について
指定店制度：無
販促ツール：シール、のぼり

特長	● 畜舎内は過密にならないように、風通しのよい広々とした豚舎で飼育しています。 ● また使用する薬を制限するとともに、安心して食べられる豚肉の生産に努めています。 ● 新潟市の「食と花の銘産品」に指定。

概要	管 理 主 体：新潟みらい農業協同組合 代 表 者：原 邦夫 代表理事理事長 所 在 地：新潟市南区七軒字前211-1	電 話：025-373-2107 F A X：025-372-3266 U R L：ja-niigatamirai.jp メールアドレス：－

新潟県

つなんポーク(越ノ光ポーク)
つなんぽーく(こしのひかりぽーく)

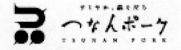

飼育管理	
出荷日齢：180日齢	
出荷体重：115kg	
指定肥育地・牧場	
：新潟県津南町	
飼料の内容	
：特定配合飼料、海藻、FFCミネラル	

商標登録・GI登録・銘柄規約について	
商標登録の有無：無	
登録取得年月日：－	
GI 登 録：－	
銘柄規約の有無：無	
規約設定年月日：－	
規約改定年月日：－	

農場HACCP・JGAPについて	
農場HACCP：無	
JGAP：無	

交配様式

雌	（ランドレース×大ヨークシャー） 雌 雄
	×
雄	デュロック

主な流通経路および販売窓口
◆主 な と 畜 場 ：北信食肉センター
◆主 な 処 理 場 ：つなんポーク加工センター
◆年 間 出 荷 頭 数 ：7,000頭
◆主 要 卸 売 企 業 ：つなんポーク加工センター、大信畜産工業
◆輸出実績国・地域 ：－
◆今 後 の 輸 出 意 欲 ：－

販売指定店制度について
指定店制度：－
販促ツール：－

特長	● 豪雪、名水、魚沼産コシヒカリの産地、大自然の環境で育った、ほんのりおいしい豚肉です。 ● 独自飼料に海藻、FFCミネラルを与え、地域内の種豚ブリーダーから系統造成豚（LW）を使用。 ● 新潟県クリーンポーク農場認定、衛生プログラム（ワクチン対応、ストレス防止）により豚の健康に努め	ています。 ● クセがなくライトな脂身とまろやかさ、ビタミンEが3倍、オレイン酸は10%アップ。 ● 越ノ光ポークは肥育仕上げ用飼料に魚沼産コシヒカリ20%配合し、60日間食べさせて育てた豚肉。

概要	管 理 主 体：㈱つなんポーク 代 表 者：涌井 好一 所 在 地：中魚沼郡津南町大字赤沢1966-1	電 話：025-765-3459 F A X：025-765-2591 U R L：tsunanpork.com メールアドレス：tsunanpork@titan.ocn.ne.jp

新　潟　県

妻有ポーク
つまりぽーく

飼育管理
出荷日齢：180日齢
出荷体重：115kg前後
指定肥育地・牧場 ：－
飼料の内容 ：専用銘柄

商標登録・GI登録・銘柄規約について
商標登録の有無：有 登録取得年月日：－
ＧＩ登録：－
銘柄規約の有無：有 規約設定年月日：2002年12月 規約改定年月日：－

農場HACCP・JGAPについて
農場HACCP：無
ＪＧＡＰ：無

交配様式

雌	（ランドレース × 大ヨークシャー） × デュロック
雄	

特長	● 肉質が軟らかく、脂肪に甘みがあり、風味がよい。 ● 子豚段階から出荷まで抗生剤が入らない飼料を給与。 ● 肥育後期は肉質重視の麦入り専用飼料。	● HACCPに基づく衛生管理、トレーサビリティシステムを実践。 ● 新潟県のクリーンポーク認定農場。 ● 第36回日本農業大賞受賞。

主な流通経路および販売窓口
◆ 主 な と 畜 場 ：長岡市食肉センター
◆ 主 な 処 理 場 ：新潟コープ畜産
◆ 年 間 出 荷 頭 数 ：25,000頭
◆ 主 要 卸 売 企 業 ：ＪＡ十日町、ＪＡ津南
◆ 輸出実績国・地域 ：無
◆ 今 後 の 輸 出 意 欲 ：無

販売指定店制度について
指定店制度：－
販促ツール：シール、のぼり、小冊子

概要	管 理 主 体：妻有畜産㈱ 代 表 者：澤口 晋 所 在 地：十日町市寿町2-5-4	電　　　　話：025-768-2979 Ｆ Ａ Ｘ：同上 Ｕ Ｒ Ｌ：－ メールアドレス：－

新　潟　県

雪室熟成黄金豚
ゆきむろじゅくせいこがねぶた

飼育管理
出荷日齢：180日齢
出荷体重：110～115kg
指定肥育地・牧場 ：高橋農産
飼料の内容 ：ビタミン、ミネラル、こうじ菌、 　納豆菌、乳酸菌を配合した専用 　飼料

商標登録・GI登録・銘柄規約について
商標登録の有無：有 登録取得年月日：2011年4月22日
ＧＩ登録：未定
銘柄規約の有無：有 規約設定年月日：2002年2月1日 規約改定年月日：－

農場HACCP・JGAPについて
農場HACCP：無
ＪＧＡＰ：無

交配様式

雌	（ランドレース × デュロック） × デュロック
雄	
雌	（ランドレース × 大ヨークシャー） × デュロック
雄	
雌	（大ヨークシャー × デュロック） × デュロック
雄	

特長	● 純白で良質な脂肪は融点が低く、軟らかく食べ飽きないおいしい豚肉。 ● 雪を利用した自然の貯蔵庫「雪室」 ● この雪室の中の一定した湿度、温度の状態で、新潟県産銘柄豚「越乃黄金豚」を保蔵し、熟成（スノーエージング）させたブランドです。

主な流通経路および販売窓口
◆ 主 な と 畜 場 ：新潟ミートプラント
◆ 主 な 処 理 場 ：ウオショク
◆ 年 間 出 荷 頭 数 ：3,000頭
◆ 主 要 卸 売 企 業 ：ウオショク
◆ 輸出実績国・地域 ：無
◆ 今 後 の 輸 出 意 欲 ：有

販売指定店制度について
指定店制度：無
販促ツール：シール、のぼり

概要	管 理 主 体：㈱ウオショク 代 表 者：宇尾野 隆 所 在 地：新潟市中央区鳥屋野450-1	電　　　　話：025-283-7288 Ｆ Ａ Ｘ：025-283-7218 Ｕ Ｒ Ｌ：www.uoshoku.co.jp/ メールアドレス：－

新 潟 県

雪室熟成豚
(ゆきむろじゅくせいぶた)

飼育管理

出荷日齢：180日齢
出荷体重：110〜115kg

指定肥育地・牧場
　：無

飼料の内容
　：自家配合

商標登録・GI登録・銘柄規約について

商標登録の有無：有
登録取得年月日：2011年4月22日

GI登録：未定

銘柄規約の有無：無
規約設定年月日：ー
規約改定年月日：ー

農場HACCP・JGAPについて

農場HACCP：無
JGAP：無

交配様式

	雌	雄
雌	（ランドレース× 大ヨークシャー）	
	×	
雄	デュロック	

主な流通経路および販売窓口

◆ 主 な と 畜 場
　：新潟ミートプラント

◆ 主 な 処 理 場
　：ウオショク

◆ 年 間 出 荷 頭 数
　：3,000頭

◆ 主 要 卸 売 企 業
　：ウオショク

◆ 輸出実績国・地域
　：無

◆ 今 後 の 輸 出 意 欲
　：有

販売指定店制度について

指定店制度：無
販促ツール：シール、のぼり

特長

● 雪を利用した自然の貯蔵庫「雪室」
● この雪室の中の一定した湿度、温度の状態で、良質な新潟県産豚肉を保蔵し、熟成（スノーエージング）させたブランドです。

概要

管 理 主 体	：㈱ウオショク
代 表 者	：宇尾野 隆
所 在 地	：新潟市中央区鳥屋野 450-1
電 話	：025-283-7288
F A X	：025-283-7218
U R L	：www.uoshoku.co.jp/
メールアドレス	：ー

富 山 県

とやまポーク
(とやまぽーく)

飼育管理

出荷日齢：180日齢
出荷体重：ー

指定肥育地・牧場
　：県内

飼料の内容
　：ー

商標登録・GI登録・銘柄規約について

商標登録の有無：有
登録取得年月日：1997年4月11日

GI登録：未定

銘柄規約の有無：無
規約設定年月日：ー
規約改定年月日：ー

農場HACCP・JGAPについて

農場HACCP：無
JGAP：無

交配様式

	雌	雄
雌	（ランドレース× 大ヨークシャー）	
	×	
雄	デュロック	
雌	（大ヨークシャー× ランドレース）	
	×	
雄	デュロック	

主な流通経路および販売窓口

◆ 主 な と 畜 場
　：富山食肉総合センター

◆ 主 な 処 理 場
　：とやまミートパッカー

◆ 年 間 出 荷 頭 数
　：60,000頭

◆ 主 要 卸 売 企 業
　：全農富山県本部、牛勝、イワトラ

◆ 輸出実績国・地域
　：無

◆ 今 後 の 輸 出 意 欲
　：無

販売指定店制度について

指定店制度：無
販促ツール：シール、のぼり、ポスター

特長

● 富山県内で生産されたもの。
● 富山食肉総合センターでと畜されたもの。

概要

管 理 主 体	：富山県養豚組合連合会
代 表 者	：新村 嘉久 会長
所 在 地	：射水市新堀 28-4
電 話	：0766-86-3791
F A X	：0766-86-5652
U R L	：ー
メールアドレス	：ー

福井県

ふくいぽーく
ふくいポーク

飼育管理

出荷日齢：180日齢
出荷体重：110kg

指定肥育地・牧場
　：－

飼料の内容
　：－

商標登録・GI登録・銘柄規約について

商標登録の有無：無
登録取得年月日：－

GI登録：未定

銘柄規約の有無：無
規約設定年月日：－
規約改定年月日：－

農場HACCP・JGAPについて

農場HACCP：無
JGAP：無

交配様式

雌	（ランドレース^雌 × 大ヨークシャー^雄）
	×
雄	デュロック

主な流通経路および販売窓口

◆主なと畜場
　：金沢食肉流通センター

◆主な処理場
　：福井県経済連食肉センター

◆年間出荷頭数
　：1,000頭
◆主要卸売企業
　：－

◆輸出実績国・地域
　：無

◆今後の輸出意欲
　：無

販売指定店制度について

指定店制度：無
販促ツール：シール、のぼり

特長

● 種豚の供給元を統一。

概要

管理主体	： 福井県経済農業協同組合連合会
代表者	：
所在地	： 福井市高木中央 2-4202 生産販売部畜産課

電話：0776-54-0205
FAX：0776-54-0396
URL：－
メールアドレス：－

岐阜県

ぐじょうくらしっくぽーく
郡上クラシックポーク

飼育管理

出荷日齢：165～200日齢
出荷体重：約110～115kg

指定肥育地・牧場
　：郡上明宝牧場

飼料の内容
　：品質の良い麦類と穀類を多く配
　　合

商標登録・GI登録・銘柄規約について

商標登録の有無：有
登録取得年月日：2015年9月

GI登録：未定

銘柄規約の有無：有
規約設定年月日：2015年9月
規約改定年月日：－

農場HACCP・JGAPについて

農場HACCP：－
JGAP：－

交配様式

雌	（ランドレース^雌 × 大ヨークシャー^雄）
	×
雄	デュロック

主な流通経路および販売窓口

◆主なと畜場
　：養老町立食肉事業センター

◆主な処理場
　：養老ミート

◆年間出荷頭数
　：7,000頭
◆主要卸売企業
　：養老ミート

◆輸出実績国・地域
　：無

◆今後の輸出意欲
　：有

販売指定店制度について

指定店制度：有
販促ツール：シール、リーフレット

特長

● 郡上の恵まれた自然、恵まれた水で育てられ、クラシック音楽（主に
　モーツァルト）をききながらすくすく育ちます。
● 肉は軟らかく、キメ細かく、脂にうまさがあります。

概要

管理主体	： ㈱郡上明宝牧場
代表者	： 田中 成典
所在地	： 郡上市明宝畑佐 879-8

電話：0584-24-0657
FAX：0584-24-0658
URL：classic-pork.com
メールアドレス：－

岐阜県

納豆喰豚
なっとくとん

納豆喰豚 なっとく豚

飼育管理	
出荷日齢：約175日齢	
出荷体重：約118kg ※特別飼育も有り（プレミアム）なっとく豚…約120〜125kg 雌のみ	
指定肥育地・牧場：堀田農産	
飼料の内容：飼料中にビタミンE 200mg／kgを使用。肥育豚飼料に納豆粉末を添加	

商標登録・GI登録・銘柄規約について	
商標登録の有無：有	
登録取得年月日：2009年11月	
GI登録：未定	
銘柄規約の有無：無	
規約設定年月日：ー	
規約改定年月日：ー	

農場HACCP・JGAPについて	
農場HACCP：無	
JGAP：無	

交配様式

	雌	雄
雌	（大ヨークシャー×ランドレース）	
	×	
雄	デュロック	

主な流通経路および販売窓口

- ◆主なと畜場：名古屋市食肉市場
- ◆主な処理場：フィード・ワン・フーズ、ナカムラ
- ◆年間出荷頭数：約1,600頭
- ◆主要卸売企業：天狗
- ◆輸出実績国・地域：無
- ◆今後の輸出意欲：無

販売指定店制度について

指定店制度：有
販促ツール：のぼり、パンフレット、指定店証明プレート

特長	● 飼料に納豆粉末を添加。ビタミンEがとくに豊富なため、鮮度が長持ちし、臭みがない。 ● 疾病予防の投薬なし。 ● 地下水を特殊装置に通して飲水に使用。 ● 生産者が1社のため、品質、食味が均一である。

概要	管理主体：堀田農産㈲	電話：0576-55-0508
	代表者：堀田 秀行	FAX：0576-55-0569
	所在地：下呂市萩原町尾崎958	URL：www.hottanousan.jp
		メールアドレス：info@hottanousan.jp

岐阜県

飛騨旨豚
ひだうまぶた

飛騨旨豚
うまぶた

飼育管理	
出荷日齢：ー	
出荷体重：約110kg	
指定肥育地・牧場：吉野ジービーファーム 高山農場・中津川農場	
飼料の内容：専用飼料	

商標登録・GI登録・銘柄規約について	
商標登録の有無：有	
登録取得年月日：2012年5月18日	
GI登録：未定	
銘柄規約の有無：有	
規約設定年月日：2014年7月9日	
規約改定年月日：2015年10月27日	

農場HACCP・JGAPについて	
農場HACCP：無	
JGAP：無	

交配様式

ケンボロー

主な流通経路および販売窓口

- ◆主なと畜場：岐阜県畜産公社
- ◆主な処理場：岐阜アグリフーズ
- ◆年間出荷頭数：約10,000頭
- ◆主要卸売企業：岐阜アグリフーズ
- ◆輸出実績国・地域：無
- ◆今後の輸出意欲：ー

販売指定店制度について

指定店制度：有
販促ツール：シール、ポスター、のぼり、はっぴ

特長	●【安全】出荷まで飼料に抗生物質や合成抗菌剤を含まない。 ●【おいしさ】黒豚（バークシャー種）を交配。 ●【専用飼料】飼料に麦30％以上、飼料用米20％以上を給与。 ●【豚の健康】EMを利用した飼料。

概要	管理主体：飛騨旨豚協議会	電話：0581-22-1361
	代表者：吉野 毅	FAX：0581-22-3719
	所在地：山県市高富227-4 岐阜アグリフーズ㈱ 食肉販売課内	URL：www.hidaumabuta.jp/
		メールアドレス：ー

岐阜県

ひだけんとん・みのけんとん
飛騨けんとん・美濃けんとん

飼育管理	
出荷日齢：約186日齢	
出荷体重：約114kg	
指定肥育地・牧場 ：県内4農場	
飼料の内容 ：飼料中にヨモギ、ビタミンEを 　添加	

商標登録・GI登録・銘柄規約について
商標登録の有無：無 登録取得年月日：−
GI　登　録：未定
銘柄規約の有無：有 規約設定年月日：1995年12月26日 規約改定年月日：2013年7月30日

農場HACCP・JGAPについて
農場HACCP：無 JGAP：無

交配様式

雌	雄
（ランドレース×大ヨークシャー） × デュロック	
（大ヨークシャー×ランドレース） × デュロック	
ハイブリッド×デュロック	

主な流通経路および販売窓口
◆主　な　と　畜　場 ：岐阜市食肉市場
◆主　な　処　理　場 ：−
◆年　間　出　荷　頭　数 ：13,000頭（平成30年度実績）
◆主　要　卸　売　企　業 ：岐阜県畜産公社
◆輸出実績国・地域 ：無
◆今　後　の　輸　出　意　欲 ：無

販売指定店制度について
指定店制度：有 販促ツール：シール、リーフレット、 　　　　　　のぼり

特長	● 脂肪の酸化と肉汁の流出が少なく、良好な鮮度が保たれる。 ● 軟らかく、あっさりとした豚肉。

概要	管　理　主　体	：飛騨けんとん・美濃けんとん普及 　推進協議会	電　　　　　話	：0575-23-6177
	代　　表　　者	：足立　能夫	FAX	：0575-24-7554
	所　　在　　地	：関市西田原441	URL	：www.hida-mino-kenton.com
			メールアドレス	：−

岐阜県

ぽーのぽーくぎふ
ボーノポークぎふ

飼育管理	
出荷日齢：約180日齢	
出荷体重：約120kg	
指定肥育地・牧場 ：カタノピッグファーム瑞浪農場、 　ハシエダ養豚、Takahashi Farm	
飼料の内容 ：協議会認定飼料	

商標登録・GI登録・銘柄規約について
商標登録の有無：有 登録取得年月日：2012年4月20日
GI　登　録：−
銘柄規約の有無：有 規約設定年月日：2014年4月1日 規約改定年月日：−

農場HACCP・JGAPについて
農場HACCP：無 JGAP：無

交配様式

雌	雄
（ランドレース×大ヨークシャー）	
× デュロック（ボーノブラウン）	

主な流通経路および販売窓口
◆主　な　と　畜　場 ：関市食肉センター
◆主　な　処　理　場 ：中濃ミート事業協同組合
◆年　間　出　荷　頭　数 ：21,000頭
◆主　要　卸　売　企　業 ：きなぁた瑞浪、肉のキング、肉 　のひぐち
◆輸出実績国・地域 ：無
◆今　後　の　輸　出　意　欲 ：有（2017年度海外で試食会実施）

販売指定店制度について
指定店制度：有 販促ツール：シール、のぼり、ポス 　　　　　　ター、リーフレット

特長	● 岐阜県が開発した種豚「ボーノブラウン」と肉質を追求した専用飼料 　を用いて岐阜県内の契約農家で生産された豚肉。 ● 霜降り割合が通常豚の約2倍で肉のうま味成分と脂身の甘みが強く、 　豚肉本来の味が堪能できます。

概要	管　理　主　体	：ボーノポーク銘柄推進協議会	電　　　　　話	：0575-24-3080
	代　　表　　者	：早瀬　敦史	FAX	：0575-24-3040
	所　　在　　地	：関市西田原458	URL	：buonopork-gifu.com
			メールアドレス	：atut328@bell.ocn.ne.jp

岐阜県

みのへるしーぽーく
美濃ヘルシーポーク

飼育管理	
出荷日齢：約175日齢	
出荷体重：約114kg	
指定肥育地・牧場 　：県内指定5農場	
飼料の内容 　：美濃ヘルシーポーク専用飼料	

商標登録・GI登録・銘柄規約について	
商標登録の有無：有 登録取得年月日：2007年2月23日	
GI登録：未定	
銘柄規約の有無：有 規約設定年月日：1989年9月26日 規約改定年月日：2015年5月27日	

農場HACCP・JGAPについて	
農場HACCP：無	
JGAP：無	

交配様式	
雌	雄
雌	（ランドレース × 大ヨークシャー） × デュロック
雌	（大ヨークシャー × ランドレース） × デュロック
	ランドレース × 大ヨークシャー
	大ヨークシャー × ランドレース

主な流通経路および販売窓口	
◆主なと畜場 　：岐阜市食肉市場など	
◆主な処理場 　：－	
◆年間出荷頭数 　：13,000頭（平成30年度実績）	
◆主要卸売企業 　：－	
◆輸出実績国・地域 　：無	
◆今後の輸出意欲 　：無	

販売指定店制度について	
指定店制度：有 販促ツール：シール、のぼり、ポス 　　　　　　ター、リーフレット	

特長
● セサミン（ごまかす）、ミネラル（海藻粉末）、カテキン（茶かす）を含む飼料で安全・安心・健康に育てられた岐阜県産銘柄豚。
● 肉質はきめ細かで、軟らかく、豚肉本来のうま味とコクを堪能できる。

概要	管理主体：美濃ヘルシーポーク銘柄推進協議会 代表者：川瀬英彰 所在地：関市西田原字大河原441	電話：0575-23-6177 FAX：0575-24-7554 URL：www.gf.zennoh.or.jp/m.healthy.p/ メールアドレス：－

岐阜県

もんじゅにゅうとん
文殊にゅうとん

飼育管理	
出荷日齢：200日齢	
出荷体重：約113kg	
指定肥育地・牧場 　：－	
飼料の内容 　：－	

商標登録・GI登録・銘柄規約について	
商標登録の有無：有 登録取得年月日：－	
GI登録：－	
銘柄規約の有無：無 規約設定年月日：－ 規約改定年月日：－	

農場HACCP・JGAPについて	
農場HACCP：－	
JGAP：－	

交配様式	
雌	雄
雌 雄	（ランドレース × 大ヨークシャー） × デュロック

主な流通経路および販売窓口	
◆主なと畜場 　：岐阜県畜産公社	
◆主な処理場 　：同上	
◆年間出荷頭数 　：2,000頭	
◆主要卸売企業 　：トキノヤ食品	
◆輸出実績国・地域 　：－	
◆今後の輸出意欲 　：－	

販売指定店制度について	
指定店制度：－ 販促ツール：－	

特長
● リサイクル飼料を乳酸発酵させ、リキッドとして与えています。
● 臭みがなく軟らかい。
　（一部は2018年時点の情報を掲載）

概要	管理主体：㈱本巣畜産 代表者：野々村清 所在地：本巣市文殊680-1	電話：0581-34-4822 FAX：同上 URL：www.monjyu-nyuton.com メールアドレス：－

岐阜県

山金豚
やまきんとん

飼育管理
出荷日齢：164日齢
出荷体重：118kg
指定肥育地・牧場 ：－
飼料の内容 ：とうもろこし主体

商標登録・GI登録・銘柄規約について
商標登録の有無：有
登録取得年月日：2009年6月2日
ＧＩ登録：－
銘柄規約の有無：無
規約設定年月日：－
規約改定年月日：－

農場HACCP・JGAPについて
農場HACCP：無
ＪＧＡＰ：無

交配様式

雌	（ランドレース × 大ヨークシャー）
	×
雄	デュロック

雌：（ランドレース × 大ヨークシャー）雄 × 雄：デュロック

特長
● 自家繁殖、血統を大切にする。
● 飼育環境を大切にする。

主な流通経路および販売窓口
◆ 主 な と 畜 場 ：名古屋市南部市場
◆ 主 な 処 理 場 ：ＪＡあいち経済連
◆ 年 間 出 荷 頭 数 ：－
◆ 主 要 卸 売 企 業 ：ＪＡあいち経済連、ハンナンフーズ東海
◆ 輸 出 実 績 国・地 域 ：無
◆ 今 後 の 輸 出 意 欲 ：無

販売指定店制度について
指定店制度：無
販促ツール：－

概要	管 理 主 体	：	㈲銭坂畜産	電 話	：	0573-56-2838
	代 表 者	：	水野 浩孝	ＦＡＸ	：	0573-56-2839
	所 在 地	：	恵那市山岡町馬場山田287	ＵＲＬ	：	yamakinton.com
				メールアドレス	：	－

岐阜県

養老山麓豚
ようろうさんろくぶた

飼育管理
出荷日齢：約180日齢
出荷体重：約110～120kg
指定肥育地・牧場 ：特になし
飼料の内容 ：－

商標登録・GI登録・銘柄規約について
商標登録の有無：有
登録取得年月日：1999年12月
ＧＩ登録：未定
銘柄規約の有無：無
規約設定年月日：－
規約改定年月日：－

農場HACCP・JGAPについて
農場HACCP：無
ＪＧＡＰ：無

交配様式

雌	（ランドレース × 大ヨークシャー）
	×
雄	デュロック

特長
● 養老ミートに搬入された国産豚肉から肉質や肉色を重視し、日本食肉格付協会から認定を受けた社員が厳しくチェック、選別した豚肉です。
● 山紫水明、養老山麓のうつくしい自然をイメージして、養老ミートが平成11年12月に商標登録したオリジナルブランド。

主な流通経路および販売窓口
◆ 主 な と 畜 場 ：養老町立食肉事業センター、岐阜市食肉市場、ほか公設市場
◆ 主 な 処 理 場 ：養老ミート
◆ 年 間 出 荷 頭 数 ：1,200頭
◆ 主 要 卸 売 企 業 ：－
◆ 輸 出 実 績 国・地 域 ：無
◆ 今 後 の 輸 出 意 欲 ：無

販売指定店制度について
指定店制度：無
販促ツール：シール

概要	管 理 主 体	：	養老ミート㈱	電 話	：	0584-32-0800
	代 表 者	：	田中 成典	ＦＡＸ	：	0584-32-1029
	所 在 地	：	養老郡養老町石畑288-1	ＵＲＬ	：	www.yoro-meat.co.jp/
				メールアドレス	：	－

静　岡　県

あさぎりよーぐるとん
朝霧ヨーグル豚

飼育管理
出荷日齢：約180日齢
出荷体重：約120kg
指定肥育地・牧場 　：－
飼料の内容 　：独自の乳酸発酵飼料

商標登録・GI登録・銘柄規約について
商標登録の有無：有 登録取得年月日：2003年10月10日
ＧＩ登　録：－
銘柄規約の有無：有 規約設定年月日：2003年4月1日 規約改定年月日：2011年7月1日

農場HACCP・JGAPについて
農場HACCP：無
ＪＧＡＰ：無

交配様式

雌	（ランドレース^雌×大ヨークシャー^雄）
	×
雄	デュロック

特長	● 筋繊維に脂肪が適度に入る（霜降り） ● 軟らかくて、冷めても硬くならない。 ● 体に良い不飽和脂肪酸（ω-3系）が多い。	● 静岡県ニュービジネス大賞受賞（平成17年）。日本計画行政学会計画賞優秀賞（平成15年）。FOOD ACTION NIPPON アワード 2010、2011入賞。JAPAN ブランド事業採択（平成21、22年） ● 特許取得（平成23年）

主な流通経路および販売窓口
◆主なと畜場 　：山梨食肉流通センター
◆主な処理場 　：同上
◆年間出荷頭数 　：3,000～3,500頭
◆主要卸売企業 　：組合員
◆輸出実績国・地域 　：無
◆今後の輸出意欲 　：有

販売指定店制度について
指定店制度：有 販促ツール：シール、のぼり、ポスター、認定証など

概要	管　理　主　体	：朝霧ヨーグル豚販売協同組合	電　　話	：0544-58-8839
	代　表　者	：松野　靖　理事長	ＦＡＸ	：0544-58-5403
	所　在　地	：富士宮市北山835	ＵＲＬ	：www.siz-sba.or.jp/asagiri/
			メールアドレス	：yo-gurton@ceres.ocn.ne.jp

静　岡　県

いきいききんか
いきいき金華

飼育管理
出荷日齢：190～200日齢
出荷体重：約125kg前後
指定肥育地・牧場 　：－
飼料の内容 　：清水港飼料（指定配合飼料）

商標登録・GI登録・銘柄規約について
商標登録の有無：無 登録取得年月日：－
ＧＩ登　録：－
銘柄規約の有無：有 規約設定年月日：－ 規約改定年月日：－

農場HACCP・JGAPについて
農場HACCP：有（2019年6月27日）
ＪＧＡＰ：－

交配様式

フジキンカ

特長	● 飼料は清水港飼料に一本化している。 ● しずおか食セレクション認定、しずおか農林水産物認証を取得。

主な流通経路および販売窓口
◆主なと畜場 　：小笠食肉センター
◆主な処理場 　：同上
◆年間出荷頭数 　：500頭
◆主要卸売企業 　：玉澤
◆輸出実績国・地域 　：－
◆今後の輸出意欲 　：無

販売指定店制度について
指定店制度：－ 販促ツール：－

概要	管　理　主　体	：㈱マルス農場	電　　話	：054-334-5060
	代　表　者	：杉山　房雄　代表取締役	ＦＡＸ	：054-334-5963
	所　在　地	：静岡市清水区幸町5-12	ＵＲＬ	：－
			メールアドレス	：marusu@air.ocn.ne.jp

静 岡 県

えんしゅうくろぶた
遠州黒豚

飼育管理	
出荷日齢：230日齢	
出荷体重：約110kg	
指定肥育地・牧場：－	
飼料の内容：指定配合飼料	

商標登録・GI登録・銘柄規約について
商標登録の有無：有
登録取得年月日：2007年7月6日
GI登録：－
銘柄規約の有無：無
規約設定年月日：－
規約改定年月日：－

農場HACCP・JGAPについて
農場HACCP：無
JGAP：無

交配様式
バークシャー

主な流通経路および販売窓口
◆主なと畜場：小笠食肉センター
◆主な処理場：小笠食肉センター、栗山商店、金子畜産
◆年間出荷頭数：2,500頭
◆主要卸売企業：－
◆輸出実績国・地域：無
◆今後の輸出意欲：有

販売指定店制度について
指定店制度：無
販促ツール：－

特長
- とんかつに揚げると最高に美味。
- 超うす切りにして豚しゃぶも非常に好評です。
- 自社独自の飼料で大切に育てています。
- しずおか農林水産物認証制度に認定されています。

概要		
管理主体：㈲栗山畜産	電話：0537-86-3072	
代表者：栗山 貴之 代表取締役	FAX：0537-86-3103	
所在地：御前崎市池新田8561-1	URL：－	
	メールアドレス：－	

静 岡 県

えんしゅうのゆめのゆめぽーく
遠州の夢の夢ポーク

飼育管理	
出荷日齢：190日齢	
出荷体重：105～110kg	
指定肥育地・牧場：自社農場のみ	
飼料の内容：麦の含有量が多い（20%以上）	

商標登録・GI登録・銘柄規約について
商標登録の有無：有
登録取得年月日：2001年8月21日
GI登録：未定
銘柄規約の有無：有
規約設定年月日：2000年4月1日
規約改定年月日：2009年4月1日

農場HACCP・JGAPについて
農場HACCP：無
JGAP：無

交配様式
雌	雌　　　　　雄 （ランドレース×大ヨークシャー） × デュロック
雄	

主な流通経路および販売窓口
◆主なと畜場：小笠食肉センター
◆主な処理場：同上
◆年間出荷頭数：1,800頭以上
◆主要卸売企業：玉澤、肉のマルユウ
◆輸出実績国・地域：無
◆今後の輸出意欲：無

販売指定店制度について
指定店制度：無
販促ツール：－

特長
- 脂がサラッと軽い食感。
- 肉の臭みがない。
- 日持ちが良い

概要		
管理主体：河合畜産	電話：053-436-8179	
代表者：河合 範明	FAX：同上	
所在地：浜松市北区大原町304	URL：－	
	メールアドレス：－	

静岡県

おくやまのこうげんぽーく／おくはまなこりゅうじんとん

奥山の高原ポーク（家庭用）
奥浜名湖竜神豚（業務用）

飼育管理	
出荷日齢：180日齢	
出荷体重：118kg前後	
指定肥育地・牧場	
：浜松市北区引佐町	
飼料の内容	
：国有林からの自然水使用。自家配合飼料、3大栄養素と46種の微量栄養素、竹炭パウダー、竹酢を添加	

商標登録・GI登録・銘柄規約について	
商標登録の有無：有（竜神豚）	
登録取得年月日：2005年8月1日	
G I 登 録：	
銘柄規約の有無：無	
規約設定年月日：ー	
規約改定年月日：ー	

農場HACCP・JGAPについて	
農場HACCP：無	
J G A P：無	

交配様式

	雌	雄
雌	（大ヨークシャー × ランドレース）	
	×	
雄	デュロック	

	特長
	● 自家配合飼料で給餌。竹酢、竹炭パウダーを添加し、コレステロールを40%カットしています。
	● 豚肉は脂質が命であり、ジューシーでコクのある味を出し、ブレンディなおいしさを味わえます。
	● 脂肪は27〜36℃で溶ける極上の味わい。
	● ドイツ・フランクフルトで開催されたIFFA国際食肉産業専門見本市で金メダルを受賞。
	● 茶葉を緑飼として直投与（カテキン）
	● ぶどうから抽出した抗酸化作用のポリフェノール添加（長持ち、長距離輸送可能＜グレープトン＞）

主な流通経路および販売窓口
◆ 主 な と 畜 場 ：浜松市食肉市場
◆ 主 な 処 理 場 ：同上
◆ 年 間 出 荷 頭 数 ：約700頭
◆ 主 要 卸 売 企 業 ：渡辺精肉店、すぎもとミート販売
◆ 輸出実績国・地域 ：無
◆ 今 後 の 輸 出 意 欲 ：有

販売指定店制度について
指定店制度：有
販促ツール：パンフレット、物品

概要			
	管 理 主 体：MIWAピッグファーム	電 話：053-543-0927 ／ 090-3158-6604	
	代 表 者：三輪 美喜雄	F A X：053-543-0927	
	所 在 地：浜松市北区引佐町奥山1806	U R L：ー	
		メールアドレス：ー	

静岡県

きんとんおう

金 豚 王

飼育管理	
出荷日齢：約200日齢	
出荷体重：120kg前後	
指定肥育地・牧場	
：ー	
飼料の内容	
：経済連指定配合飼料	

商標登録・GI登録・銘柄規約について	
商標登録の有無：有	
登録取得年月日：2010年10月15日	
G I 登 録：未定	
銘柄規約の有無：有	
規約設定年月日：2010年12月22日	
規約改定年月日：ー	

農場HACCP・JGAPについて	
農場HACCP：無	
J G A P：無	

交配様式

フジキンカ

	特長
	● 認定農場で生産管理することで品質の高い豚肉を生産しています。
	● 金華豚の遺伝子を1/8受け継いだフジキンカ同士で作成された肉豚。

主な流通経路および販売窓口
◆ 主 な と 畜 場 ：小笠食肉センター
◆ 主 な 処 理 場 ：同上
◆ 年 間 出 荷 頭 数 ：1,200頭
◆ 主 要 卸 売 企 業 ：小笠食肉センター、かねまる精肉店
◆ 輸出実績国・地域 ：ー
◆ 今 後 の 輸 出 意 欲 ：ー

販売指定店制度について
指定店制度：ー
販促ツール：ー

概要			
	管 理 主 体：静岡県経済農業協同組合連合会	電 話：054-284-9730	
	代 表 者：代表理事理事長 加藤 敦啓	F A X：054-287-2684	
	所 在 地：静岡市駿河区曲金3-8-1	U R L：jashizuoka-keizairen.net/	
		メールアドレス：ー	

静岡県

御殿場金華豚
ごてんばきんかとん

飼育管理	
出荷日齢：180日齢	
出荷体重：70kg前	
指定肥育地・牧場 　：—	
飼料の内容 　：自家配合飼料	

商標登録・GI登録・銘柄規約について	
商標登録の有無：有 登録取得年月日：2016年1月8日	
ＧＩ　　登　　録：—	
銘柄規約の有無：有 規約設定年月日：1989年4月1日 規約改定年月日：—	

交配様式

金華豚純粋

農場 HACCP・JGAP について	
農場 HACCP：無	
ＪＧＡＰ：無	

主な流通経路および販売窓口
◆主 な と 畜 場 　：山梨食肉流通センター
◆主 な 処 理 場 　：山崎精肉店
◆年 間 出 荷 頭 数 　：150頭
◆主 要 卸 売 企 業 　：山崎精肉店
◆輸 出 実 績 国・地 域 　：無
◆今 後 の 輸 出 意 欲 　：無

販売指定店制度について
指定店制度：無 販促ツール：シール

特長	● 金華豚は中国浙江省の金華地区で飼育されている在来品種であり、肉質の特徴として保水性に優れ、きめが細かく、舌ざわりがよい。

概要	管 理 主 体：御殿場金華豚研究会 代 表 者：三輪　和司 所 在 地：御殿場市萩原483	電　　　　　話：0550-82-4661 Ｆ Ａ Ｘ：0550-82-4181 Ｕ Ｒ Ｌ：— メールアドレス：—

静岡県

静岡型銘柄豚
ふじのくに「いきいき」ポーク
しずおかがためいがらとんふじのくにいきいきぽーく

飼育管理	
出荷日齢：180〜190日齢	
出荷体重：115kg前後	
指定肥育地・牧場 　：—	
飼料の内容 　：清水港飼料（指定配合） 　ハーブスパイス由来の抽出物添加	

商標登録・GI登録・銘柄規約について	
商標登録の有無：無 登録取得年月日：—	
ＧＩ　　登　　録：—	
銘柄規約の有無：有 規約設定年月日：1997年4月1日 規約改定年月日：—	

交配様式

雌	雌　　　　　　　雄 （ランドレース×大ヨークシャー）
雄	× デュロック

農場 HACCP・JGAP について	
農場 HACCP：有（2019年6月27日）	
ＪＧＡＰ：—	

主な流通経路および販売窓口
◆主 な と 畜 場 　：小笠食肉センター
◆主 な 処 理 場 　：同上
◆年 間 出 荷 頭 数 　：8,000頭
◆主 要 卸 売 企 業 　：玉澤、花城ミートサプライ
◆輸 出 実 績 国・地 域 　：—
◆今 後 の 輸 出 意 欲 　：無

販売指定店制度について
指定店制度：— 販促ツール：—

特長	● 飼料は清水港飼料に一本化している。 ● しずおか食セレクション認定、しずおか農林水産物認証を取得。 ● ジューシーな霜降り豚だから、軟らかくて香りがよい。

概要	管 理 主 体：㈱マルス農場 代 表 者：杉山　房雄　代表取締役社長 所 在 地：静岡市清水区幸町 5-12	電　　　　　話：054-334-5060 Ｆ Ａ Ｘ：054-334-5963 Ｕ Ｒ Ｌ：— メールアドレス：marusu@air.ocn.ne.jp

静岡県

しずおかがためいがらとん　ふじのくに　すそのぽーく

静岡型銘柄豚
ふじのくに すそのポーク

交配様式

雌	（大ヨークシャー^雌 × ランドレース^雄）
	×
雄	デュロック

（大ヨークシャー × ランドレース）× デュロック

飼育管理	
出荷日齢：175日齢	
出荷体重：約105kg	
指定肥育地・牧場 　：－	
飼料の内容 　：－	

商標登録・GI登録・銘柄規約について	
商標登録の有無：無	
登録取得年月日：－	
GI登録：未定	
銘柄規約の有無：無	
規約設定年月日：－	
規約改定年月日：－	

農場HACCP・JGAPについて	
農場HACCP：無	
JGAP：無	

特長	● 他の豚肉に例をみない"霜降り"状態。 ● 真っ白で、さっぱりした味わいの脂身。 ● 肉質が軟らかく甘みがある。

主な流通経路および販売窓口	
◆ 主なと畜場 　：山梨県食肉市場	
◆ 主な処理場 　：同上	
◆ 年間出荷頭数 　：1,000頭	
◆ 主要卸売企業 　：渡辺商店	
◆ 輸出実績国・地域 　：無	
◆ 今後の輸出意欲 　：無	

販売指定店制度について	
指定店制度：有	
販促ツール：シール、のぼり	

概要	管　理　主　体　：杉本農場 代　表　者　：杉本　昌彦 所　在　地　：裾野市御宿799	電　話：055-997-0396 FAX：同上 URL：－ メールアドレス：－

静岡県

しずおかがためいがらとんふじのくにはまなこそだち

静岡型銘柄豚
ふじのくに浜名湖そだち

交配様式

雌	（大ヨークシャー^雌 × ランドレース^雄）
	×
雄	デュロック

飼育管理	
出荷日齢：180日齢	
出荷体重：110kg	
指定肥育地・牧場 　：浜松市北区	
飼料の内容 　：－	

商標登録・GI登録・銘柄規約について	
商標登録の有無：有	
登録取得年月日：－	
GI登録：未定	
銘柄規約の有無：有	
規約設定年月日：1998年10月	
規約改定年月日：－	

農場HACCP・JGAPについて	
農場HACCP：無	
JGAP：有	

特長	● 静岡県が造成したフジロック、フジヨークを使用。 ● 飼料と飼料添加物、安全管理などにこだわる。

主な流通経路および販売窓口	
◆ 主なと畜場 　：浜松市食肉市場	
◆ 主な処理場 　：同上	
◆ 年間出荷頭数 　：3,600頭	
◆ 主要卸売企業 　：－	
◆ 輸出実績国・地域 　：無	
◆ 今後の輸出意欲 　：有	

販売指定店制度について	
指定店制度：有	
販促ツール：シール、のぼり	

概要	管　理　主　体　：㈲三和畜産とんきい 代　表　者　：鈴木　芳雄　代表取締役 所　在　地　：浜松市北区細江町中川1190-1	電　話：053-522-2969 FAX：053-522-0086 URL：www.tonkii.com/ メールアドレス：hamanako@tonkii.com

静 岡 県

てぃーとん
TEA豚

Shizuoka TEA ton

飼育管理	
出荷日齢：180日齢前後	
出荷体重：115〜120kg	
指定肥育地・牧場 ：北川牧場	
飼料の内容 ：—	

商標登録・GI登録・銘柄規約について

商標登録の有無：有
登録取得年月日：2016年4月15日

ＧＩ登録：未定

銘柄規約の有無：無
規約設定年月日：—
規約改定年月日：—

交配様式

雌	（ランドレース × 大ヨークシャー）_雄
	×
雄	デュロック

農場HACCP・JGAPについて

農場HACCP：無
ＪＧＡＰ：無

主な流通経路および販売窓口

◆ 主 な と 畜 場
：小笠食肉センター

◆ 主 な 処 理 場
：同上

◆ 年 間 出 荷 頭 数
：—

◆ 主 要 卸 売 企 業
：—

◆ 輸出実績国・地域
：無

◆ 今 後 の 輸 出 意 欲
：無

販売指定店制度について

指定店制度：無
販促ツール：のぼり、シール、パンフレット

特長
● 静岡の特産であるお茶を飲ませ、また広々とした豚舎で、のびのびとストレスなく育てています。
● くせがなくあっさりとした脂の甘い豚肉です。

概要	管 理 主 体：北川牧場 代 表 者：北川 雅視 所 在 地：静岡市清水区承元寺町93	電 話：090-1988-4395 Ｆ Ａ Ｘ：0543-69-1281 Ｕ Ｒ Ｌ：kitagawafarm.webcrow.jp メールアドレス：masami330202@gmail.com

---

静 岡 県

とことんぽーく
とこ豚ポーク

飼育管理	
出荷日齢：190日齢	
出荷体重：110kg	
指定肥育地・牧場 ：—	
飼料の内容 ：仕上げ専用飼料「とこ豚C7」	

商標登録・GI登録・銘柄規約について

商標登録の有無：無
登録取得年月日：—

ＧＩ登録：未定

銘柄規約の有無：有
規約設定年月日：1990年4月1日
規約改定年月日：2013年4月1日

交配様式

雌	（ランドレース × 大ヨークシャー）_雄
雄	デュロック
雌	（大ヨークシャー × ランドレース）
雄	デュロック

農場HACCP・JGAPについて

農場HACCP：無
ＪＧＡＰ：無

主な流通経路および販売窓口

◆ 主 な と 畜 場
：浜松市食肉市場

◆ 主 な 処 理 場
：—

◆ 年 間 出 荷 頭 数
：約10,000頭

◆ 主 要 卸 売 企 業
：—

◆ 輸出実績国・地域
：無

◆ 今 後 の 輸 出 意 欲
：無

販売指定店制度について

指定店制度：有
販促ツール：シール、のぼり、ポスター

特長
● コクのある豚肉本来の「おいしさ」があります。
● 肉色がよく、安定した肉質です。

概要	管 理 主 体：浜松地域銘柄豚振興協議会 代 表 者：— 所 在 地：浜松市北区根洗町1213	電 話：053-430-0911 Ｆ Ａ Ｘ：053-420-0441 Ｕ Ｒ Ｌ：— メールアドレス：tiku-en@topia.ja-shizuoka.or.jp

静岡県

とぴあ浜松ポーク
とぴあはままつぽーく

飼育管理

出荷日齢：約190日齢

出荷体重：約110kg

指定肥育地・牧場
：ＪＡとぴあ浜松管内

飼料の内容
：仕上げ飼料、麦類５～10％以上
　添加

商標登録・GI登録・銘柄規約について

商標登録の有無：無
登録取得年月日：－

ＧＩ登録：未定

銘柄規約の有無：有
規約設定年月日：2008年4月1日
規約改定年月日：2016年2月1日

農場HACCP・JGAPについて

農場HACCP：無

ＪＧＡＰ：無

交配様式

雌	雌（ランドレース×大ヨークシャー）	雄
雄	× デュロック	
雌	（大ヨークシャー×ランドレース）	
雄	× デュロック	

主な流通経路および販売窓口

◆主なと畜場
：浜松市食肉市場

◆主な処理場
：－

◆年間出荷頭数
：約20,000頭

◆主要卸売企業
：－

◆輸出実績国・地域
：無

◆今後の輸出意欲
：無

販売指定店制度について

指定店制度：有
販促ツール：シール、のぼり、ポス
ター

特長

● 獣医師の指導による衛生管理の徹底を実践。
● 地産地消を推進し、消費者へ安全安心で良質な豚肉を提供。
● 脂肪が白く、しまりも良く、きめが細かく、舌ざわりのよい豚肉。

概要

管理主体	：とぴあ浜松農業協同組合	電話	：053-430-0911
代表者	：－	ＦＡＸ	：053-420-0441
所在地	：浜松市北区根洗町1213	ＵＲＬ	：－
		メールアドレス	：tiku-en@topia.ja-shizuoka.or.jp

静岡県

箱根山麓豚
はこねさんろくとん

飼育管理

出荷日齢：約180日齢

出荷体重：110kg前後

指定肥育地・牧場
：三島市・箱根ｓｗｉｎｅ

飼料の内容
：とうもろこし、大豆、小麦、海草
　粉末、木酢粉末

商標登録・GI登録・銘柄規約について

商標登録の有無：有
登録取得年月日：2007年11月6日

ＧＩ登録：－

銘柄規約の有無：有
規約設定年月日：2003年7月8日
規約改定年月日：－

農場HACCP・JGAPについて

農場HACCP：無

ＪＧＡＰ：無

交配様式

雌	雌（大ヨークシャー×ランドレース）	雄
雄	× デュロック	

主な流通経路および販売窓口

◆主なと畜場
：神奈川食肉センター

◆主な処理場
：同上

◆年間出荷頭数
：約8,000頭

◆主要卸売企業
：富塚商店

◆輸出実績国・地域
：無

◆今後の輸出意欲
：無

販売指定店制度について

指定店制度：無
販促ツール：シール、のぼり

特長

● 箱根山麓の清らかな地下水、飼料には海草粉末と木酢を添加し、箱根
山麓豚専用飼料を与えています。
● 肉の繊維が細かく、脂質の甘みを出し、豚肉特有の臭みを取り除いた
風味豊かな豚肉です。

概要

管理主体	：㈲箱根ｓｗｉｎｅ	電話	：055-992-1149
代表者	：鎌野　秀斗　代表取締役	ＦＡＸ	：同上
所在地	：三島市佐野52-1	ＵＲＬ	：http://www.tomizuka-shoten.com/hakone.html
		メールアドレス	：hideto-kamano@msn.com

静岡県
ふじなちゅらるぽーく
富士なちゅらるぽーく

飼育管理	
出荷日齢：180日齢	
出荷体重：110〜120kg	
指定肥育地・牧場	
：−	
飼料の内容	
：−	

商標登録・GI登録・銘柄規約について	
商標登録の有無：無	
登録取得年月日：−	
GI登録：無	
銘柄規約の有無：無	
規約設定年月日：−	
規約改定年月日：−	

農場HACCP・JGAPについて	
農場HACCP：無	
JGAP：無	

交配様式

雌	（ランドレース × 大ヨークシャー）
	×
雄	デュロック

特長
- 静岡県のしずおか農林水産物認証制度の認定農場。
- 獣医師が育てた幻の豚肉。
- あっさりとした甘みのあるライトな仕上がり。

主な流通経路および販売窓口
◆主なと畜場
：小笠食肉センター
◆主な処理場
：同上
◆年間出荷頭数
：1,800頭
◆主要卸売企業
：−
◆輸出実績国・地域
：−
◆今後の輸出意欲
：−

販売指定店制度について
指定店制度：−
販促ツール：−

概要	管理主体：㈱YSC	電話：0544-52-3700
	代表者：山崎 清一 代表取締役	FAX：0544-52-2670
	所在地：富士宮市根原143-48	URL：www.ysc-land.com
		メールアドレス：duroc100@gmail.com

静岡県
ふじのくに ゆめはーぶとん
ふじのくに 夢ハーブ豚

飼育管理
出荷日齢：180日齢
出荷体重：120kg
指定肥育地・牧場
：湖西市新居町・津田畜産豚舎
飼料の内容
：肥育初期：とうもろこし、マイロ、大豆油かす、菜種油かす、米ぬか、魚粉など。
肥育後期：とうもろこし、大麦、大豆油かす、菜種油かす、ふすま、米ぬかなど。その他：肥育3カ月間、7種のブレンドハーブとパン粉を毎日与える

商標登録・GI登録・銘柄規約について
商標登録の有無：無
登録取得年月日：−
GI登録：未定
銘柄規約の有無：無
規約設定年月日：−
規約改定年月日：−

農場HACCP・JGAPについて
農場HACCP：無
JGAP：無

交配様式

雌	（ヨークシャー × ランドレース）
	×
雄	デュロック

特長
- 7種類のブレンドハーブを肥育初期から3か月間与え続けることで、肉の臭みが無く、さっぱりとした食味になった。
- 小麦主体原料も同時に与え続けることで、脂肪が白く引き締まって肉にはサシが入り、赤身の味のノリと脂のコクが付与された。
- 濃厚なうまみを持ちながらも、臭みが無く、さっぱりとした味わいの豚肉を実現した。

主な流通経路および販売窓口
◆主なと畜場
：浜松市食肉市場
◆主な処理場
：同上
◆年間出荷頭数
：1,200頭見込み
◆主要卸売企業
：浜城ミート、自社直売所（まんさく工房）
◆輸出実績国・地域
：無
◆今後の輸出意欲
：無

販売指定店制度について
指定店制度：無
販促ツール：シール、POP

概要	管理主体：㈱玉澤	電話：053-442-2067
	代表者：玉澤 時男 代表取締役	FAX：053-442-2372
	所在地：浜松市南区田尻町922	URL：www.tamazawa029.co.jp/
		メールアドレス：fresh@tamazawa029.co.jp

静岡県

ぷれみあむきんかばにらとん
プレミアムきんかバニラ豚

飼育管理	
出荷日齢：220日齢	
出荷体重：130kg	
指定肥育地・牧場 ：浜松市北区	
飼料の内容 ：―	

商標登録・GI登録・銘柄規約について
商標登録の有無：無 登録取得年月日：―
G I 登 録：未定
銘柄規約の有無：有 規約設定年月日：2010年9月 規約改定年月日：―

農場HACCP・JGAPについて
農場HACCP：無
J G A P：有

交配様式

フジキンカ

主な流通経路および販売窓口
◆主 な と 畜 場 ：浜松市食肉市場
◆主 な 処 理 場 ：同上
◆年 間 出 荷 頭 数 ：600頭
◆主 要 卸 売 企 業 ：―
◆輸出実績国・地域 ：無
◆今 後 の 輸 出 意 欲 ：有

販売指定店制度について
指定店制度：有 販促ツール：シール

特長
- 静岡県が開発した「フジキンカ」を利用したもの。
- 飼料添加物は配合飼料工場では不使用。
- 安全管理、飼料添加物にこだわった高品質な豚肉。

概要		
管 理 主 体：㈲三和畜産とんきい	電　話：053-522-2969
代 表 者：鈴木 芳雄 代表取締役	F A X：053-522-0086
所 在 地：浜松市北区細江町中川1190-1	U R L：www.tonkii.com/
	メールアドレス：hamanako@tonkii.com

静岡県

わいえすしーふじきんか
YSC富士金華

飼育管理	
出荷日齢：170〜240日齢	
出荷体重：90〜130kg前後	
指定肥育地・牧場 ：―	
飼料の内容 ：―	

商標登録・GI登録・銘柄規約について
商標登録の有無：有（富士金華） 登録取得年月日：2011年6月
G I 登 録：無
銘柄規約の有無：無 規約設定年月日：― 規約改定年月日：―

農場HACCP・JGAPについて
農場HACCP：無
J G A P：無

交配様式

フジキンカ（静岡県作出）

主な流通経路および販売窓口
◆主 な と 畜 場 ：山梨食肉流通センター
◆主 な 処 理 場 ：同上
◆年 間 出 荷 頭 数 ：200頭
◆主 要 卸 売 企 業 ：―
◆輸出実績国・地域 ：―
◆今 後 の 輸 出 意 欲 ：―

販売指定店制度について
指定店制度：― 販促ツール：シール

特長
- フジキンカの特徴である霜降りおよび肉の軟らかさに加え、風味がよい。
- 濃い味の豚肉に仕上げるための飼養管理をしている。
- しずおか農林水産物認証を取得し、安全安心な生産方法を確立している。

概要		
管 理 主 体：㈱YSC	電　話：0544-52-3700
代 表 者：山崎 清一 代表取締役	F A X：0544-52-2670
所 在 地：富士宮市根原143-48	U R L：www.ysc-land.com
	メールアドレス：duroc100@gmail.com

愛 知 県

石川さんちのあいぽーく
いしかわさんちのあいぽーく

飼育管理

出荷日齢：175日齢

出荷体重：110〜120kg

指定肥育地・牧場
　：半田農場、常滑矢田農場

飼料の内容
　：指定配合飼料

商標登録・GI認証・銘柄規約について

商標登録の有無：有
登録取得年月日：1999年5月14日

GI 認　　証：未定

銘柄規約の有無：無
規約設定年月日：－
規約改定年月日：－

農場HACCP・JGAPについて

農場 HACCP：有（2018年6月19日）

J G A P：有（2019年1月8日）

交配様式

雌	雌 （大ヨークシャー×ランドレース） × デュロック	雄
雄		

特長

● 徹底した衛生管理システムで生産。
● 特別注文飼料を給与した軟らかでジューシーな豚肉。
● ほのかな甘みとあっさり感のある脂は絶品。
● 飼料メーカー協力のもと独自の指定配合飼料で飼育。

主な流通経路および販売窓口

◆主 な と 畜 場
　：名古屋市食肉市場

◆主 な 処 理 場
　：ナカムラ

◆年 間 出 荷 頭 数
　：30,000頭
◆主 要 卸 売 企 業
　：中日本フード

◆輸出実績国・地域
　：無

◆今 後 の 輸 出 意 欲
　：無

販売指定店制度について

指定店制度：有
販促ツール：シール、のぼり、ポスター

概要

管 理 主 体	：㈲石川養豚場	電　　　話	：0569-20-5410
代 表 者	：石川　安俊	F A X	：0569-20-5415
所 在 地	：半田市吉田町4－173	U R L	：aipork.com
		メールアドレス	：brio@ipc-tokai.or.jp

愛 知 県

尾 張 豚
おわりとん

愛知県産

飼育管理

出荷日齢：180日齢前後

出荷体重：110〜120kg

指定肥育地・牧場
　：－

飼料の内容
　：生産者各自基準

商標登録・GI認証・銘柄規約について

商標登録の有無：有
登録取得年月日：2007年12月14日

GI 登　　録：－

銘柄規約の有無：有
規約設定年月日：2007年12月14日
規約改定年月日：－

農場HACCP・JGAPについて

農場 HACCP：－

J G A P：－

交配様式

雌	雌（大ヨークシャー×ランドレース） × デュロック	雄
雌	（ランドレース×大ヨークシャー） × デュロック	雄

特長

● 他の豚肉に例をみない"霜降り"状態。
● 真っ白で、さっぱりした味わいの脂身。
● 肉質が軟らかく甘みがある。

主な流通経路および販売窓口

◆主 な と 畜 場
　：名古屋市食肉市場

◆主 な 処 理 場
　：JAあいち経済連食肉部名古屋
　　ミートセンター
◆年 間 出 荷 頭 数
　：6,000頭
◆主 要 卸 売 企 業
　：杉本食肉産業

◆輸出実績国・地域
　：無

◆今 後 の 輸 出 意 欲
　：無

販売指定店制度について

指定店制度：無
販促ツール：シール、のぼり

概要

管 理 主 体	：杉本食肉産業㈱	電　　　話	：052-741-3251
代 表 者	：杉本　豊繁	F A X	：052-731-9523
所 在 地	：名古屋市昭和区緑町2-20	U R L	：－
		メールアドレス	：－

愛 知 県

三 州 豚
さんしゅうぶた

SAN SYU BUTA

飼育管理	
出荷日齢：150〜180日齢	
出荷体重：110〜120kg	
指定肥育地・牧場	
：田原農場、恵那農場、伊賀農場	
飼料の内容	
：麦を主体としたリサイクル飼料	

商標登録・GI認証・銘柄規約について
商標登録の有無：有
登録取得年月日：2011 年 2 月 4 日
G I 登 録：
銘柄規約の有無：無
規約設定年月日：－
規約改定年月日：－

農場 HACCP・JGAP について
農場 HACCP：－
J G A P：－

交配様式

	雌 （ランドレース × 大ヨークシャー） 雄
雌	×
雄	デュロック

主な流通経路および販売窓口
◆主 な と 畜 場 ：小笠食肉センター、東三河食肉センター
◆主 な 処 理 場 ：鳥市精肉店、ストックマン
◆年 間 出 荷 頭 数 ：6,000 頭
◆主 要 卸 売 企 業 ：米久、ＪＡ
◆輸 出 実 績 国・地 域 ：無
◆今 後 の 輸 出 意 欲 ：有

販売指定店制度について
指定店制度：有
販促ツール：シール、置物、チラシ

特長	● 真っ白な脂身にしっとりとしたコクとうまみがあり、味わい深い豚肉。 ● 安心・安全のため育成期からの飼料には抗生物質を使用していない。 ● リサイクル飼料を活用し、環境保全にも役立っている。

概要	管 理 主 体：トヨタファーム	電 話：0565-52-4757
	代 表 者：鋤柄 雄一	F A X：0565-52-5043
	所 在 地：豊田市堤本町落田 12-1	U R L：www.toyotafarm.com
		メールアドレス：butasuki@hm8.aitai.ne.jp

愛 知 県

秀 麗 豚
しゅうれいとん

秀麗豚

飼育管理	
出荷日齢：180日齢	
出荷体重：約115kg	
指定肥育地・牧場	
：－	
飼料の内容	
：有	

商標登録・GI認証・銘柄規約について
商標登録の有無：有
登録取得年月日：2002 年 3 月 8 日
G I 登 録：－
銘柄規約の有無：有
規約設定年月日：2002 年 2 月 1 日
規約改定年月日：－

農場 HACCP・JGAP について
農場 HACCP：－
J G A P：－

交配様式

	雌 （大ヨークシャー × ランドレース） 雄
雌	×
雄	デュロック
雌	（ランドレース × 大ヨークシャー）
雄	× デュロック

主な流通経路および販売窓口
◆主 な と 畜 場 ：東三河食肉流通センター、小笠食肉センター、印旛食肉センター、日本畜産振興、名古屋市食肉市場
◆主 な 処 理 場 ：小笠食肉センター、日本畜産振興
◆年 間 出 荷 頭 数 ：30,000 頭
◆主 要 卸 売 企 業 ：伊藤ハム、高橋精肉店、ニクセン、米久
◆輸 出 実 績 国・地 域 ：－
◆今 後 の 輸 出 意 欲 ：－

販売指定店制度について
指定店制度：－
販促ツール：－

特長	● 食肉産業展銘柄ポークコンテスト最優秀賞受賞。 ● 秀麗豚の母豚は「サーティ」またはそれに準ずるものに限定しているため、キメが細かくソフトでジューシーな肉。 ● オリジナル混合飼料「秀麗」を使用しているので、臭みを抑え、甘くておいしい豚肉。

概要	管 理 主 体：豊橋飼料㈱	電 話：0532-23-5060
	代 表 者：平野 正規　代表取締役社長	F A X：0532-23-4690
	所 在 地：豊橋市明海町 5-9	U R L：www.toyohashi-shiryo.co.jp/
		メールアドレス：y-maekawa@toyohashi-shiryo.co.jp

愛 知 県

知 多 豚
ちたぶた

飼育管理	
出荷日齢：180日齢	
出荷体重：115kg前後	
指定肥育地・牧場 　：－	
飼料の内容 　：独自の給与基準に基づく	

商標登録・GI 認証・銘柄規約について
商標登録の有無：無
登録取得年月日：－

ＧＩ登録：－

銘柄規約の有無：無
規約設定年月日：－
規約改定年月日：－

農場 HACCP・JGAP について
農場 HACCP：－
ＪＧＡＰ：－

交配様式
	雌　交配様式　雄
雌	（大ヨークシャー × ランドレース）
雄	× デュロック
雌	（ランドレース × 大ヨークシャー）
雄	× デュロック

主な流通経路および販売窓口
◆主 な と 畜 場
　：半田食肉センター

◆主 な 処 理 場
　：石川屋

◆年 間 出 荷 頭 数
　：3,000 頭
◆主 要 卸 売 企 業
　：－

◆輸出実績国・地域
　：－

◆今 後 の 輸 出 意 欲
　：－

販売指定店制度について
指定店制度：有
販促ツール：シール、のぼり

特長	● 系統造成豚を利用しているため、生産された豚肉の品質は安定している。 ● 徹底した飼育管理のもと育てられた安心・安全な豚肉。

概要	管 理 主 体：あいち知多農業協同組合	電　　　話：0569-82-4029
	代 表 者：前田　隆　組合長	Ｆ Ａ Ｘ：0569-82-3144
	所 在 地：知多郡美浜町大字北方字山井 　　　　　　40-1	Ｕ Ｒ Ｌ：－ メールアドレス：－

愛 知 県

知多ポーク
ちたぽーく

飼育管理	
出荷日齢：180日齢	
出荷体重：110～120kg	
指定肥育地・牧場 　：常滑市久米字西笠松189	
飼料の内容 　：有	

商標登録・GI 認証・銘柄規約について
商標登録の有無：有
登録取得年月日：2017 年 3 月10日

ＧＩ登録：－

銘柄規約の有無：無
規約設定年月日：－
規約改定年月日：－

農場 HACCP・JGAP について
農場 HACCP：－
ＪＧＡＰ：－

交配様式
	雌　　　　　　雄
雌	（大ヨークシャー × ランドレース）
雄	× デュロック

主な流通経路および販売窓口
◆主 な と 畜 場
　：名古屋市食肉市場

◆主 な 処 理 場
　：ＪＡあいち経済連名古屋ミート
　　センター
◆年 間 出 荷 頭 数
　：30,000 頭
◆主 要 卸 売 企 業
　：－

◆輸出実績国・地域
　：－

◆今 後 の 輸 出 意 欲
　：－

販売指定店制度について
指定店制度：－
販促ツール：シール、のぼり、パン
　　　　　　フレット

特長	● 全農ＳＰＦ。 ● ビタミンＥの抗酸化作用により、豚肉の酸化が抑制され鮮度が長く保たれる。 ● 肉質に良いタピオカ、マイロなど植物性飼料を給与している。

概要	管 理 主 体：㈱知多ピッグ	電　　　話：0569-42-2309
	代 表 者：都築　周典	Ｆ Ａ Ｘ：0569-43-3506
	所 在 地：常滑市久米荒子 20	Ｕ Ｒ Ｌ：－ メールアドレス：－

愛 知 県

都築ぽーく
つづきぽーく

飼育管理	
出荷日齢：180日齢	
出荷体重：110～120kg	
指定肥育地・牧場 ：常滑市久米字西笠松189	
飼料の内容 ：全農ＳＰＦ豚飼料米給与	

商標登録・GI認証・銘柄規約について

商標登録の有無：無
登録取得年月日：－

ＧＩ登録：－

銘柄規約の有無：無
規約設定年月日：－
規約改定年月日：－

農場 HACCP・JGAP について

農場 HACCP：－
ＪＧＡＰ：－

交配様式

雌	（大ヨークシャー × ランドレース）
	×
雄	デュロック

主な流通経路および販売窓口

◆主なと畜場
　：名古屋市食肉市場

◆主な処理場
　：ＪＡあいち経済連名古屋ミートセンター
◆年間出荷頭数
　：30,000 頭
◆主要卸売企業
　：－

◆輸出実績国・地域
　：－

◆今後の輸出意欲
　：－

販売指定店制度について

指定店制度：－
販促ツール：パンフレット、のぼり

特長

● ビタミンＥの抗酸化作用により、豚肉の酸化が抑制され鮮度が長く保たれる。
● 肉質に良いタピオカ、マイロなど植物性飼料を給与している。
● １生産者による出荷のためトレースは明確。
● 全農ＳＰＦ。

概要

管理主体	㈱知多ピッグ	電話	0569-42-2309
代表者	都築　周典	ＦＡＸ	0569-43-3506
所在地	常滑市久米荒子 20	ＵＲＬ	－
		メールアドレス	－

愛 知 県

名古屋ポーク
なごやぽーく

名古屋ポーク

飼育管理	
出荷日齢：180日齢	
出荷体重：110～120kg	
指定肥育地・牧場 ：常滑市久米字西笠松189	
飼料の内容 ：有	

商標登録・GI認証・銘柄規約について

商標登録の有無：有
登録取得年月日：2017 年 3 月 10 日

ＧＩ登録：－

銘柄規約の有無：無
規約設定年月日：－
規約改定年月日：－

農場 HACCP・JGAP について

農場 HACCP：－
ＪＧＡＰ：－

交配様式

雌	（大ヨークシャー × ランドレース）
	×
雄	デュロック

主な流通経路および販売窓口

◆主なと畜場
　：名古屋市食肉市場

◆主な処理場
　：－

◆年間出荷頭数
　：30,000 頭
◆主要卸売企業
　：名古屋市場登録買参人

◆輸出実績国・地域
　：－

◆今後の輸出意欲
　：－

販売指定店制度について

指定店制度：－
販促ツール：シール、のぼり、パンフレット

特長

● 全農ＳＰＦ。
● ビタミンＥの抗酸化作用により、豚肉の酸化が抑制され鮮度が長く保たれる。
● 肉質に良いタピオカ、マイロなど植物性飼料を給与している。
● 飼料米給与

概要

管理主体	㈱知多ピッグ	電話	0569-42-2309
代表者	都築　周典	ＦＡＸ	0569-43-3506
所在地	常滑市久米荒子 20	ＵＲＬ	－
		メールアドレス	－

愛 知 県

びしゅうとん
尾州豚

飼育管理	
出荷日齢：175日齢	
出荷体重：105〜120kg	
指定肥育地・牧場 ：−	
飼料の内容 ：指定配合飼料	

商標登録・GI認証・銘柄規約について	
商標登録の有無：有	
登録取得年月日：2009 年 9 月 29 日	
G I 登　　録：未定	
銘柄規約の有無：有	
規約設定年月日：2009 年 9 月 29 日	
規約改定年月日：−	

農場HACCP・JGAP について	
農場 HACCP：未定	
Ｊ Ｇ Ａ Ｐ：未定	

交配様式

雌	雌　　　　　　雄 （ランドレース×大ヨークシャー）
	×
雄	デュロック

特長
- 徹底した衛生管理システムで生産
- 肉の旨みにこだわって生産

主な流通経路および販売窓口
- ◆主 な と 畜 場
：名古屋市食肉市場
- ◆主 な 処 理 場
：愛知経済連名古屋ミートセンター
- ◆年 間 出 荷 頭 数
：1,900 頭
- ◆主 要 卸 売 企 業
：−
- ◆輸出実績国・地域
：無
- ◆今 後 の 輸 出 意 欲
：無

販売指定店制度について
指定店制度：無
販促ツール：シール

概要	管 理 主 体 ： 杉本食肉産業㈱	電　　　　　　話 ： 052-741-3251
	代 表 者 ： 杉本　達哉	Ｆ Ａ Ｘ ： 052-731-9523
	所 在 地 ： 名古屋市昭和区緑町 2-20	Ｕ Ｒ Ｌ ： www.oniku-sugimoto.com
		メールアドレス ： −

愛 知 県

みかわおいんくぶた
三河おいんく豚

飼育管理	
出荷日齢：約180日齢	
出荷体重：約115kg	
指定肥育地・牧場 ：西尾市一色町千間千生新田179-20	
飼料の内容 ：豚肉本来の安全性を守るため、動物由来の飼料原料および食品残さは使用せず、とうもろこし主体の独自配合飼料を与えている。飲用水についても同様に豚肉の安全性を守るため、上水道を酸化還元水にし与えている。	

商標登録・GI認証・銘柄規約について	
商標登録の有無：有	
登録取得年月日：2004 年 11 月 26 日	
G I 登　　録：−	
銘柄規約の有無：有	
規約設定年月日：2003 年 4 月 1 日	
規約改定年月日：−	

農場HACCP・JGAP について	
農場 HACCP：−	
Ｊ Ｇ Ａ Ｐ：−	

交配様式

雌	雌　　　　　　雄 （大ヨークシャー×ランドレース）
	×
雄	デュロック

特長
- オインク農場のみで生産されたオンリーワン銘柄。肉色が鮮やかでキメ細かく、ビタミン豊富でヘルシー。脂肪に甘みがあり、風味が良く、あっさり食べることができる。
- 調理してもあくが出にくく、柔らかでジューシー！
- 清潔で管理の行き届いた環境の中で、すくすくと育てられている。

主な流通経路および販売窓口
- ◆主 な と 畜 場
：名古屋市食肉市場、東三河食肉流通センター
- ◆主 な 処 理 場
：ＪＡあいち名古屋ミートセンター、ＪＡあいち豊橋ミートセンター
- ◆年 間 出 荷 頭 数
：10,000 頭
- ◆主 要 卸 売 企 業
：−
- ◆輸出実績国・地域
：−
- ◆今 後 の 輸 出 意 欲
：−

販売指定店制度について
指定店制度：−
販促ツール：トレードマーク、チラシ、シール、ポスター

概要	管 理 主 体 ： ㈲オインク	電　　　　　　話 ： 0563-73-6744
	代 表 者 ： 渡邉　勝行	Ｆ Ａ Ｘ ： 0563-72-0987
	所 在 地 ： 西尾市一色町松木島宮東 184	Ｕ Ｒ Ｌ ： www.oink.ne.jp
		メールアドレス ： watanabe@oink.ne.jp

愛 知 県

みかわポーク
みかわぽーく

安心・安全・美味
GOOD FLAVOR GOOD BREED
みかわポーク

飼育管理

出荷日齢：約180日齢

出荷体重：約110kg

指定肥育地・牧場
：愛知県内認定農場

飼料の内容
：専用飼料

商標登録・GI認証・銘柄規約について

商標登録の有無：有
登録取得年月日：1993年4月5日

G I 登 録：未定

銘柄規約の有無：有
規約設定年月日：1988年12月
規約改定年月日：2017年6月

農場HACCP・JGAPについて

農場 HACCP：－
J G A P：－

交配様式

雌		雄
雌	（ランドレース×大ヨークシャー）	
	×	
雄	デュロック	
雌	（大ヨークシャー×ランドレース）	
	×	
雄	デュロック	

特長
- 安心・安全。
- 系統豚利用、統一された飼料でいつも同じおいしさ。

主な流通経路および販売窓口

◆主なと畜場
：東三河食肉流通センター、名古屋市食肉市場
◆主な処理場
：豊橋ミートセンター、名古屋ミートセンター
◆年間出荷頭数
：20,000頭
◆主要卸売企業
：JAあいち経済連

◆輸出実績国・地域
：無

◆今後の輸出意欲
：無

販売指定店制度について

指定店制度：無
販促ツール：シール、のぼり、リーフレット

概要

管 理 主 体	：	愛知県経済農業協同組合連合会	電 話	：	0532-47-8232
代 表 者	：	権田 博康	F A X	：	0532-47-8245
所 在 地	：	豊橋市西幸町笠松111	U R L	：	－
			メールアドレス	：	－

愛 知 県

夢やまびこ豚
ゆめやまびことん

夢やまびこ豚
ブッヒ♪

飼育管理

出荷日齢：170日齢

出荷体重：110〜120kg

指定肥育地・牧場
：－

飼料の内容
：やまびこ会指定銘柄「やまびこシリーズ」を使用

商標登録・GI認証・銘柄規約について

商標登録の有無：有
登録取得年月日：2003年9月12日

G I 登 録：－

銘柄規約の有無：有
規約設定年月日：1998年6月1日
規約改定年月日：－

農場HACCP・JGAPについて

農場 HACCP：無
J G A P：無

交配様式

	雌	雄
雌	（大ヨークシャー×ランドレース）	
	×	
雄	デュロック	

特長
- 全粒粉砕とうもろこしを使用した指定飼料を給与し、味わい深いジューシーな豚肉。
- 肥育豚にビタミンEを添加することにより、新鮮さや軟らかさが増した豚肉。

主な流通経路および販売窓口

◆主なと畜場
：東三河食肉センター、小笠食肉市場
◆主な処理場
：伊藤ハム、愛知経済連、静岡経済連、全農ミートフーズ、豊田食肉センター、北信食肉センター
◆年間出荷頭数
：100,000頭
◆主要卸売企業
：全農ミートフーズ、伊藤ハム、マルイチ産商、三河畜産工業
◆輸出実績国・地域
：無

◆今後の輸出意欲
：無

販売指定店制度について

指定店制度：無
販促ツール：のぼり

概要

管 理 主 体	：	やまびこ会	電 話	：	0564-62-6210
代 表 者	：	稲吉 弘之 会長	F A X	：	0564-62-6202
所 在 地	：	額田郡幸田町大字逆川字奥88	U R L	：	－
			メールアドレス	：	－

三 重 県

いせうましぶた
伊勢うまし豚

美味し国、美味し肉。

飼育管理
出荷日齢：約160日齢以上
出荷体重：約110kg
指定肥育地・牧場 ：三重県内指定牧場
飼料の内容 ：協議会認定飼料

商標登録・GI登録・銘柄規約について
商標登録の有無：有 登録取得年月日：2015年8月7日
ＧＩ登録：－
銘柄規約の有無：有 規約設定年月日：2006年4月1日 規約改定年月日：2017年6月20日

農場 HACCP・JGAP について
農場 HACCP：－
ＪＧＡＰ：－

交配様式

雌	（ランドレース×大ヨークシャー） × デュロック	雄
雄		
雌	（大ヨークシャー×ランドレース） × デュロック	
雄		

主な流通経路および販売窓口
◆主 な と 畜 場 ：松阪食肉公社、四日市畜産公社
◆主 な 処 理 場 ：ＪＡ全農みえミート
◆年 間 出 荷 頭 数 ：13,000 頭
◆主 要 卸 売 企 業 ：ＪＡ全農みえミート
◆輸出実績国・地域 ：－
◆今後の輸出意欲 ：－

販売指定店制度について
指定店制度：無 販促ツール：シール、のぼり

特長	● 仕上げ期の飼料に「木酢酸」、「アマニ油」、三重県熊野市産の柑橘である「新姫の皮」をブレンドすることで、豊かなうまみと強いコク、豚特有の臭みを抑えた良い香りの肉質を実現。 ● 生産者が何度も勉強会や食味試食を行い、キメの細かい高品質な豚肉を安定的に供給。

概要	管 理 主 体：三重県産銘柄豚普及協議会 代 表 者：上田 恭平 会長 所 在 地：津市一身田平野6	電 話：059-233-5335 Ｆ Ａ Ｘ：059-233-5945 Ｕ Ｒ Ｌ：－ メールアドレス：－

滋 賀 県

くらおぽーく（ばーむくーへんぶた＜とん＞）
藏尾ポーク
（バームクーヘン豚）

極上の味わい
藏尾ポーク

飼育管理
出荷日齢：210～240日齢
出荷体重：110～120kg
指定肥育地・牧場 ：蒲生郡日野町
飼料の内容 ：自社で飼料を製造。小麦主体の良 質な原料を選んで製造している。

商標登録・GI登録・銘柄規約について
商標登録の有無：有 登録取得年月日：2011年2月4日
ＧＩ登録：未定
銘柄規約の有無：有 規約設定年月日：2006年12月22日 規約改定年月日：2008年6月27日

農場 HACCP・JGAP について
農場 HACCP：無
ＪＧＡＰ：無

交配様式

雌	（ランドレース×大ヨークシャー） × デュロック	雄
雄		
雌	（大ヨークシャー×ランドレース） × デュロック	
雄		

主な流通経路および販売窓口
◆主 な と 畜 場 ：大阪市食肉市場
◆主 な 処 理 場 ：同上
◆年 間 出 荷 頭 数 ：3,500～4,000 頭
◆主 要 卸 売 企 業 ：伊勢屋
◆輸出実績国・地域 ：無
◆今後の輸出意欲 ：－

販売指定店制度について
指定店制度：有 販促ツール：登録証

特長	● 自社で製造した飼料を主体に独自に配合し、長期肥育。 ● 肉質は上品な味わいと脂質の甘さが特長。

概要	管 理 主 体：㈲藏尾ポーク 代 表 者：藏尾 忠 代表取締役 所 在 地：蒲生郡日野町（牧場） 大阪府枚方市禁野本町1-16-1（店舗）	電 話：072-894-8106（店舗） Ｆ Ａ Ｘ：072-894-8952（店舗） Ｕ Ｒ Ｌ：kuraopork.com メールアドレス：info@kuraopork.com

京都府

きょうたんばこうげんとん
京丹波高原豚

飼育管理	
出荷日齢：180日齢	
出荷体重：115kg	
指定肥育地・牧場 ：京都府	
飼料の内容 ：肥育後期仕上げにパン粉30%以 　上添加した飼料を60日以上給与	

商標登録・GI登録・銘柄規約について	
商標登録の有無：有 登録取得年月日：2015年8月21日	
GI登録：未定	
銘柄規約の有無：有 規約設定年月日：2006年8月31日 規約改定年月日：－	

農場HACCP・JGAPについて	
農場HACCP：－	
JGAP：－	

交配様式	
雌	雄
（ランドレース×大ヨークシャー） × 雄　デュロック	
（大ヨークシャー×ランドレース） × 雄　デュロック	

主な流通経路および販売窓口
◆主なと畜場 ：京都市食肉市場、大阪市食肉市場、西宮市食肉市場
◆主な処理場 ：同上
◆年間出荷頭数 ：8,000頭
◆主要卸売企業 ：－
◆輸出実績国・地域 ：無
◆今後の輸出意欲 ：無

販売指定店制度について
指定店制度：無 販促ツール：シール、のぼり

特長
- ほど良くサシが入っており、ジューシーで軟らかい肉質。
- 脂肪は白く甘みがある。
- パン粉などのエコフィードの活用。
- 品評会で安定した実績をもつブランド。

概要		
管理主体：㈲日吉ファーム	電話：0771-74-0307	
代表者：北側　勉　代表取締役	FAX：0771-74-0734	
所在地：南丹市日吉町上胡麻榎木谷11	URL：www.kyochiku.com/hiyoshifarm	
	メールアドレス：fuafc701@cans.zaq.ne.jp	

京都府

きょうとぽーく
京都ぽーく

飼育管理	
出荷日齢：180日齢以上	
出荷体重：約110kg	
指定肥育地・牧場 ：京都府内	
飼料の内容 ：肥育後期仕上げ時期に大麦およ 　びパン粉を30%以上添加した飼 　料を60日以上給与	

商標登録・GI登録・銘柄規約について	
商標登録の有無：有 登録取得年月日：2009年8月21日	
GI登録：未定	
銘柄規約の有無：有 規約設定年月日：2006年8月31日 規約改定年月日：2013年12月19日	

農場HACCP・JGAPについて	
農場HACCP：無	
JGAP：無	

交配様式	
雌	雄
（ランドレース×大ヨークシャー） × 雄　デュロック	
（大ヨークシャー×ランドレース） × 雄　デュロック	

主な流通経路および販売窓口
◆主なと畜場 ：京都市食肉市場 　西宮市食肉市場（湯はぎのみ）
◆主な処理場 ：同上
◆年間出荷頭数 ：4,000頭
◆主要卸売企業 ：－
◆輸出実績国・地域 ：無
◆今後の輸出意欲 ：無

販売指定店制度について
指定店制度：無 販促ツール：シール、のぼり

特長
- 日本食肉格付基準の「上」「中」「並」規格。
- 京都ぽーく推進協議会内の品質管理委員会で選定する優良種豚の交配により生産された肉豚。
- 出荷日齢は180日以上で、肥育後期仕上げ時期に大麦およびパン粉を30%以上添加した飼料を60日以上給与。
- 飼養管理マニュアルに沿って肥育した、脂肪に甘みがあり、うまみのある軟らかい肉質。

概要		
管理主体：京都府養豚協議会	電話：075-681-4280	
代表者：北側　勉	FAX：075-692-2110	
所在地：京都市中京区壬生東高田町1-15	URL：－	
	メールアドレス：tanida@kyochiku.com	

大 阪 府

おおさかなんこうぷれみあむぽーく
大阪南港プレミアムポーク

交配様式

飼育管理	
出荷日齢：－	
出荷体重：－	
指定肥育地・牧場 ：－	
飼料の内容 ：－	

商標登録・GI 登録・銘柄規約について	
商標登録の有無：無 登録取得年月日：－	
Ｇ Ｉ 登 録：未定	
銘柄規約の有無：有 規約設定年月日：2015 年 4 月 1 日 規約改定年月日：2016 年 4 月 1 日	

農場 HACCP・JGAP について	
農場 HACCP：無	
Ｊ Ｇ Ａ Ｐ：無	

主な流通経路および販売窓口
◆主 な と 畜 場 ：大阪市食肉市場
◆主 な 処 理 場 ：同上
◆年 間 出 荷 頭 数 ：100 頭
◆主 要 卸 売 企 業 ：－
◆輸出実績国・地域 ：無
◆今 後 の 輸 出 意 欲 ：有

販売指定店制度について
指定店制度：無 販促ツール：パックシール

特長	●大阪南港市場に出荷していただく肉豚のうち、特に良質な枝肉について選抜を行い出荷者に了解の上、認定している。

概要	管 理 主 体：大阪市食肉市場㈱ 代 表 者：杉本 正 社長 所 在 地：大阪市住之江区南港南 5-2-48	電 話：06-6675-2110 Ｆ Ａ Ｘ：06-6675-2112 Ｕ Ｒ Ｌ：www.e-daisyoku.com メールアドレス：daisyoku@mbs.sphere.ne.jp

---

大 阪 府

かわかみさんちのいぬなきぶた
川上さん家の犬鳴豚

飼育管理	
出荷日齢：220 日齢	
出荷体重：70～80kg（枝肉重量）	
指定肥育地・牧場 ：関紀産業	
飼料の内容 ：パン、めん、パスタなどの小麦主 体エコフィード	

商標登録・GI 登録・銘柄規約について	
商標登録の有無：有 登録取得年月日：2009 年 7 月 21 日	
Ｇ Ｉ 登 録：－	
銘柄規約の有無：無 規約設定年月日：－ 規約改定年月日：－	

農場 HACCP・JGAP について	
農場 HACCP：無	
Ｊ Ｇ Ａ Ｐ：無	

雌　　交配様式　　雄

雌	雌（ランドレース×大ヨークシャー） × デュロック
雄	

雌	雌（ランドレース×大ヨークシャー） × デュロック × バークシャー
雄	

主な流通経路および販売窓口
◆主 な と 畜 場 ：大阪市食肉市場
◆主 な 処 理 場 ：ミートプラザタカノ
◆年 間 出 荷 頭 数 ：2,000 頭
◆主 要 卸 売 企 業 ：－
◆輸出実績国・地域 ：－
◆今 後 の 輸 出 意 欲 ：－

販売指定店制度について
指定店制度：－ 販促ツール：シール、のぼり

特長	●炭水化物源としてとうもろこしに頼らず、パン、うどん、パスタなどの小麦主体の 　エコフィードを給与。 ●エコフィードにより飼料経費軽減が可能となったため、約 40 日間の長期肥育を実現。 ●精肉店だけに任せず、自社でも精肉販売をしている。

概要	管 理 主 体：㈲関紀産業 代 表 者：川上 幸男 代表取締役 所 在 地：泉佐野市上之郷 636-2	電 話：072-468-0045 Ｆ Ａ Ｘ：072-468-0044 Ｕ Ｒ Ｌ：inunakibuta.gourmet.coocan.jp メールアドレス：ecopork001@gmail.com

兵 庫 県

えびすもちぶた
えびすもち豚

飼育管理

出荷日齢：180〜200日齢

出荷体重：約120kg

指定肥育地・牧場
：淡路島

飼料の内容
：バナナを配合した指定配合による専用飼料

商標登録・GI登録・銘柄規約について

商標登録の有無：有
登録取得年月日：－

GI 登 録：未定

銘柄規約の有無：無
規約設定年月日：－
規約改定年月日：－

農場HACCP・JGAPについて

農場HACCP：無
JGAP：無

交配様式

主な流通経路および販売窓口

◆ 主 な と 畜 場
：西宮市食肉センター

◆ 主 な 処 理 場
：マルヤスミート

◆ 年 間 出 荷 頭 数
：2,000頭
◆ 主 要 卸 売 企 業
：－

◆ 輸出実績国・地域
：無

◆ 今後の輸出意欲
：無

販売指定店制度について

指定店制度：有
販促ツール：シール、のぼり、パネル

特長
● 脂肪の甘み、融点の低さが特徴。
● 赤身はモモでもパサつかず軟らかい。

概要
管 理 主 体 ： マルヤスファーム	電 話 ： 0799-46-0466
代 表 者 ： 安次嶺 優子	F A X ： 同上
所 在 地 ： 南あわじ市倭文神道918	U R L ： －
	メールアドレス ： －

兵 庫 県

こうべぽーく
神戸ポーク

飼育管理

出荷日齢：180日齢

出荷体重：約118kg

指定肥育地・牧場
：－

飼料の内容
：低タンパク飼料、ビタミンE強化、パン粉5％配合飼料を60日以上給与

商標登録・GI登録・銘柄規約について

商標登録の有無：有
登録取得年月日：2012年7月6日

GI 登 録：－

銘柄規約の有無：有
規約設定年月日：2009年7月27日
規約改定年月日：2014年3月4日

農場HACCP・JGAPについて

農場HACCP：有（2017年6月8日）
JGAP：無

交配様式

雌　　　　雄
ケンボロー × デュロック

主な流通経路および販売窓口

◆ 主 な と 畜 場
：神戸市食肉市場

◆ 主 な 処 理 場
：同上

◆ 年 間 出 荷 頭 数
：5,000頭
◆ 主 要 卸 売 企 業
：神戸中央畜産荷受

◆ 輸出実績国・地域
：香港

◆ 今後の輸出意欲
：－

販売指定店制度について

指定店制度：有
販促ツール：シール、のぼり（大・小）、パネル、パンフレット、認定証、銘板

特長
● 水質の優れた地下水を使用。
● 兵庫県認証食品に認証済み。

概要
管 理 主 体 ： ㈲髙尾牧場	電 話 ： 078-991-5063
代 表 者 ： 髙尾 茂樹　代表取締役	F A X ： 同上
所 在 地 ： 神戸市西区櫨谷町寺谷809-8-2	U R L ： www.takao-bokujo.co.jp
	メールアドレス ： info@takao-bokujo.co.jp

兵 庫 県

こうべぽーくぷれみあむ
神戸ポークプレミアム

飼育管理
出荷日齢：180日齢
出荷体重：約118kg
指定肥育地・牧場 ：－
飼料の内容 ：パン粉40％配合、ビタミンＥ強 化飼料を50日以上給与

商標登録・GI登録・銘柄規約について
商標登録の有無：有 登録取得年月日：2012年7月6日
ＧＩ　登　録：－
銘柄規約の有無：有 規約設定年月日：2011年3月1日 規約改定年月日：2014年3月4日

農場HACCP・JGAPについて
農場HACCP：有（2017年6月8日） ＪＧＡＰ：無

交配様式

雌	雄
ケンボロー × デュロック	

特長	● オレイン酸含有量が42％以上（分析値） ● 雌豚のみ。 ● 水質の優れた地下水を使用。

主な流通経路および販売窓口
◆主 な と 畜 場 ：神戸市食肉市場
◆主 な 処 理 場 ：同上
◆年 間 出 荷 頭 数 ：4,000頭
◆主 要 卸 売 企 業 ：神戸中央畜産荷受
◆輸出実績国・地域 ：無
◆今 後 の 輸 出 意 欲 ：－

販売指定店制度について
指定店制度：有 販促ツール：シール、のぼり、パネル、 パンフレット、認証証、銘板

概要	管 理 主 体：㈲髙尾牧場	電　　　話：078-991-5063
	代 表 者：髙尾 茂樹 代表取締役	Ｆ Ａ Ｘ：同上
	所 在 地：神戸市西区櫨谷町寺谷 809-8-2	Ｕ Ｒ Ｌ：www.takao-bokujo.co.jp
		メールアドレス：info@takao-bokujo.co.jp

兵 庫 県

ごーるでん・ぼあ・ぽーく（あわじいのぶた）
ゴールデン・ボア・ポーク（淡路いのぶた）

飼育管理
出荷日齢：270日以上
出荷体重：100～110kg
指定肥育地・牧場 ：南あわじ市サングリエ牧場
飼料の内容 ：独自の飼料を指定し、淡路産飼 料米、酒かす、淡路産ビール粕を 飼料として給与。生後4カ月齢 以降は抗生物質を投与しない。

商標登録・GI登録・銘柄規約について
商標登録の有無：申請中 登録取得年月日：－
ＧＩ　登　録：－
銘柄規約の有無：有 規約設定年月日：－ 規約改定年月日：－

農場HACCP・JGAPについて
農場HACCP：無 ＪＧＡＰ：無

交配様式

雌	（＜イノブタ×猪＞×バークシャー） ×
雄	デュロック

特長	● 脂身は甘く、融点が低い。

主な流通経路および販売窓口
◆主 な と 畜 場 ：眉山食品、西宮市食肉市場
◆主 な 処 理 場 ：眉山食品、マルヤスミート
◆年 間 出 荷 頭 数 ：1,800頭
◆主 要 卸 売 企 業 ：日本ハム、伊藤忠食品
◆輸出実績国・地域 ：香港、マカオ
◆今 後 の 輸 出 意 欲 ：有

販売指定店制度について
指定店制度：無 販促ツール：シール、のぼり、ポス ター

概要	管 理 主 体：㈱嶋本食品	電　　　話：0799-36-2089
	代 表 者：嶋本 育史	Ｆ Ａ Ｘ：0799-36-3989
	所 在 地：兵庫県南あわじ市松帆志知川 154	Ｕ Ｒ Ｌ：www.shimamotoshokuhin.com
		メールアドレス：info@shimamotoshokuhin.com

兵 庫 県

大黒もち豚
だいこくもちぶた

飼育管理	
出荷日齢：180～200日齢	
出荷体重：約120kg	
指定肥育地・牧場 ：淡路島	
飼料の内容 ：米を配合した指定配合による専用飼料	

商標登録・GI登録・銘柄規約について	
商標登録の有無：有 登録取得年月日：－	
ＧＩ登録：未定	
銘柄規約の有無：－ 規約設定年月日：－ 規約改定年月日：－	

農場 HACCP・JGAP について	
農場 HACCP：無	
ＪＧＡＰ：無	

交配様式

主な流通経路および販売窓口
◆主 な と 畜 場 ：西宮市食肉センター
◆主 な 処 理 場 ：マルヤスミート
◆年 間 出 荷 頭 数 ：－
◆主 要 卸 売 企 業 ：－
◆輸出実績国・地域 ：無
◆今 後 の 輸 出 意 欲 ：無

販売指定店制度について
指定店制度：有 販促ツール：シール、のぼり、パネル

特長

概要	管 理 主 体：マルヤスファーム 代 表 者：安次嶺 優子 所 在 地：南あわじ市倭文神道 918	電 話：0799-46-0466 ＦＡＸ：同上 ＵＲＬ：－ メールアドレス：－

兵 庫 県

ひょうご雪姫ポーク
ひょうごゆきひめぽーく

飼育管理	
出荷日齢：80～200日齢	
出荷体重：120kg前後	
指定肥育地・牧場 ：協和資糧上月ファーム、木村友彦、定岡太	
飼料の内容 ：肥育期はエコフィードを利用し、その内出荷前の50日以上は麦由来のでんぷん質飼料（パンくず、めんくず等）を風乾物重量で40%以上配合した飼料を給与	

商標登録・GI登録・銘柄規約について	
商標登録の有無：有 登録取得年月日：2010 年 8 月 6 日	
ＧＩ登録：未定	
銘柄規約の有無：有 規約設定年月日：2007 年 5 月 23 日 規約改定年月日：2013 年 1 月 22 日	

農場 HACCP・JGAP について	
農場 HACCP：無	
ＪＧＡＰ：無	

交配様式

三元交配種、二元交配種
またはハイブリッド豚

主な流通経路および販売窓口
◆主 な と 畜 場 ：県内と畜場
◆主 な 処 理 場 ：同上
◆年 間 出 荷 頭 数 ：4,800 頭
◆主 要 卸 売 企 業 ：ファインコスト、協立精肉センター、サカエ屋精肉店
◆輸出実績国・地域 ：無
◆今 後 の 輸 出 意 欲 ：無

販売指定店制度について
指定店制度：有 販促ツール：シール、のぼり、パンフレット、チラシなど

特長
- ロース肉中の脂肪含有量が多く、見た目がきれい。
- 調理したロース肉の硬さを測定した結果、軟らかい。
- 融点が低いため舌触りが滑らか。
- 脂肪中のオレイン酸含有量が多く含まれる。

概要	管 理 主 体：ひょうご雪姫ポークブランド推進協議会 代 表 者：定岡 太 会長 所 在 地：神戸市中央区海岸通 1 公益社団法人兵庫県畜産協会	電 話：078-381-9362 ＦＡＸ：078-331-7744 ＵＲＬ：yukihimepork.com メールアドレス：yukihime@hyotiku.ecweb.jp

奈良県

郷Pork（ごうぽーく）

奈良産 ®

飼育管理	
出荷日齢	200〜240日
出荷体重	95〜140kg
指定肥育地・牧場	奈良市東鳴川町630
飼料の内容	配合飼料を使用せず、自社でのエコフィード使用

商標登録・GI登録・銘柄規約について	
商標登録の有無	有
登録取得年月日	2011年6月6日
GI登録	未定
銘柄規約の有無	有
規約設定年月日	2012年1月
規約改定年月日	－

農場HACCP・JGAPについて	
農場HACCP	無
JGAP	無

交配様式

雌	（ランドレース×大ヨークシャー）×デュロック
雄	（ランドレース×大ヨークシャー）（大ヨークシャー×デュロック）

主な流通経路および販売窓口	
◆主なと畜場	大阪市食肉市場
◆主な処理場	－
◆年間出荷頭数	1,200頭
◆主要卸売企業	奈良県、大阪府、和歌山県、京都府、滋賀県
◆輸出実績国・地域	無
◆今後の輸出意欲	

販売指定店制度について	
指定店制度	無
販促ツール	シール、ポスター、パンフレット

特長
- 自社食品残さ回収、飼料製造まで行い、一切配合飼料を使用せずに育てた豚。
- 飼育日数も少し長めで、肉にきめ細やかなサシと甘みのある肉質でオレイン酸が多く含まれている。

概要		
管理主体	㈱村田商店	電話：0742-34-1836
代表者	村田 芳子 代表取締役	FAX：同上
所在地	奈良市法華寺町898	URL：－
		メールアドレス：muratasyotenn@ae.auone-net.jp

奈良県

ヤマトポーク（やまとぽーく）

奈良産豚肉 ヤマトポーク 奈良県ヤマトポーク流通推進協議会

飼育管理	
出荷日齢	180日齢
出荷体重	115kg前後
指定肥育地・牧場	－
飼料の内容	ヤマトポーク専用肥育飼料を給与

商標登録・GI登録・銘柄規約について	
商標登録の有無	無
登録取得年月日	－
GI登録	未定
銘柄規約の有無	有
規約設定年月日	2008年2月8日
規約改定年月日	－

農場HACCP・JGAPについて	
農場HACCP	無
JGAP	無

交配様式

雌	（ランドレース×大ヨークシャー）×デュロック
雄	
雌	（大ヨークシャー×ランドレース）×デュロック
雄	

主な流通経路および販売窓口	
◆主なと畜場	奈良県食肉センター
◆主な処理場	同上
◆年間出荷頭数	3,500頭
◆主要卸売企業	－
◆輸出実績国・地域	無
◆今後の輸出意欲	無

販売指定店制度について	
指定店制度	有
販促ツール	シール、のぼり

特長
- 優秀な種豚と厳選された母豚から生産。
- ヤマトポーク専用肥育飼料を給与。
- 肉の中に上質な脂肪が適度に入り、ジューシーな味わいの良い豚肉。
- 指定販売店10件、指定飲食店・加工業者15件。

概要		
管理主体	奈良県ヤマトポーク流通推進協議会	電話：0742-27-7450
代表者	村井 浩 会長	FAX：0742-22-1471
所在地	奈良市登大路町30 奈良県農林部畜産課内	URL：www.yamatopork.com
		メールアドレス：－

鳥 取 県

大山ルビー
（だいせんるびー）

大山ルビー
鳥取県産ブランド豚

交配様式

雌　　　　雄
デュロック×バークシャー

飼育管理	
出荷日齢：－	
出荷体重：－	
指定肥育地・牧場　：－	
飼料の内容　：－	

商標登録・GI登録・銘柄規約について	
商標登録の有無：有	
登録取得年月日：2011年1月7日	
GI登録：－	
銘柄規約の有無：－	
規約設定年月日：－	
規約改定年月日：－	

農場HACCP・JGAPについて	
農場HACCP：無	
JGAP：無	

主な流通経路および販売窓口
◆主なと畜場　：鳥取県食肉センター
◆主な処理場　：同上
◆年間出荷頭数　：800頭
◆主要卸売企業　：鳥取東伯ミート、マエダポーク、はなふさ
◆輸出実績国・地域　：－
◆今後の輸出意欲　：無

販売指定店制度について
指定店制度：有
販促ツール：パンフレット、シール、のぼり

特長
- さしが多く、オレイン酸が豊富。
- 肉質がきめ細かく軟らかく、脂が甘くておいしい。

概要		
管理主体：鳥取県産ブランド豚振興会	電話：0857-21-2756	
代表者：生田孝信　会長	FAX：0857-37-0084	
所在地：鳥取市末広温泉町723（事務局：鳥取県畜産推進機構）	URL：－	
	メールアドレス：－	

島 根 県

石見ポーク
（いわみぽーく）

交配様式

ケンボロー

飼育管理	
出荷日齢：170日齢	
出荷体重：117kg	
指定肥育地・牧場　：邑智ピッグファーム	
飼料の内容　：指定配合飼料	

商標登録・GI登録・銘柄規約について	
商標登録の有無：無	
登録取得年月日：－	
GI登録：未定	
銘柄規約の有無：無	
規約設定年月日：－	
規約改定年月日：－	

農場HACCP・JGAPについて	
農場HACCP：無	
JGAP：無	

主な流通経路および販売窓口
◆主なと畜場　：島根県食肉公社
◆主な処理場　：ディプロ
◆年間出荷頭数　：8,000頭
◆主要卸売企業　：ディプロ
◆輸出実績国・地域　：無
◆今後の輸出意欲　：－

販売指定店制度について
指定店制度：－
販促ツール：－

特長
- あっさりしている。
- 軟らかい。
- 獣臭がしない。
- 脂に甘みがある。

概要		
管理主体：㈲ディプロ	電話：0855-95-1585	
代表者：服部功代表	FAX：0855-95-2330	
所在地：邑智郡邑南町矢上4605	URL：－	
	メールアドレス：info@devero.co.jp	

島 根 県

しまねぽーく
島根ポーク

飼育管理
出荷日齢：175日齢
出荷体重：115kg
指定肥育地・牧場 ：－
飼料の内容 ：－

商標登録・GI登録・銘柄規約について
商標登録の有無：有
登録取得年月日：2004年8月13日
ＧＩ登録：－
銘柄規約の有無：無 規約設定年月日：－ 規約改定年月日：－

農場 HACCP・JGAP について
農場 HACCP：－
ＪＧＡＰ：－

交配様式

ケンボロー

主な流通経路および販売窓口
◆主 な と 畜 場 ：島根県食肉公社
◆主 な 処 理 場 ：同上
◆年 間 出 荷 頭 数 ：14,000 頭
◆主 要 卸 売 企 業 ：－
◆輸出実績国・地域 ：－
◆今 後 の 輸 出 意 欲 ：－

販売指定店制度について
指定店制度：－ 販促ツール：－

特長
● ケンボロー種の特長を最も引き出す飼料を開発している。

概要	管 理 主 体 ：㈲島根ポーク 代 表 者 ：永野 雅彦 代表取締役 所 在 地 ：浜田市金城町七条イ 986-1	電 話 ： 0855-42-1679 Ｆ Ａ Ｘ ： 0855-42-1294 Ｕ Ｒ Ｌ ： － メールアドレス ： －

島 根 県

ふようぽーく
芙蓉ポーク

飼育管理
出荷日齢：175日齢
出荷体重：115kg
指定肥育地・牧場 ：－
飼料の内容 ：－

商標登録・GI登録・銘柄規約について
商標登録の有無：有
登録取得年月日：2004年12月3日
ＧＩ登録：－
銘柄規約の有無：無 規約設定年月日：－ 規約改定年月日：－

農場 HACCP・JGAP について
農場 HACCP：－
ＪＧＡＰ：－

交配様式

ケンボロー

主な流通経路および販売窓口
◆主 な と 畜 場 ：島根県食肉公社
◆主 な 処 理 場 ：同上
◆年 間 出 荷 頭 数 ：16,000 頭
◆主 要 卸 売 企 業 ：－
◆輸出実績国・地域 ：－
◆今 後 の 輸 出 意 欲 ：－

販売指定店制度について
指定店制度：－ 販促ツール：－

特長
● 脂質の良さと赤身肉の味には定評がある。

概要	管 理 主 体 ：㈲島根ポーク 代 表 者 ：永野 雅彦 代表取締役 所 在 地 ：浜田市金城町七条イ 986-1	電 話 ： 0855-42-1679 Ｆ Ａ Ｘ ： 0855-42-1294 Ｕ Ｒ Ｌ ： － メールアドレス ： －

岡 山 県

おかやまくろぶた
おかやま黒豚

飼育管理	
出荷日齢：約220日齢	
出荷体重：約115kg	
指定肥育地・牧場 ：協和養豚	
飼料の内容 ：たんぱく質原料は純植物性で、穀類を主原料にした専用飼料	

交配様式

バークシャー

商標登録・GI登録・銘柄規約について	
商標登録の有無：無 登録取得年月日：－	
GI 登 録：未定	
銘柄規約の有無：無 規約設定年月日：－ 規約改定年月日：－	

農場 HACCP・JGAP について	
農場 HACCP：無	
JGAP：無	

	主な流通経路および販売窓口
◆主 な と 畜 場 ：岡山県食肉市場	
◆主 な 処 理 場 ：同上	
◆年 間 出 荷 頭 数 ：1,000 頭	
◆主 要 卸 売 企 業 ：－	
◆輸出実績国・地域 ：無	
◆今 後 の 輸 出 意 欲 ：無	

販売指定店制度について
指定店制度：有 販促ツール：ポスター、シール、のぼり、リーフレット

特長	● 県内指定農場で生産された純粋バークシャー種。 ● 黒豚特有の甘みとおいしさ。

概要	管 理 主 体 ： 岡山県産豚肉消費促進協議会 代 表 者 ： 藤原 雅人 会長 所 在 地 ： 岡山市南区藤田 566-126	電 話 ： 086-296-5033 F A X ： 086-296-5089 U R L ： － メールアドレス ： －

岡 山 県

ぴーちぽーくとんとんとん
ピーチポークとんトン豚

飼育管理	
出荷日齢：約175日齢	
出荷体重：約115kg	
指定肥育地・牧場 ：岡山JA畜産（吉備農場、荒戸山SPF農場）	
飼料の内容 ： たん白質原料は純植物性で、穀類を主原料にした指定配合飼料	

交配様式

雌	（ランドレース × 大ヨークシャー）
雄	× デュロック

商標登録・GI登録・銘柄規約について	
商標登録の有無：有 登録取得年月日：2005 年 9 月22日	
GI 登 録：未定	
銘柄規約の有無：無 規約設定年月日：－ 規約改定年月日：－	

農場 HACCP・JGAP について	
農場 HACCP：無	
JGAP：無	

	主な流通経路および販売窓口
◆主 な と 畜 場 ：岡山県食肉市場	
◆主 な 処 理 場 ：同上	
◆年 間 出 荷 頭 数 ：19,000 頭	
◆主 要 卸 売 企 業 ：－	
◆輸出実績国・地域 ：無	
◆今 後 の 輸 出 意 欲 ：無	

販売指定店制度について
指定店制度：無 販促ツール：ポスター、シール、のぼり、リーフレット

特長	● "純おかやま育ち"のSPF豚。 ● 「安心・美味しい・やわらかい」の3拍子そろいの♪とん・トン・豚♪

概要	管 理 主 体 ： 全国農業協同組合連合会岡山県本部 代 表 者 ： 伍賀 弘 県本部長 所 在 地 ： 岡山市南区藤田 566-126	電 話 ： 086-296-5033 F A X ： 086-296-5089 U R L ： www.hare-meat-egg.jp/ メールアドレス ： －

岡 山 県

まむ・はーと　びーでぃーとん

マム・ハート　BD豚

脂のおいしさが特徴の黒豚（バークシャー種）。
霜降り肉で赤身にこくがあるデュロック種。
両方のおいしさを合わせました。

飼育管理	
出荷日齢：190日齢	
出荷体重：115kg	
指定肥育地・牧場	
：岡山ＪＡ畜産　美星農場	
飼料の内容	
：小麦主体の指定配合量	

商標登録・GI登録・銘柄規約について	
商標登録の有無：有	
登録取得年月日：－	
GI 登 録：－	
銘柄規約の有無：無	
規約設定年月日：－	
規約改定年月日：－	

農場 HACCP・JGAP について	
農場 HACCP：無	
ＪＧＡＰ：無	

交配様式

　　　　雌　　　　　　雄
（バークシャー × デュロック）

主な流通経路および販売窓口
◆主 な と 畜 場
：岡山県食肉市場
◆主 な 処 理 場
：岡山食肉センター
◆年 間 出 荷 頭 数
：1,200 頭
◆主 要 卸 売 企 業
：－
◆輸出実績国・地域
：無
◆今後の輸出意欲
：無

販売指定店制度について
指定店制度：有
販促ツール：－

特長	● バークシャー種の雌豚にデュロック種豚を掛け合わせ、小麦主体の指定配合飼料で肥育。

概要	管 理 主 体　：㈱マムハートホールディングス	電　　　　話：0868-28-7012
	代 表 者　：松田　欣也	Ｆ Ａ Ｘ：0868-28-7021
	所 在 地　：津山市戸島 893-15	Ｕ Ｒ Ｌ：www.maruilife.co.jp
		メールアドレス：a-inagaki@maruilife.co.jp

広 島 県

せとうちろっこくとん

瀬戸内六穀豚

SETOUCHI
ROKKOKUTON

飼育管理	
出荷日齢：170～180日齢	
出荷体重：110～115kg	
指定肥育地・牧場	
：広島県・自社牧場・預託牧場	
飼料の内容	
：6種の穀物をバランス良く配合	
した指定配合飼料	

商標登録・GI登録・銘柄規約について	
商標登録の有無：無	
登録取得年月日：－	
GI 登 録：未定	
銘柄規約の有無：無	
規約設定年月日：－	
規約改定年月日：－	

農場 HACCP・JGAP について	
農場 HACCP：無	
ＪＧＡＰ：無	

交配様式

三種間交配種

主な流通経路および販売窓口
◆主 な と 畜 場
：広島市食肉市場
岡山県食肉センター
◆主 な 処 理 場
：同上
◆年 間 出 荷 頭 数
：57,000 頭
◆主 要 卸 売 企 業
：米久
◆輸出実績国・地域
：無
◆今後の輸出意欲
：無

販売指定店制度について
指定店制度：無
販促ツール：シール、のぼり、ポスタ
ー、ボード、POP 各種

特長	● 6種類の穀物（とうもろこし・マイロ・米・大麦・小麦・大豆）をバランス良く配合した飼料を与え、肉のうまみ、まろやかなコクをつくり出すとともに、締まりのある肉質、淡い肉色、きれいな白上がりの脂肪色にもこだわりました。
	● 母豚からの一貫生産を行うことで安定した供給および品質を実現しています。

概要	管 理 主 体　：大洋ポーク㈱（米久㈱関連会社）	電　　　　話：0848-36-5010
	代 表 者　：宮田　孝信　社長	Ｆ Ａ Ｘ：0848-36-5181
	所 在 地　：三原市深町 1821 番地 1	Ｕ Ｒ Ｌ：www.yonekyu.co.jp/rokkokuton/
		メールアドレス：－

広島県

ひろしまもちぶた
広島もち豚

飼育管理
出荷日齢：約210日齢
出荷体重：110〜120kg
指定肥育地・牧場
：広島市安佐北区・農事組合法人三共グリーン、山県郡北広島町石橋ファーム
飼料の内容
：パンなどの麦類を多く含んだ肥育専用飼料。肥育後期の専用飼料には抗生物質、抗菌剤を使用していない

商標登録・GI登録・銘柄規約について
商標登録の有無：無
登録取得年月日：—
GI 登 録：未定
銘柄規約の有無：無
規約設定年月日：—
規約改定年月日：—

農場HACCP・JGAPについて
農場HACCP：無
JGAP：無

交配様式

	雌	雄
雌	（ランドレース×大ヨークシャー）	
	×	
雄	デュロック	
雌	（大ヨークシャー×ランドレース）	
	×	
雄	デュロック	

主な流通経路および販売窓口
◆主 な と 畜 場
：広島市食肉市場
◆主 な 処 理 場
：同上
◆年 間 出 荷 頭 数
：約 1,500 頭
◆主 要 卸 売 企 業
：福留ハム
◆輸出実績国・地域
：無
◆今後の輸出意欲
：無

販売指定店制度について
指定店制度：無
販促ツール：シール、ポスター、パネル

	特長
●	食肉産業展第12回全国銘柄ポーク好感度コンテスト最優秀賞受賞。
●	パンなどの麦類を多く含んだ肥育専用飼料を給与することで、まろやかな味わいの赤身肉と甘くとろけるような脂身がおいしい豚肉。

概要	管 理 主 体	：福留ハム㈱	電　　　　話	：082-818-8320
	代　 表 　者	：福原 治彦 代表取締役社長	F A X	：082-818-2077
	所 　在 　地	：広島市西区草津港 2-6-75	U R L	：www.fukutome.com
			メールアドレス	：u-syoku@fukutomeham.com

山口県

かのあじわいぶた
鹿野あじわい豚

飼育管理
出荷日齢：180日齢
出荷体重：約110kg
指定肥育地・牧場
：鹿野ファーム・阿武農場
飼料の内容
：（子豚〜肉豚）NON-GMOのとうもろこし

商標登録・GI登録・銘柄規約について
商標登録の有無：有
登録取得年月日：2012 年 11 月 9 日
GI 登 録：未定
銘柄規約の有無：無
規約設定年月日：—
規約改定年月日：—

農場HACCP・JGAPについて
農場HACCP：—
JGAP：—

交配様式

ハイポー

主な流通経路および販売窓口
◆主 な と 畜 場
：福岡食肉市場
◆主 な 処 理 場
：福岡食肉販売
◆年 間 出 荷 頭 数
：4,000 頭
◆主 要 卸 売 企 業
：—
◆輸出実績国・地域
：無
◆今後の輸出意欲
：無

販売指定店制度について
指定店制度：無
販促ツール：シール

	特長
●	飼育体系は各ステージのオールイン・オールアウト方式を採用し、約110日以上の休薬期間を設けている。
●	大麦、ライ麦をふんだんに含む配合飼料を約110日以上与え、味と締まりにこだわった。
●	NON-GMO のとうもろこしを使用し、安心・安全な豚肉を供給。

概要	管 理 主 体	：㈲鹿野ファーム	電　　　　話	：0834-68-3617
	代　 表 　者	：隅 明憲	F A X	：0834-68-3909
	所 　在 　地	：周南市巣山 1950	U R L	：www.kanofarm.com
			メールアドレス	：ham@kanofarm.com

山 口 県

鹿野高原豚
かのこうげんとん

飼育管理		主な流通経路および販売窓口

飼育管理
出荷日齢：180日齢
出荷体重：約110kg
指定肥育地・牧場
　：鹿野ファーム・阿武農場、三原ファーム
飼料の内容
　：指定配合飼料（大麦、ライ麦入り）

商標登録・GI登録・銘柄規約について
商標登録の有無：有
登録取得年月日：2012年11月9日

GI登録：未定

銘柄規約の有無：無
規約設定年月日：－
規約改定年月日：－

農場HACCP・JGAPについて
農場HACCP：－
JGAP：－

山口県産銘柄豚　**鹿野高原豚**　高原育ちの味自慢

交配様式
ハイポー

主な流通経路および販売窓口
◆主なと畜場
　：福岡食肉市場
◆主な処理場
　：福岡食肉販売
◆年間出荷頭数
　：20,000頭
◆主要卸売企業
　：－
◆輸出実績国・地域
　：無
◆今後の輸出意欲
　：無

販売指定店制度について
指定店制度：無
販促ツール：シール

特長
● 飼育体系は各ステージのオールイン・オールアウト方式を採用し、約110日以上の休薬期間を設けている。
● 大麦、ライ麦をふんだんに含む配合飼料を約110日以上与え、味と締まりにこだわった。

概要
管理主体：㈲鹿野ファーム
代表者：隅　明憲
所在地：周南市巣山1950
電話：0834-68-3617
FAX：0834-68-3909
URL：www.kanofarm.com
メールアドレス：ham@kanofarm.com

徳 島 県

阿波とん豚
あわとんとん

飼育管理
出荷日齢：約210日齢
出荷体重：65kg以上115kg未満
指定肥育地・牧場
　：徳島県内
飼料の内容
　：飼養管理マニュアルを基準とした給与

商標登録・GI登録・銘柄規約について
商標登録の有無：有
登録取得年月日：2014年5月30日

GI登録：－

銘柄規約の有無：有
規約設定年月日：2013年9月27日
規約改定年月日：－

農場HACCP・JGAPについて
農場HACCP：無
JGAP：無

交配様式
いのしし、大ヨークシャー、デュロックの交雑種をDNA育種によって遺伝子固定した新しい系統

主な流通経路および販売窓口
◆主なと畜場
　：眉山食品、鳴門食肉センター
◆主な処理場
　：同上
◆年間出荷頭数
　：約500頭
◆主要卸売企業
　：－
◆輸出実績国・地域
　：－
◆今後の輸出意欲
　：－

販売指定店制度について
指定店制度：有
販促ツール：シール、のぼり、リーフレット

特長
● イノシシ由来の肉の赤身と、高い保水性。
● 肥育後期における専用飼料の給与。
● 個体管理とDNA鑑定によるトレーサビリティシステム。
● 甘味が強く、軟らかい肉質。

概要
管理主体：徳島県阿波とん豚ブランド確立対策協議会
代表者：近藤　用三　会長
所在地：徳島市北佐古一番町61-11
電話：088-634-2680
FAX：088-637-0009
URL：awatonton.com
メールアドレス：－

徳 島 県

あわのきんときぶた
阿波の金時豚

飼育管理
出荷日齢：200日齢
出荷体重：110〜120kg
指定肥育地・牧場
：板野郡上板町、阿波市吉野町
飼料の内容
：徳島県の名産「鳴門金時」を飼料
として与えると同時に、その時
々の豚の状態をみながら飼料米
をブレンドしている

商標登録・GI登録・銘柄規約について
商標登録の有無：有
登録取得年月日：2013年9月13日
GI 登 録：－
銘柄規約の有無：－
規約設定年月日：－
規約改定年月日：－

農場HACCP・JGAPについて
農場HACCP：無
JGAP：無

	交配様式	
雌	（大ヨークシャー×ランドレース）	雄
雄	× デュロック	
雌	（ランドレース×大ヨークシャー）	
雄	× デュロック	

特長	● 脂が甘く、アクが出にくい。 ● 肉の締まりが良い。 ● 飼育からカットまで一貫して行っているため、肉の状態をみながら飼育方法を調整し、安定した肉質の維持を実現している。

主な流通経路および販売窓口
◆主 な と 畜 場 　：フードパッカー四国徳島工場
◆主 な 処 理 場 　：－
◆年 間 出 荷 頭 数 　：1,000頭（増頭中）
◆主 要 卸 売 企 業 　：自社販売
◆輸出実績国・地域 　：－
◆今後の輸出意欲 　：－

販売指定店制度について
指定店制度：－
販促ツール：シール、のぼり、リーフレット

概要	管 理 主 体：㈲NOUDA	電 話：088-694-4006
	代 表 者：納田 明豊 代表取締役	FAX：088-696-2983
	所 在 地：板野郡上板町綾部318	URL：www.agurigarden.com
		メールアドレス：kintokibuta@agurigarden.com

香 川 県

おりーぶとん
オリーブ豚

飼育管理
出荷日齢：－
出荷体重：－
指定肥育地・牧場
：オリーブ豚指定生産者
飼料の内容
：オリーブ豚振興会が定める方法
により、出荷前に一定期間、一定
量のオリーブ飼料を給与

商標登録・GI登録・銘柄規約について
商標登録の有無：有
登録取得年月日：2012年5月25日
GI 登 録：－
銘柄規約の有無：有
規約設定年月日：2015年4月20日
規約改定年月日：－

農場HACCP・JGAPについて
農場HACCP：無
JGAP：無

	交配様式	
雌	（ランドレース×大ヨークシャー）	雄
雄	× デュロック	
雌	（大ヨークシャー×ランドレース）	
雄	× デュロック	など

特長	● オリーブのしぼり果実を与えて育てた「オリーブ夢豚」は、うまみや甘み成分が高まり、中でもフルーティーな甘み成分である果糖（フルクトース）が高まりました。 ● 新しいおいしさの誕生です。

主な流通経路および販売窓口
◆主 な と 畜 場 　：香川県畜産公社、香川県農業協同組合大川畜産センター
◆主 な 処 理 場 　：同上
◆年 間 出 荷 頭 数 　：15,000頭
◆主 要 卸 売 企 業 　：協同食品、七星食品など
◆輸出実績国・地域 　：無
◆今後の輸出意欲 　：無

販売指定店制度について
指定店制度：有
販促ツール：ポスター、のぼり、リーフレット、シール

概要	管 理 主 体：オリーブ豚振興会	電 話：087-825-0284
	代 表 者：東原 寛二 会長	FAX：087-826-1098
	所 在 地：高松市寿町1-3-2	URL：www.sanchiku.gr.jp
	（公社）香川県畜産協会内	メールアドレス：－

香川県

おりーぶゆめぶた
オリーブ夢豚

飼育管理
出荷日齢：－
出荷体重：－
指定肥育地・牧場
：オリーブ豚指定生産者
飼料の内容
：讃岐夢豚にオリーブ豚振興会が定める方法により、出荷前に一定期間、一定量のオリーブ飼料を給与

商標登録・GI登録・銘柄規約について
商標登録の有無：有
登録取得年月日：2016年5月20日
GI登録：－
銘柄規約の有無：有
規約設定年月日：2015年4月20日
規約改定年月日：－

農場HACCP・JGAPについて
農場HACCP：無
JGAP：無

交配様式

バークシャー種の血液が50%以上

主な流通経路および販売窓口
◆主なと畜場 ：香川県畜産公社、香川県農業協同組合大川畜産センター
◆主な処理場 ：同上
◆年間出荷頭数 ：3,000頭
◆主要卸売企業 ：協同食品、七星食品など
◆輸出実績国・地域 ：無
◆今後の輸出意欲 ：無

販売指定店制度について
指定店制度：有
販促ツール：ポスター、のぼり、リーフレット、シール

	特長
特長	● 讃岐夢豚にオリーブのしぼり果実を与えて育てた「オリーブ夢豚」は、うまみや甘み成分が高まり、中でもフルーティーな甘み成分である果糖（フルクトース）が高まりました。 ● プレミアムなおいしさは、すべてがあなたの想像以上。

概要	管理主体	： オリーブ豚振興会	電話	： 087-825-0284
	代表者	： 東原 寛二 会長	FAX	： 087-826-1098
	所在地	： 高松市寿町1-3-2	URL	： www.sanchiku.gr.jp
		（公社）香川県畜産協会内	メールアドレス	： －

愛媛県

いしづちさんだいめぽーく
石鎚三代目ポーク

飼育管理
出荷日齢：180～190日齢
出荷体重：約110kg
指定肥育地・牧場 ：－
飼料の内容 ：指定配合飼料

商標登録・GI登録・銘柄規約について
商標登録の有無：無
登録取得年月日：－
GI登録：－
銘柄規約の有無：無
規約設定年月日：－
規約改定年月日：－

農場HACCP・JGAPについて
農場HACCP：無
JGAP：無

交配様式

雌	（ランドレース × 大ヨークシャー）
	×
雄	デュロック

主な流通経路および販売窓口
◆主なと畜場 ：アイパックス他
◆主な処理場 ：同上
◆年間出荷頭数 ：5,000頭
◆主要卸売企業 ：－
◆輸出実績国・地域 ：無
◆今後の輸出意欲 ：有

販売指定店制度について
指定店制度：無
販促ツール：シール、のぼり

	特長
特長	石鎚山のふもとのきれいな空気の中、清潔な環境で大切に育てています。有効菌（納豆菌等）、ビール酵母等を使用して、免疫力を高め、健康に育っています。豚肉本来がもっているジューシーで甘みのある軟らかな肉質です。

概要	管理主体	： ㈲みふね畜産食品	電話	： 0897-33-5121
	代表者	： 三船 正良	FAX	： 0897-33-5122
	所在地	： 新居浜市庄内町3-12-37	URL	： －
			メールアドレス	： －

愛 媛 県

えひめあまとろぶた
愛媛甘とろ豚

愛媛の裸麦で育った
甘とろ豚

飼育管理	
出荷日齢：180日以上240日以内	
出荷体重：110kg	
指定肥育地・牧場 ：愛媛県内の指定農場	
飼料の内容 ：生体重60kg〜出荷まで県産はだ 　か麦を配合した専用飼料を給与	

商標登録・GI登録・銘柄規約について	
商標登録の有無：有 登録取得年月日：2010年4月16日	
GI 登 録：未定	
銘柄規約の有無：有 規約設定年月日：2010年12月2日 規約改定年月日：2012年4月1日	

農場HACCP・JGAPについて	
農場HACCP：無	
J G A P：無	

交配様式

	雌	雄
雌	（ランドレース × 大ヨークシャー）	
	×	
雄	中ヨークシャー	

主な流通経路および販売窓口
◆主 な と 畜 場 ：四万十市営食肉センター
◆主 な 処 理 場 ：愛媛飼料産業四万十営業所
◆年 間 出 荷 頭 数 ：約8,000頭
◆主 要 卸 売 企 業 ：ビージョイ
◆輸出実績国・地域 ：無
◆今 後 の 輸 出 意 欲 ：有

販売指定店制度について
指定店制度：有 販促ツール：のぼり、チラシ、シー ルなど

特長	品種は愛媛県で造成した中ヨークシャーをベースとし、飼料は全国一の生産量をほこるはだか麦を給与。生産履歴も万全。肉質は、ほど良くサシが入り、肉色は濃く、ジューシーで軟らかな赤肉、脂肪は白くなめらかな口どけでくさみのないおいしさ。

概要	管 理 主 体：愛媛甘とろ豚普及協議会 代 表 者：志波 豊 会長 所 在 地：松山市一番町4-4-2 　　　　　　県庁畜産課内	電 話：089-912-2575 F A X：089-912-2574 U R L：amatoro.aifood.jp/ メールアドレス：－

愛 媛 県

ふれあい・ひめぽーく
ふれ愛・媛ポーク

ふれ愛媛ポーク

飼育管理	
出荷日齢：－	
出荷体重：－	
指定肥育地・牧場 ：－	
飼料の内容 ：みかん成分などを配合したJA 　グループ独自の飼料	

商標登録・GI登録・銘柄規約について	
商標登録の有無：有 登録取得年月日：2000年4月21日	
GI 登 録：－	
銘柄規約の有無：有 規約設定年月日：1999年4月1日 規約改定年月日：－	

農場HACCP・JGAPについて	
農場HACCP：無	
J G A P：無	

交配様式

ハイコープの三元交雑種

主な流通経路および販売窓口
◆主 な と 畜 場 ：JAえひめ アイパックス
◆主 な 処 理 場 ：同上
◆年 間 出 荷 頭 数 ：122,000頭
◆主 要 卸 売 企 業 ：全農愛媛県本部
◆輸出実績国・地域 ：－
◆今 後 の 輸 出 意 欲 ：－

販売指定店制度について
指定店制度：－ 販促ツール：－

特長	● 種豚、飼料、環境、加工の4つの品質を追求しています（品質の安定） ● 品質チェックをトータル的に管理運営（農場から加工、販売まで） ● 安心・安全の一貫態勢。

概要	管 理 主 体：「ふれ愛・媛ポーク」銘柄推進協議会 代 表 者：酒井 栄一 会長 所 在 地：伊予市下吾川字北野511-1	電 話：089-983-2113 F A X：089-983-4757 U R L：www.eh.zennoh.or.jp メールアドレス：－

福岡県

いきさんぶた
一貴山豚

Natural Pig Farm

いきさん牧場

飼育管理
出荷日齢：200日齢
出荷体重：120kg
指定肥育地・牧場 ：－
飼料の内容 ：自家配合、飼料米20%

商標登録・GI登録・銘柄規約について
商標登録の有無：有 登録取得年月日：－
ＧＩ登録：未定
銘柄規約の有無：無 規約設定年月日：－ 規約改定年月日：－

農場HACCP・JGAPについて
農場HACCP：無
ＪＧＡＰ：無

交配様式	
雌	雌 （ランドレース × 大ヨークシャー） × 雄 デュロック
雄	

主な流通経路および販売窓口
◆主なと畜場 ：九州協同食肉
◆主な処理場 ：－
◆年間出荷頭数 ：1,800頭
◆主要卸売企業 ：－
◆輸出実績国・地域 ：無
◆今後の輸出意欲 ：無

販売指定店制度について
指定店制度：無 販促ツール：－

特長
- 丸粒とうもろこしを使用した自家配合飼料に飼料米を20%添加している。
- ＦＦＣ元始活水器を使った飲料水は肉豚の抗病性、抗ストレス性が高まり健康的に飼うことができる。
- 脂に上品な甘みがあり、肉質は軟らかでコクがあるのにしつこくないと評判。

概要	管理主体	：㈲いきさん牧場	電話	：092-325-1488
	代表者	：瀬戸　富士夫	ＦＡＸ	：092-325-1703
	所在地	：糸島市二丈上深江1296	ＵＲＬ	：－
			メールアドレス	：－

福岡県

いとしまとん
糸島豚

JA糸島　　　養豚部会

飼育管理
出荷日齢：180〜210日齢
出荷体重：115kg
指定肥育地・牧場 ：－
飼料の内容 ：－

商標登録・GI登録・銘柄規約について
商標登録の有無：無 登録取得年月日：－
ＧＩ登録：未定
銘柄規約の有無：無 規約設定年月日：－ 規約改定年月日：－

農場HACCP・JGAPについて
農場HACCP：無
ＪＧＡＰ：無

交配様式	
雌	雌 （ランドレース × 大ヨークシャー） × 雄 デュロック
雄	
	ハイポーほか

主な流通経路および販売窓口
◆主なと畜場 ：福岡食肉市場、九州協同食肉
◆主な処理場 ：同上
◆年間出荷頭数 ：32,000頭
◆主要卸売企業 ：－
◆輸出実績国・地域 ：無
◆今後の輸出意欲 ：無

販売指定店制度について
指定店制度：無 販促ツール：シール、のぼり

特長
- 安全、新鮮、おいしい。

概要	管理主体	：糸島農業協同組合	電話	：092-327-3912
	代表者	：山﨑　重俊　代表理事組合長	ＦＡＸ	：092-327-4164
	所在地	：糸島市前原東2-7-1	ＵＲＬ	：－
			メールアドレス	：－

福岡県

いとしまはなぶた
糸島華豚

飼育管理	
出荷日齢：200〜210日齢	
出荷体重：115〜120kg	
指定肥育地・牧場 ：香力畜産団地	
飼料の内容 ：糸島産米、大麦、小麦、きなこ、とうもろこし、大豆かすなど	

商標登録・GI登録・銘柄規約について
商標登録の有無：有
登録取得年月日：2016年5月15日
GI 登 録：−
銘柄規約の有無：−
規約設定年月日：−
規約改定年月日：−

農場HACCP・JGAPについて
農場HACCP：無
JGAP：無

交配様式
雌	雌（ランドレース×大ヨークシャー）× 雄デュロック
雄	

主な流通経路および販売窓口
◆主 な と 畜 場 ：福岡市食肉市場
◆主 な 処 理 場 ：福岡食肉販売
◆年 間 出 荷 頭 数 ：3,500頭
◆主 要 卸 売 企 業 ：TORIZEN
◆輸出実績国・地域 ：無
◆今 後 の 輸 出 意 欲 ：無

販売指定店制度について
指定店制度：−
販促ツール：タイトルボード、ストリーマー、リーフレット、旗、ワンポイントシール

特長	● 飼料は非遺伝子組み換えで収穫後、防かび、防虫のための農薬を使っていないとうもろこしや大豆を使用しきなこや地元糸島産の米も給与。 ● 水は雷山山系のおいしい地下水を与えています。 ● 抗生物質を使用せず、臭みやあくがなく脂質に甘みがあります。

概要	管 理 主 体：㈱井上ピッグファーム 代 表 者：井上 博幸 所 在 地：糸島市篠原東1-2-1	電 話：092-322-2955 F A X：092-332-2029 U R L：− メールアドレス：hanabuta@gmail.com

---

福岡県

はかたすぃーとん
博多すぃ〜とん

飼育管理	
出荷日齢：180日齢	
出荷体重：110kg	
指定肥育地・牧場 ：県内5農場	
飼料の内容 ：飼料米を配合した専用飼料	

商標登録・GI登録・銘柄規約について
商標登録の有無：無
登録取得年月日：−
GI 登 録：未定
銘柄規約の有無：無
規約設定年月日：−
規約改定年月日：−

農場HACCP・JGAPについて
農場HACCP：無
JGAP：無

交配様式
雌	雌（ランドレース×大ヨークシャー）× 雄デュロック
雄	

主な流通経路および販売窓口
◆主 な と 畜 場 ：九州協同食肉
◆主 な 処 理 場 ：JA全農ミートフーズ九州営業本部
◆年 間 出 荷 頭 数 ：3,000頭
◆主 要 卸 売 企 業 ：−
◆輸出実績国・地域 ：無
◆今 後 の 輸 出 意 欲 ：無

販売指定店制度について
指定店制度：無
販促ツール：シール、のぼり、パネル、リーフレット

特長	● 生産者指定、飼料米を配合した専用配合飼料による飼養管理法の統一により臭み少なく肉のキメが細かい風味豊かな豚肉に仕上げている。

概要	管 理 主 体：JA全農ミートフーズ九州営業本部 代 表 者：伊藤 浩紀 九州営業本部長 所 在 地：太宰府市都府楼南5-15-2	電 話：092-928-4214 F A X：092-925-6414 U R L：− メールアドレス：−

福岡県

はかたもち豚
（はかたもちぶた）

飼育管理	
出荷日齢	175日齢
出荷体重	110kg
指定肥育地・牧場	：県内指定農場
飼料の内容	：麦類多給

商標登録・GI登録・銘柄規約について	
商標登録の有無	有
登録取得年月日	－
GI登録	未定
銘柄規約の有無	無
規約設定年月日	－
規約改定年月日	－

農場HACCP・JGAPについて	
農場HACCP	無
JGAP	無

交配様式

雌：（ランドレース × 大ヨークシャー）
×
雄：デュロック

主な流通経路および販売窓口	
◆主なと畜場	：九州協同食肉
◆主な処理場	：JA全農ミートフーズ九州営業本部
◆年間出荷頭数	：22,000頭
◆主要卸売企業	：－
◆輸出実績国・地域	：無
◆今後の輸出意欲	：無

販売指定店制度について	
指定店制度	無
販促ツール	シール

特長
- 乳酸菌や麦類の多配によりうま味が増し、臭みがない、ジューシーな豚肉。

概要

管理主体	：JA全農ミートフーズ㈱九州営業本部	電話：092-928-4214
代表者	：伊藤 浩紀 九州営業本部長	FAX：092-925-6414
所在地	：太宰府市都府楼南5-15-2	URL：－
		メールアドレス：－

福岡県

博多夢豚
（はかたゆめぶた）

抗生物質未使用　博多夢豚　井上ピッグファーム

飼育管理	
出荷日齢	200日齢
出荷体重	115kg
指定肥育地・牧場	：香力畜産団地
飼料の内容	：糸島産米、とうもろこし、大麦、小麦、きなこ、大豆かすなど

商標登録・GI登録・銘柄規約について	
商標登録の有無	有
登録取得年月日	2009年12月4日
GI登録	未定
銘柄規約の有無	無
規約設定年月日	－
規約改定年月日	－

農場HACCP・JGAPについて	
農場HACCP	無
JGAP	無

交配様式

雌：（ランドレース × 大ヨークシャー）
×
雄：デュロック
デュロック

主な流通経路および販売窓口	
◆主なと畜場	：福岡食肉市場
◆主な処理場	：－
◆年間出荷頭数	：500頭
◆主要卸売企業	：TORIZEN
◆輸出実績国・地域	：無
◆今後の輸出意欲	：無

販売指定店制度について	
指定店制度	無
販促ツール	シール、のぼりほか

特長
- 飼料は非遺伝子組み換えで収穫後、防かび、防虫のための農薬を使っていないとうもろこしや大豆を使用しきなこや地元糸島産の米も給与。
- 水は雷山山系のおいしい地下水を与えています。
- 抗生物質を使用せず、臭みやあくがなく脂質に甘みがあります。

概要

管理主体	：井上ピッグファーム	電話：092-322-2955
代表者	：井上 博幸	FAX：092-332-2029
所在地	：糸島市篠原東1-2-1	URL：－
		メールアドレス：hanabuta@gmail.com

福岡県

ふくおかけんさんこめぶた
福岡県産こめ豚

飼育管理	
出荷日齢：175日齢	
出荷体重：110kg	
指定肥育地・牧場 ：県内2農場	
飼料の内容 ：飼料米を配合した専用飼料	

商標登録・GI登録・銘柄規約について	
商標登録の有無：無 登録取得年月日：－	
GI登録：未定	
銘柄規約の有無：無 規約設定年月日：－ 規約改定年月日：－	

交配様式

	雌	雄
雌	（ランドレース×大ヨークシャー）	
	×	
雄	デュロック	

主な流通経路および販売窓口
◆主なと畜場 ：九州協同食肉
◆主な処理場 ：JA全農ミートフーズ九州営業本部
◆年間出荷頭数 ：12,000頭
◆主要卸売企業 ：JA全農ミートフーズ九州営業本部
◆輸出実績国・地域 ：無
◆今後の輸出意欲 ：無

販売指定店制度について
指定店制度：無 販促ツール：シールほか

農場HACCP・JGAPについて		特長	
農場HACCP：無 JGAP：無		特長	●生産者指定、飼料米を配合した専用配合飼料、飼養管理法の統一により風味豊かな豚肉に仕上げている。 ●JA全農ミートフーズ九州営業本部直営店「あたしの直売所 純」で販売。

概要	管理主体：JA全農ミートフーズ㈱九州営業本部	電話：092-928-4214
	代表者：伊藤 浩紀 九州営業本部長	FAX：092-925-6414
	所在地：太宰府市都府楼南5-15-2	URL：－ メールアドレス：－

福岡県

やめふくふくとん
八女ふくふく豚

飼育管理	
出荷日齢：180日齢	
出荷体重：125kg	
指定肥育地・牧場 ：耳納山ファーム	
飼料の内容 ：配合飼料、「八女ふくふく豚」の ブランド規約に準じる	

商標登録・GI登録・銘柄規約について	
商標登録の有無：有 登録取得年月日：2007年12月7日	
GI登録：－	
銘柄規約の有無：有 規約設定年月日：2007年12月7日 規約改定年月日：2017年12月5日	

交配様式

ハイポー

主な流通経路および販売窓口
◆主なと畜場 ：スターゼンミートプロセッサー阿久根工場
◆主な処理場 ：同上
◆年間出荷頭数 ：6,000頭
◆主要卸売企業 ：スターゼン販売
◆輸出実績国・地域 ：無
◆今後の輸出意欲 ：無

販売指定店制度について
指定店制度：有 販促ツール：シール、のぼり、リーフレット

農場HACCP・JGAPについて		特長	
農場HACCP：－ JGAP：－		特長	●農場は八女市耳納山の山頂、標高380メートルにある、低地に比べ細菌数も少ない。 ●広大な八女の茶畑の中、豚舎に爽やかな風を通した環境で育てている。 ●抗菌作用や、食欲増進のため飼料に本場八女茶や紅花、オレガノ、カンゾーなどのハーブを配合している。

概要	管理主体：㈲耳納山ファーム	電話：0943-54-3740
	代表者：仲 良平 取締役	FAX：同上
	所在地：八女市上陽町上横山456-3	URL：minouzan.ocnk.net メールアドレス：minouzan@arion.ocn.ne.jp

佐 賀 県

開 拓 豚
かいたくとん

新鮮・国産豚肉・安心
佐賀県産
開拓豚
佐賀県開拓畜産農業協同組合

飼育管理	
出荷日齢：180日齢	
出荷体重：110kg	
指定肥育地・牧場 ：－	
飼料の内容 ：指定配合飼料	

商標登録・GI登録・銘柄規約について	
商標登録の有無：無	
登録取得年月日：－	
ＧＩ　登　録：未定	
銘柄規約の有無：無	
規約設定年月日：－	
規約改定年月日：－	

農場HACCP・JGAPについて	
農場HACCP：無	
ＪＧＡＰ：無	

交配様式

雌　（ランドレース × 大ヨークシャー）
×
雄　　　　デュロック

主な流通経路および販売窓口

◆主なと畜場
：佐賀県畜産公社

◆主な処理場
：同上

◆年間出荷頭数
：3,500 頭

◆主要卸売企業
：－

◆輸出実績国・地域
：－

◆今後の輸出意欲
：－

販売指定店制度について

指定店制度：－
販促ツール：－

特長

- 肉はきめが繊細で、締まりが良い。
- 脂肪が良質。
- 軟らかく多汁性に優れ、肉、脂肪に甘みがある。
- 風味も良い。

概要	管 理 主 体：佐賀県開拓畜産事業協同組合 代 表 者：井上　富男　代表理事理事長 所 在 地：鹿島市浜町 1397	電　　　　　話：0954-68-0467 Ｆ　Ａ　Ｘ：0954-68-0477 Ｕ　Ｒ　Ｌ：－ メールアドレス：－

佐 賀 県

金星佐賀豚
きんぼしさがぶた

Kinboshi®

飼育管理	
出荷日齢：180日齢	
出荷体重：110kg	
指定肥育地・牧場 ：－	
飼料の内容 ：－	

商標登録・GI登録・銘柄規約について	
商標登録の有無：有	
登録取得年月日：2006 年 1 月 6 日	
ＧＩ　登　録：	
銘柄規約の有無：無	
規約設定年月日：－	
規約改定年月日：－	

農場HACCP・JGAPについて	
農場HACCP：有（2016年3月30日）	
ＪＧＡＰ：無	

交配様式

雌　（大ヨークシャー × ランドレース）
×
雄　　　　デュロック

主な流通経路および販売窓口

◆主なと畜場
：福岡食肉市場、日本フードパッカー

◆主な処理場
：同上

◆年間出荷頭数
：22,000 頭

◆主要卸売企業
：福岡食肉市場、日本フードパッカー

◆輸出実績国・地域
：香港、マカオ、シンガポール

◆今後の輸出意欲
：有

販売指定店制度について

指定店制度：無
販促ツール：シール、のぼり

特長

- 多良岳山系の森林に囲まれた豚舎、豊かな湧き水、澄んだ空気と吟味された飼料、そして愛情。
- 多くの恵みを受けて育った健康でおいしい豚肉。

概要	管 理 主 体：㈲永渕ファームリンク 代 表 者：永渕　政信　代表取締役 所 在 地：藤津郡太良町大字大浦己 740-18	電　　　　　話：0954-68-3667 Ｆ　Ａ　Ｘ：0954-68-2128 Ｕ　Ｒ　Ｌ：www.nagafuchi.co.jp メールアドレス：info@nagafuchi.co.jp

佐 賀 県

佐賀天山高原豚
さがてんざんこうげんとん

飼育管理	
出荷日齢：約180日齢	
出荷体重：約110kg	
指定肥育地・牧場 ：天山ファーム	
飼料の内容 ：指定配合飼料	

商標登録・GI登録・銘柄規約について	
商標登録の有無：無 登録取得年月日：－	
GI登録：未定	
銘柄規約の有無：無 規約設定年月日：－ 規約改定年月日：－	

農場HACCP・JGAPについて	
農場HACCP：無	
JGAP：無	

交配様式
雌（大ヨークシャー × ランドレース）
×
雄 デュロック

主な流通経路および販売窓口	
◆主なと畜場 ：佐賀県畜産公社	
◆主な処理場 ：同上	
◆年間出荷頭数 ：約23,000頭	
◆主要卸売企業 ：－	
◆輸出実績国・地域 ：無	
◆今後の輸出意欲 ：無	

販売指定店制度について	
指定店制度：無 販促ツール：シール、のぼり、パネル	

特長
- 大群豚房飼育によりストレスを軽減した健康な豚。
- 日本SPF豚協会認定農場。

概要	管理主体	：JA全農ミートフーズ㈱ 九州営業本部	電話	：092-928-4214
	代表者	：伊藤 浩紀 九州営業本部 本部長	FAX	：092-928-6414
	所在地	：福岡県太宰府市都府楼南 5-12-2	URL	：www.jazmf.co.jp
			メールアドレス	：－

佐 賀 県

肥前さくらポーク
ひぜんさくらぽーく

飼育管理	
出荷日齢：190日齢	
出荷体重：110～120kg	
指定肥育地・牧場 ：－	
飼料の内容 ：JAさがの専用飼料	

商標登録・GI登録・銘柄規約について	
商標登録の有無：有 登録取得年月日：1998年8月21日	
GI登録：	
銘柄規約の有無：有 規約設定年月日：2009年4月1日 規約改定年月日：	

農場HACCP・JGAPについて	
農場HACCP：無	
JGAP：無	

交配様式
雌（ランドレース × 大ヨークシャー）
×
雄 デュロック

主な流通経路および販売窓口	
◆主なと畜場 ：佐賀県畜産公社	
◆主な処理場 ：同上	
◆年間出荷頭数 ：37,000頭	
◆主要卸売企業 ：福留ハム、全農ミートフーズ	
◆輸出実績国・地域 ：無	
◆今後の輸出意欲 ：無	

販売指定店制度について	
指定店制度：無 販促ツール：－	

特長
- 限定農場から生産されるため生産地が明確。
- 豚肉独特の臭みが少ないうえ、肉のキメが細かく、ソフトな食感。
- 肉色は鮮やかなさくら色。

概要	管理主体	：佐賀県農業協同組合	電話	：0952-25-5211
	代表者	：代表理事組合長 大島 信之	FAX	：0952-29-5597
	所在地	：佐賀市栄町 3-32	URL	：jasaga.or.jp/
			メールアドレス	：－

長　崎　県

うんぜんあかねぶた
雲仙あかね豚

飼育管理	
出荷日齢：180日齢	
出荷体重：110kg	
指定肥育地・牧場 ：－	
飼料の内容 ：自家配合飼料	

商標登録・GI登録・銘柄規約について	
商標登録の有無：有	
登録取得年月日：－	
ＧＩ登録：未定	
銘柄規約の有無：有	
規約設定年月日：2008年4月1日	
規約改定年月日：－	

農場 HACCP・JGAP について	
農場 HACCP：－	
ＪＧＡＰ：－	

交配様式

雌　　　　　　　　　雄
雌　（大ヨークシャー × ランドレース）
×
雄　　　　　　デュロック

主な流通経路および販売窓口
◆主なと畜場 ：日本フードパッカー　諫早工場
◆主な処理場 ：同上
◆年間出荷頭数 ：10,000頭
◆主要卸売企業 ：－
◆輸出実績国・地域 ：－
◆今後の輸出意欲 ：－

販売指定店制度について
指定店制度：－
販促ツール：シール

特長	● 雲仙山麓に長年かけて浸透した地下水とオリジナル飼料（新鮮なとうもろこしに飼料米をブレンド）を与え、育てることで豚肉特有の臭みのない、うまみ成分に富んだおいしい豚肉に仕上げた。 ● 雲仙市より雲仙ブランドとして認定されている。

概要	管 理 主 体：柿田ファーム 代 表 者：柿田　元幸 所 在 地：雲仙市吾妻町栗林名 295	電　　　　　　　話：0957-38-2747 Ｆ　Ａ　Ｘ：－ Ｕ　Ｒ　Ｌ：－ メールアドレス：－

長　崎　県

うんぜんうまかとんもみじ
雲仙うまか豚「紅葉」

飼育管理	
出荷日齢：180～210日齢	
出荷体重：110～115kg	
指定肥育地・牧場 ：開拓ながさき農協組合員4戸	
飼料の内容 ：特定の強化配合飼料	

商標登録・GI登録・銘柄規約について	
商標登録の有無：有	
登録取得年月日：2000年9月14日	
ＧＩ登録：未定	
銘柄規約の有無：有	
規約設定年月日：1991年9月9日	
規約改定年月日：－	

農場 HACCP・JGAP について	
農場 HACCP：－	
ＪＧＡＰ：－	

交配様式

雌　　　　　　　　　雄
雌　（大ヨークシャー × ランドレース）
×
雄　　　　　　デュロック

主な流通経路および販売窓口
◆主なと畜場 ：島原半島地域食肉センター
◆主な処理場 ：萩原ミート
◆年間出荷頭数 ：3,200頭
◆主要卸売企業 ：－
◆輸出実績国・地域 ：無
◆今後の輸出意欲 ：無

販売指定店制度について
指定店制度：有
販促ツール：シール、のぼり

特長	● 軟らかさの中にもしっかりとした歯ごたえがある。 ● コクも深い。 ● 和漢生薬の素材として利用される植物成分を多く含んだ配合飼料を給与している。

概要	管 理 主 体：開拓ながさき農業協同組合 代 表 者：平木　勇　代表理事組合長 所 在 地：諫早市中通町 1672	電　　　　　　　話：0957-28-0007 Ｆ　Ａ　Ｘ：0957-28-0008 Ｕ　Ｒ　Ｌ：－ メールアドレス：－

長 崎 県

うんぜんがまだすぽーく
雲仙がまだすポーク

飼育管理	
出荷日齢：200日齢	
出荷体重：110kg	
指定肥育地・牧場	
：島原市	
飼料の内容	
：配合飼料	

商標登録・GI登録・銘柄規約について	
商標登録の有無：無	
登録取得年月日：－	
ＧＩ登録：－	
銘柄規約の有無：無	
規約設定年月日：－	
規約改定年月日：－	

農場 HACCP・JGAP について	
農場 HACCP：－	
ＪＧＡＰ：－	

交配様式

雌	雌　　　　　雄
	（ランドレース × 大ヨークシャー）
	×
雄	デュロック

主な流通経路および販売窓口	
◆主 な と 畜 場	
：福岡食肉市場	
◆主 な 処 理 場	
：同上	
◆年 間 出 荷 頭 数	
：4,200 頭	
◆主 要 卸 売 企 業	
：－	
◆輸出実績国・地域	
：－	
◆今後の輸出意欲	
：－	

販売指定店制度について	
指定店制度：－	
販促ツール：シール、のぼり、ポスターなど	

特長 ●長崎県島原・雲仙岳の麓の大自然の中でのびのび育て、舞岳源水のミネラル豊富な水を与え、肉質もほど良い軟らかさと甘みのある豚に仕上げています。

概要	管 理 主 体 ： ㈲本多ファーム	電 話 ： 0957-68-0181
	代 表 者 ： 本多 隆 代表取締役	ＦＡＸ ： 0957-68-0221
	所 在 地 ： 島原市有明町大三東丁 2202-1	ＵＲＬ ： －
		メールアドレス ： －

長 崎 県

うんぜんくりーんぽーく
雲仙クリーンポーク

飼育管理	
出荷日齢：200日齢前後	
出荷体重：110kg	
指定肥育地・牧場	
：島原市・日和産業 雲仙農場	
飼料の内容	
：配合飼料	

商標登録・GI登録・銘柄規約について	
商標登録の有無：有	
登録取得年月日：2001 年 9 月 8 日	
ＧＩ登録：未定	
銘柄規約の有無：無	
規約設定年月日：－	
規約改定年月日：－	

農場 HACCP・JGAP について	
農場 HACCP：－	
ＪＧＡＰ：－	

交配様式

ハイブリット

主な流通経路および販売窓口	
◆主 な と 畜 場	
：島原半島地域食肉センター	
◆主 な 処 理 場	
：にくせん	
◆年 間 出 荷 頭 数	
：46,500 頭	
◆主 要 卸 売 企 業	
：－	
◆輸出実績国・地域	
：無	
◆今 後 の 輸 出 意 欲	
：無	

販売指定店制度について	
指定店制度：有	
販促ツール：シール、のぼり、パネル	

特長 ●総合防疫計画に基づいた、健康維持管理体制のもと飼育されている。
●肉質はジューシーさと軟らかさを兼ね備え、肥育期間においては成長ホルモン剤はもちろん、抗生物質を一切使用しない無添加期間を設け、安心・安全に育てられている。

概要	管 理 主 体 ： 日和産業㈱、東和畜産㈱ほか	電 話 ： 0957-68-1712
	代 表 者 ： 細見 良隆	ＦＡＸ ： 同上
	所 在 地 ： 島原市有明町大三東戌 5590	ＵＲＬ ： －
		メールアドレス ： －

長　崎　県

うんぜんしまばらぶた
雲仙しまばら豚

飼育管理	
出荷日齢：180日齢	
出荷体重：110kg	
指定肥育地・牧場 　：－	
飼料の内容 　：林兼産業の専用配合飼料	

商標登録・GI登録・銘柄規約について	
商標登録の有無：無 登録取得年月日：－	
GI登録：未定	
銘柄規約の有無：有 規約設定年月日：2009年10月1日 規約改定年月日：－	

農場HACCP・JGAPについて	
農場HACCP：－	
JGAP：－	

交配様式

ニューシャム

主な流通経路および販売窓口
◆主なと畜場 　：島原半島地域食肉センター
◆主な処理場 　：大光食品
◆年間出荷頭数 　：4,500頭
◆主要卸売企業 　：－
◆輸出実績国・地域 　：無
◆今後の輸出意欲 　：無

販売指定店制度について
指定店制度：無 販促ツール：シール、のぼり

特長	●肥育後期の飼料には麦類を多給し、うまみのある肉と白くて硬い脂肪に仕上げている。 ●抗生物質は無添加で、抗菌作用のあるハーブとステビアを配合した。 ●農場はオールインオールアウト方式を用い、防疫に努めている。 ●専用飼料に飼料用パン粉を混合して給与し、さらにおいしい豚肉になりました。

概要	管理主体：宮崎養豚 代表者：宮崎　博喜 所在地：雲仙市瑞穂町西郷丁71	電話：0957-77-2418 FAX：0957-77-3807 URL：shimabarakobo.com/ メールアドレス：－

長　崎　県

うんぜんすーぱーぽーく
雲仙スーパーポーク

飼育管理	
出荷日齢：150〜180日齢	
出荷体重：115〜120kg	
指定肥育地・牧場 　：－	
飼料の内容 　：植物性飼料に天然ミネラル、海藻、炭等を添加した自家配合飼料を給与	

商標登録・GI登録・銘柄規約について	
商標登録の有無：有 登録取得年月日：2007年4月20日	
GI登録：未定	
銘柄規約の有無：有 規約設定年月日：2007年4月20日 規約改定年月日：－	

農場HACCP・JGAPについて	
農場HACCP：－	
JGAP：－	

交配様式

雌	雄
ケンボローアジア× （メイシャン系）	ケンボロー265 （デュロック×バークシャー）

主な流通経路および販売窓口
◆主なと畜場 　：スターゼンミートプロセッサー 　　阿久根工場
◆主な処理場 　：同上
◆年間出荷頭数 　：3,600頭
◆主要卸売企業 　：鎌倉ハム、コスモス物産
◆輸出実績国・地域 　：無
◆今後の輸出意欲 　：無

販売指定店制度について
指定店制度：有 販促ツール：－

特長	●水のきれいな雲仙山麓の中腹に位置する、一貫生産農場。 ●飼料には天然ミネラルなどを給与し、ビタミンEの含有量を強化した。 ●豚肉特有の臭みがなく、肉質がキメ細やかで、アクが少ない。脂質に甘みがある。

概要	管理主体：㈲長崎ライフサービス研究所 代表者：金子　泰治 所在地：島原市有明町大三東戌1458-4	電話：0957-65-9231 FAX：0957-65-9232 URL：www.unzen-super.com/ メールアドレス：tamago@mx7.tiki.ne.jp

長　崎　県

うんぜんぷらいむぽーくきわみ
雲仙プライムポーク極

飼育管理	
出荷日齢：220日齢	
出荷体重：110kg	
指定肥育地・牧場	
：島原市・東和畜産 雲仙農場	
飼料の内容	
：大麦を添加した極豚専用飼料	

商標登録・GI登録・銘柄規約について	
商標登録の有無：有	
登録取得年月日：2001 年 9 月 8 日	
Ｇ Ｉ 登 録：未定	
銘柄規約の有無：無	
規約設定年月日：－	
規約改定年月日：－	

農場 HACCP・JGAP について	
農場 HACCP：－	
Ｊ Ｇ Ａ Ｐ：－	

交配様式		
	雌	雄
雌	（ニューシャム×デュロック）	
	×	
雄	バークシャー	

主な流通経路および販売窓口
◆主 な と 畜 場
：島原半島地域食肉センター
◆主 な 処 理 場
：にくせん
◆年 間 出 荷 頭 数
：5,000 頭
◆主 要 卸 売 企 業
：－
◆輸 出 実 績 国・地 域
：無
◆今 後 の 輸 出 意 欲
：無

販売指定店制度について
指定店制度：有
販促ツール：シール、のぼり、パネル

特長	●味、安全性にこだわり黒豚より値ごろな価格帯で究極の豚肉の開発を目指した。 ●雲仙山麓の大自然で生まれ育った環境と系統、肥育方法、飼料にこだわり、すべての条件をクリアした豚肉が「プライムポーク極」となる。

概要	管 理 主 体 ： 東和畜産㈱ 代 表 者 ： 細見 良隆 所 在 地 ： 島原市有明町大三東戌 5590	電 話 ： 0957-68-1712 Ｆ Ａ Ｘ ： 同上 Ｕ Ｒ Ｌ ： － メールアドレス ： －

長　崎　県

ごとうえすぴーえふびとん
五島SPF「美豚」

飼育管理	
出荷日齢：175日齢	
出荷体重：105〜115kg	
指定肥育地・牧場	
：－	
飼料の内容	
：くみあい配合飼料ＳＰＦ豚専用	

商標登録・GI登録・銘柄規約について	
商標登録の有無：無	
登録取得年月日：－	
Ｇ Ｉ 登 録：未定	
銘柄規約の有無：無	
規約設定年月日：－	
規約改定年月日：－	

農場 HACCP・JGAP について	
農場 HACCP：－	
Ｊ Ｇ Ａ Ｐ：－	

交配様式		
	雌	雄
雌	（ランドレース× 大ヨークシャー）	
	×	
雄	デュロック	

主な流通経路および販売窓口
◆主 な と 畜 場
：五島食肉センター
◆主 な 処 理 場
：同上
◆年 間 出 荷 頭 数
：6,000 頭
◆主 要 卸 売 企 業
：－
◆輸 出 実 績 国・地 域
：無
◆今 後 の 輸 出 意 欲
：無

販売指定店制度について
指定店制度：無
販促ツール：シール

特長	●健康・安全・安心のイメージから「美豚」と名付けた。 ●ＳＰＦ認定農場として清潔な環境のもとで、専用飼料を給与し元気に育てている。 ●ストレスの少ない環境が豚本来の発育能力を充分発揮させ、軟らかく、おいしい。

概要	管 理 主 体 ： ＪＡ全農ながさき五島種豚供給センター 代 表 者 ： 廣瀬 修 所 在 地 ： 五島市富江町岳6	電 話 ： 0959-86-2270 Ｆ Ａ Ｘ ： 同上 Ｕ Ｒ Ｌ ： － メールアドレス ： －

長 崎 県

じーにあすぽーく
じーにあすポーク

飼育管理

出荷日齢：約150〜180日齢

出荷体重：約110〜120kg

指定肥育地・牧場
　：大西海ファーム、中村産業

飼料の内容
　：指定配合飼料

商標登録・GI登録・銘柄規約について

商標登録の有無：無
登録取得年月日：ー

- -

ＧＩ登録：ー

- -

銘柄規約の有無：ー
規約設定年月日：ー
規約改定年月日：ー

農場HACCP・JGAPについて

農場HACCP：無

ＪＧＡＰ：無

交配様式

雌　　　　雌　　　　　　　雄
　（ランドレース×大ヨークシャー）
　　　　　　×
雄　　　　デュロック

主な流通経路および販売窓口

◆主 な と 畜 場
　：佐世保食肉センター

◆主 な 処 理 場
　：同上

◆年 間 出 荷 頭 数
　：58,000頭

◆主 要 卸 売 企 業
　：JA全農ミートフーズ

◆輸 出 実 績 国・地 域
　：無

◆今 後 の 輸 出 意 欲
　：無

販売指定店制度について

指定店制度：無
販促ツール：ワンポイントシール、
　　　　　　リーフレット

特長	●長崎県内の指定生産者により、麦類を配合した飼料を給与して育てられた豚です。

概要	管 理 主 体	：	JA全農ミートフーズ㈱ 西日本営業本部	電　　　　話	：	0798-43-2086
	代 表 者	：		Ｆ　Ａ　Ｘ	：	0798-43-2097
	所 在 地	：	兵庫県西宮市鳴尾浜 3-16	Ｕ　Ｒ　Ｌ	：	ー
				メールアドレス	：	ー

長 崎 県

ながさきけんおうとん
ながさき健王豚

飼育管理

出荷日齢：180日齢

出荷体重：105〜115kg

指定肥育地・牧場
　：ー

飼料の内容
　：指定配合飼料

商標登録・GI登録・銘柄規約について

商標登録の有無：無
登録取得年月日：ー

- -

ＧＩ登録：未定

- -

銘柄規約の有無：無
規約設定年月日：ー
規約改定年月日：ー

農場HACCP・JGAPについて

農場HACCP：ー

ＪＧＡＰ：ー

交配様式

雌　　　　雌　　　　　　　雄
　（ランドレース×大ヨークシャー）
　　　　　　×
雄　　　　デュロック

主な流通経路および販売窓口

◆主 な と 畜 場
　：佐世保食肉センター

◆主 な 処 理 場
　：同上

◆年 間 出 荷 頭 数
　：10,000頭

◆主 要 卸 売 企 業
　：ー

◆輸 出 実 績 国・地 域
　：無

◆今 後 の 輸 出 意 欲
　：無

販売指定店制度について

指定店制度：無
販促ツール：シール、のぼり、ポスター

特長	●肉質は軟らかくうまみがあり、かつ適度な歯ごたえで食感に定評がある。 ●衛生プログラムに沿った衛生管理と適正な飼養管理の徹底を図り、斉一性に優れている。 ●肉色は淡いピンク色を呈し、獣臭が少ない。

概要	管 理 主 体	：	長崎県央農業協同組合	電　　　　話	：	0957-24-3006
	代 表 者	：	辻田　勇次　代表理事組合長	Ｆ　Ａ　Ｘ	：	0957-24-4764
	所 在 地	：	諫早市栗面町 174-1	Ｕ　Ｒ　Ｌ	：	ー
				メールアドレス	：	ー

長　崎　県

ながさきけんじげもんぶた
いとうさんちのえすぴーえふとん

長崎県じげもん豚
伊藤さんちのSPF豚

交配様式

雌	雌 （ランドレース × 大ヨークシャー）	雄
雄	× デュロック	

飼育管理

出荷日齢：180日齢

出荷体重：110kg

指定肥育地・牧場
：－

飼料の内容
：伊藤忠飼料の専用配合飼料

商標登録・GI登録・銘柄規約について

商標登録の有無：有
登録取得年月日：2009年4月10日

Ｇ　Ｉ　登　録：未定

銘柄規約の有無：有
規約設定年月日：2007年12月3日
規約改定年月日：－

農場HACCP・JGAPについて

農場HACCP：－
Ｊ　Ｇ　Ａ　Ｐ：－

主な流通経路および販売窓口

◆主　な　と　畜　場
：島原半島地域食肉センター

◆主　な　処　理　場
：大光食品

◆年　間　出　荷　頭　数
：7,000頭

◆主　要　卸　売　企　業
：－

◆輸出実績国・地域
：無

◆今後の輸出意欲
：無

販売指定店制度について

指定店制度：有
販促ツール：シール、のぼり、ポスター

特長

- 日本ＳＰＦ協会の審査をクリアし、認定農場として指定されている。
- 子豚期以降の飼料には抗生物質無添加のものを使用。
- コプラフレーク（ヤシ粕）を配合し、ビタミンEを強化することで質の良い、やわらかな脂肪をつくっている。

概要

管　理　主　体	：㈲伊藤ファーム	電　　　　　話	：0957-82-4508
代　　表　　者	：伊藤　暢啓　代表取締役	Ｆ　　Ａ　　Ｘ	：同上
所　　在　　地	：南島原市有家町見岳1282	Ｕ　　Ｒ　　Ｌ	：shimabarakobo.com/
		メールアドレス	：－

長　崎　県

ながさきだいさいかいえすぴーえふとん

長崎大西海SPF豚

長崎県産 大西海SPF豚
麦類で育った美味しい豚肉

交配様式

雌	雌 （ランドレース × 大ヨークシャー）	雄
雄	× デュロック	

飼育管理

出荷日齢：180日齢

出荷体重：115kg

指定肥育地・牧場
：－

飼料の内容
：指定配合飼料

商標登録・GI登録・銘柄規約について

商標登録の有無：有
登録取得年月日：1999年4月

Ｇ　Ｉ　登　録：未定

銘柄規約の有無：有
規約設定年月日：1999年4月
規約改定年月日：－

農場HACCP・JGAPについて

農場HACCP：無
Ｊ　Ｇ　Ａ　Ｐ：無

主な流通経路および販売窓口

◆主　な　と　畜　場
：佐世保食肉センター

◆主　な　処　理　場
：同上

◆年　間　出　荷　頭　数
：32,000頭

◆主　要　卸　売　企　業
：全農ミートフーズ

◆輸出実績国・地域
：無

◆今後の輸出意欲
：無

販売指定店制度について

指定店制度：無
販促ツール：シール、のぼり、パネル

特長

- 仕上げ期に麦類（大麦、小麦）と飼料米を多給し、食味の向上を図っている。
- 70日齢以降は抗生物質を含まない、配合飼料を給与。
- 安心安全でおいしい豚肉の生産を手掛けている。

概要

管　理　主　体	：㈲大西海ファーム	電　　　　　話	：0959-29-4100
代　　表　　者	：森口　純一　代表取締役	Ｆ　　Ａ　　Ｘ	：0959-29-4101
所　　在　　地	：西海市西海町横瀬郷3262	Ｕ　　Ｒ　　Ｌ	：－
		メールアドレス	：sew-daisaikai@space.ocn.ne.jp

熊　本　県

あまくさばいにくぽーく
天草梅肉ポーク

天
梅肉
ポーク

農林水産大臣賞受賞

特許 第607181号
特許 第3660218号
商標登録 第4837649号

飼育管理	
出荷日齢	180日齢
出荷体重	約120kg
指定肥育地・牧場	上天草市龍ヶ岳町大道瀬子ノ浦111-1
飼料の内容	無薬飼料、梅肉エキス

商標登録・GI登録・銘柄規約について	
商標登録の有無：有	
登録取得年月日：1996年	
G I 登　録：未定	
銘柄規約の有無：無	
規約設定年月日：－	
規約改定年月日：－	

農場HACCP・JGAPについて	
農場HACCP：無	
J G A P：無	

交配様式

雌 （ランドレース × 大ヨークシャー）
×
雄 デュロック
＜ＳＰＦ＞

特長
● 抗生物質を使用せず、梅肉エキスで育てたポーク。
● 平成13年度農林水産大臣賞受賞。

主な流通経路および販売窓口
◆ 主なと畜場 ：熊本畜産流通センター
◆ 主な処理場 ：同上
◆ 年間出荷頭数 ：2,000頭
◆ 主要卸売企業 ：－
◆ 輸出実績国・地域 ：無
◆ 今後の輸出意欲 ：有

販売指定店制度について
指定店制度：－ 販促ツール：シール、チラシ、のぼり

概要		
管 理 主 体	： 天草梅肉ポーク㈱	電　話：0969-63-0951
代 表 者	： 浦中　一雄　代表取締役	F A X：0969-63-0107
所 在 地	： 上天草市龍ヶ岳町大道1053	U R L：www.bainiku-pork.com
		メールアドレス：amakusabainiku@wind.ocn.ne.jp

熊　本　県

えころとん
えころとん

阿蘇・森のポーク
えころとん
Farm Yoshida

飼育管理	
出荷日齢：180日齢	
出荷体重：115kg	
指定肥育地・牧場 ：菊池郡大津町森	
飼料の内容 ：指定配合飼料	

商標登録・GI登録・銘柄規約について	
商標登録の有無：有	
登録取得年月日：2007年4月27日	
G I 登　録：未定	
銘柄規約の有無：有	
規約設定年月日：1999年4月2日	
規約改定年月日：－	

農場HACCP・JGAPについて	
農場HACCP：有（2019年9月20日）	
J G A P：無	

交配様式

雌 （大ヨークシャー × ランドレース）
×
雄 デュロック

雌 （ランドレース × 大ヨークシャー）
×
雄 デュロック

特長
● 森の中の農場で、きれいな空気と地下180mから汲み上げる自然水、指定配合の新鮮な飼料で育てている。
● 臭みがなく、脂が甘いのが特徴。

主な流通経路および販売窓口
◆ 主なと畜場 ：スターゼン
◆ 主な処理場 ：同上
◆ 年間出荷頭数 ：3,400頭
◆ 主要卸売企業 ：スターゼン
◆ 輸出実績国・地域 ：無
◆ 今後の輸出意欲 ：無

販売指定店制度について
指定店制度：有 販促ツール：シール、のぼり、ポスター、商品カタログ

概要		
管 理 主 体	： ㈲ファームヨシダ	電　話：096-293-3492
代 表 者	： 吉田　実	F A X：096-293-8563
所 在 地	： 菊池郡大津町陣内38	U R L：www.farm-yoshida.jp
		メールアドレス：info@farm-yoshida.jp

熊　本　県

くまもとえすぴーえふとん
くまもとSPF豚

飼育管理	
出荷日齢：180日齢	
出荷体重：約110kg	
指定肥育地・牧場	
：日本ＳＰＦ豚協会が認定したＳＰ 　Ｆ豚農場	
飼料の内容	
：指定配合飼料	

商標登録・GI登録・銘柄規約について	
商標登録の有無：無	
登録取得年月日：－	
ＧＩ　登　録：－	
銘柄規約の有無：有	
規約設定年月日：2016 年 8 月 8 日	
規約改定年月日：－	

農場 HACCP・JGAP について	
農場 HACCP：無	
ＪＧＡＰ：無	

交配様式

雌　（ランドレース × 大ヨークシャー）
　　　　　　　×
雄　　　　　デュロック

主な流通経路および販売窓口
◆主 な と 畜 場 　：熊本畜産流通センター
◆主 な 処 理 場 　：同上
◆年 間 出 荷 頭 数 　：26,000 頭
◆主 要 卸 売 企 業 　：熊本畜産流通センター
◆輸 出 実 績 国・地 域 　：無
◆今 後 の 輸 出 意 欲 　：有

販売指定店制度について
指定店制度：無
販促ツール：シール、のぼり、ミニ 　　　　　のぼり、ポスター

特長	● 飼育管理・衛生レベルを高めた農場で育てた豚。 ● 良質な脂肪でさっぱりとしたおいしい豚肉。

概要	管 理 主 体：熊本県経済農業協同組合連合会 代 表 者：加耒 誠一 代表理事会長 所 在 地：熊本市中央区南千反畑町 3-1	電　　　　　話：0968-26-4186 Ｆ Ａ Ｘ：0968-26-4118 Ｕ Ｒ Ｌ：www.jakk.or.jp メールアドレス：chiku-s@jakk.or.jp

---

熊　本　県

くまもとのりんどうぽーく
くまもとのりんどうポーク

飼育管理	
出荷日齢：180日齢	
出荷体重：約110kg	
指定肥育地・牧場	
：－	
飼料の内容	
： 　指定配合飼料	

商標登録・GI登録・銘柄規約について	
商標登録の有無：有	
登録取得年月日：2007 年 2 月 16 日	
ＧＩ　登　録：－	
銘柄規約の有無：有	
規約設定年月日：2005 年 7 月 1 日	
規約改定年月日：2016 年 8 月 8 日	

農場 HACCP・JGAP について	
農場 HACCP：無	
ＪＧＡＰ：無	

交配様式

雌　（ランドレース × 大ヨークシャー）
　　　　　　　×
雄　　　　　デュロック

主な流通経路および販売窓口
◆主 な と 畜 場 　：熊本畜産流通センター
◆主 な 処 理 場 　：同上
◆年 間 出 荷 頭 数 　：30,000 頭
◆主 要 卸 売 企 業 　：熊本畜産流通センター
◆輸 出 実 績 国・地 域 　：香港
◆今 後 の 輸 出 意 欲 　：有

販売指定店制度について
指定店制度：無
販促ツール：シール、のぼり、ミニ 　　　　　のぼり、ポスター

特長	● 種豚、飼料、肉豚出荷基準を統一し、さらに小麦など良質なでんぷん 質と天然のビタミン、ミネラルを豊富に含んだ海藻粉末を与え、キメ 細やかで甘みのある豚肉に仕上げている。

概要	管 理 主 体：熊本県経済農業協同組合連合会 代 表 者：加耒 誠一 代表理事会長 所 在 地：熊本市中央区南千反畑町 3-1	電　　　　　話：0968-26-4186 Ｆ Ａ Ｘ：0968-26-4118 Ｕ Ｒ Ｌ：www.jakk.or.jp メールアドレス：chiku-s@jakk.or.jp

熊本県

どんぐりぶた
どんぐり豚

飼育管理

出荷日齢：180日齢

出荷体重：約115kg

指定肥育地・牧場
　：熊本県阿蘇市・阿蘇品畜産

飼料の内容
　：どんぐりの粉末を配合した専用
　　配合飼料

商標登録・GI登録・銘柄規約について

商標登録の有無：有

登録取得年月日：2002年11月15日

ＧＩ　登　録：未定

銘柄規約の有無：無

規約設定年月日：—

規約改定年月日：—

農場HACCP・JGAPについて

農場HACCP：無

ＪＧＡＰ：無

交配様式

ハイポー

主な流通経路および販売窓口

◆主なと畜場
　：熊本畜産流通センター

◆主な処理場
　：同上

◆年間出荷頭数
　：約6,000頭

◆主要卸売企業
　：ビンショク

◆輸出実績国・地域
　：無

◆今後の輸出意欲
　：無

販売指定店制度について

指定店制度：無

販促ツール：シール、パネル、ミニ
　　　　　　のぼり、棚帯、ＣＤ

特長	● どんぐりの粉末を配合した専用飼料で肥育しています。 ● 肉色も良く、さらっとしたうま味のある脂身が特長です。

概要	管理主体：㈱ビンショク 代表者：新田　和秋　代表取締役社長 所在地：広島県竹原市西野町1791-1	電話：0846-29-0046 ＦＡＸ：0846-29-0324 ＵＲＬ：www.binshoku.jp メールアドレス：info@binshoku.jp

---

熊本県

ひごあそびとん
肥後あそびとん

あそび豚

飼育管理

出荷日齢：180日齢

出荷体重：115kg前後

指定肥育地・牧場
　：熊本県（旭志、大津、阿蘇）

飼料の内容
　：独自の自家配合飼料

商標登録・GI登録・銘柄規約について

商標登録の有無：有

登録取得年月日：2009年11月13日

ＧＩ　登　録：未定

銘柄規約の有無：無

規約設定年月日：—

規約改定年月日：—

農場HACCP・JGAPについて

農場HACCP：有 or 無（年月日）

ＪＧＡＰ：有 or 無（年月日）

交配様式

ハイポー

主な流通経路および販売窓口

◆主なと畜場
　：スターゼンミートプロセッサー
　　阿久根工場

◆主な処理場
　：同上

◆年間出荷頭数
　：48,000頭

◆主要卸売企業
　：スターゼンミートプロセッサー

◆輸出実績国・地域
　：無

◆今後の輸出意欲
　：有

販売指定店制度について

指定店制度：無

販促ツール：—

特長	● 環境に配慮したセブン式発酵床の豚舎で、のびのびとストレスフリーで育てている。 ● 飼料は独自設計の自家配合飼料。 ● オートソーティングシステムで出荷体重を均一化、データ管理で安心安全な肉。

概要	管理主体：セブンフーズ㈱ 代表者：前田　佳良子　代表取締役 所在地：菊池市旭志麓迎原2105	電話：0968-37-4133 ＦＡＸ：0968-37-4134 ＵＲＬ：seven-foods.com メールアドレス：sevenfoods@sand.ocn.ne.jp

熊 本 県

ひのもとぶた
火の本豚

火 の 国 熊 本 さ い き 農 場

FIREPORK

飼育管理	
出荷日齢：180日齢	
出荷体重：115kg	
指定肥育地・牧場 ：－	
飼料の内容 ：自家配合飼料	

商標登録・GI登録・銘柄規約について	
商標登録の有無：有	
登録取得年月日：2010年11月19日	
GI 登 録：未定	
銘柄規約の有無：無	
規約設定年月日：－	
規約改定年月日：－	

農場HACCP・JGAPについて	
農場 HACCP：無	
J G A P：無	

交配様式

ハイブリッド

主な流通経路および販売窓口
◆ 主 な と 畜 場 ：日本フードパッカー　川棚工場、熊本畜産流通センター、福岡食肉市場
◆ 主 な 処 理 場 ：肉のさいき
◆ 年 間 出 荷 頭 数 ：7,200頭
◆ 主 要 卸 売 企 業 ：－
◆ 輸 出 実 績 国 ・ 地 域 ：有
◆ 今 後 の 輸 出 意 欲 ：有

販売指定店制度について
指定店制度：無
販促ツール：シール、のぼり、リーフレット

特長	● 火の国「熊本」が育んだ「本物」の豚肉。 ● 熊本の大自然に抱かれ、清潔な環境、新鮮な空気の中で健やかに豚を育てている。 ● 飲料水には豚のストレスを低減することで有名な超微細泡の「ナノバブル水」を使用、飼料には栄養が十分に吸収されるように、粉砕したトウモロコシや「きな粉」を使った自社オリジナルを給与している。 ● 注ぎ込んだ愛情とかけた手間ひまが、食通をうならせる極上のうまみをつくり出している。

概要	管 理 主 体：㈲サイキ 代 表 者：齊木 信公 代表取締役社長 所 在 地：玉名郡和水町瀬川3482	電 話：0968-86-4466 F A X：同上 U R L：saikifarm.jp メールアドレス：info@saikifarm.jp

---

熊 本 県

みらいむらとん
未来村とん

豚肉を通じて、食の未来を育む

飼育管理	
出荷日齢：180日齢	
出荷体重：115kg前後	
指定肥育地・牧場 ：山鹿市・山鹿牧場、実取農場、角田農場、セブンフーズ	
飼料の内容 ：とうもろこし、麦	

商標登録・GI登録・銘柄規約について	
商標登録の有無：有	
登録取得年月日：2004年	
GI 登 録：未定	
銘柄規約の有無：無	
規約設定年月日：－	
規約改定年月日：－	

農場HACCP・JGAPについて	
農場 HACCP：有 or 無（年月日）	
J G A P：有 or 無（年月日）	

交配様式

ケンボロー

主な流通経路および販売窓口
◆ 主 な と 畜 場 ：スターゼンミートプロセッサー阿久根工場
◆ 主 な 処 理 場 ：同上
◆ 年 間 出 荷 頭 数 ：15,000頭
◆ 主 要 卸 売 企 業 ：スターゼンミートプロセッサー
◆ 輸 出 実 績 国 ・ 地 域 ：無
◆ 今 後 の 輸 出 意 欲 ：有

販売指定店制度について
指定店制度：無
販促ツール：－

特長	● 県内4軒の生産者（山鹿牧場、角田農場、実取農場、セブンフーズ）が会を組織運営している。

概要	管 理 主 体：くまもと未来会 代 表 者：松本 健 所 在 地：菊池郡大津町杉水249	電 話：0968-37-2221 F A X：0968-37-2977 U R L：－ メールアドレス：sss777works@opal.ocn.ne.jp

熊本県

やまとなでしこぽーく
やまとなでしこポーク

飼育管理
出荷日齢：150日齢
出荷体重：約120kg
指定肥育地・牧場 ：－
飼料の内容 ：加熱処理したもの

商標登録・GI 登録・銘柄規約について
商標登録の有無：無
登録取得年月日：－
ＧＩ登録：
銘柄規約の有無：無
規約設定年月日：－
規約改定年月日：－

農場 HACCP・JGAP について
農場 HACCP：無
ＪＧＡＰ：無

交配様式

雌	雌（ランドレース×大ヨークシャー） × 雄 デュロック ＜ＳＰＦ＞

主な流通経路および販売窓口
◆主 な と 畜 場 ：熊本畜産流通センター
◆主 な 処 理 場 ：同上
◆年 間 出 荷 頭 数 ：4,000 頭
◆主 要 卸 売 企 業 ：熊本県経済農業協同組合連合会
◆輸 出 実 績 国・地 域 ：無
◆今 後 の 輸 出 意 欲 ：無

販売指定店制度について
指定店制度：－
販促ツール：シール、パンフレット、 リーフレット

特長
- 阿蘇高原のきれいな空気、水をまるごと吸収し育てたＳＰＦ豚。
- 肉質は軟らかく、ジューシー。
- 臭みがなく、脂身はあっさりとしている。

概要	管 理 主 体 ：㈲やまとんファーム 代 表 者 ：大和 洋子 所 在 地 ：阿蘇市今町 388	電 話 ：0967-32-2705 Ｆ Ａ Ｘ ：同上 Ｕ Ｒ Ｌ ：－ メールアドレス ：－

大分県

きんうんとん
錦雲豚

飼育管理
出荷日齢：180日齢
出荷体重：約115kg
指定肥育地・牧場 ：－
飼料の内容 ：指定配合飼料

商標登録・GI 登録・銘柄規約について
商標登録の有無：有
登録取得年月日：2002 年 1 月 11 日
ＧＩ登録：未定
銘柄規約の有無：有
規約設定年月日：2009 年 4 月 1 日
規約改定年月日：－

農場 HACCP・JGAP について
農場 HACCP：有（2017 年 8 月 3 日）
ＪＧＡＰ：無

交配様式

雌	雌（ランドレース×大ヨークシャー） × 雄 デュロック

主な流通経路および販売窓口
◆主 な と 畜 場 ：福岡食肉市場、大分県畜産公社
◆主 な 処 理 場 ：同上
◆年 間 出 荷 頭 数 ：20,000 頭
◆主 要 卸 売 企 業 ：－
◆輸 出 実 績 国・地 域 ：無
◆今 後 の 輸 出 意 欲 ：無

販売指定店制度について
指定店制度：無
販促ツール：シール、のぼり、ポス ター、リーフレット

特長
- 高水準の衛生管理（ウインドレス豚舎）のもと健康に育てた豚肉。
- 飼料にお米と焼酎かすをブレンドすることで深いうまみと、ほど良い軟らかさの高品質の肉に仕上げている。
- 獣臭さもほとんどない。
- 平成 29 年 8 月に農場 HACCP 認証を取得している。

概要	管 理 主 体 ：㈲福田農園 代 表 者 ：福田 実 代表取締役社長 所 在 地 ：中津市耶馬渓町深耶馬 1523	電 話 ：0979-23-2922（錦雲豚専門店ふくとん） Ｆ Ａ Ｘ ：同上 Ｕ Ｒ Ｌ ：kinunton.net メールアドレス ：－

大 分 県

ここのえゆめぽーく
九重夢ポーク

飼育管理	
出荷日齢：175日齢	
出荷体重：110kg	
指定肥育地・牧場 ：ー	
飼料の内容 ：ー	

商標登録・GI登録・銘柄規約について
商標登録の有無：無
登録取得年月日：ー
GI 登 録：ー
銘柄規約の有無：無
規約設定年月日：ー
規約改定年月日：ー

農場HACCP・JGAPについて
農場HACCP：有（2018年3月30日）
JGAP：無

交配様式

雌	雌 （ランドレース×大ヨークシャー） ×
雄	雄 デュロック

主な流通経路および販売窓口
◆主 な と 畜 場 ：大分県畜産公社
◆主 な 処 理 場 ：同上
◆年 間 出 荷 頭 数 ：20,000頭
◆主 要 卸 売 企 業 ：ー
◆輸出実績国・地域 ：ー
◆今 後 の 輸 出 意 欲 ：ー

販売指定店制度について
指定店制度：ー
販促ツール：ー

特長	● SPF豚で健康的な環境で飼育されている。 ● 麦多給飼料によりやわらかく、うまみ成分（遊離アミノ酸）が非常に豊富な豚肉。 ● 飼料米を10%以上添加することで、さらにうまみ成分が増している。

概要	管 理 主 体：㈲九重ファーム 代 表 者：吉武 理 所 在 地：玖珠郡九重町大字管原555-1	電 話：0973-78-8049 F A X：0973-78-8468 U R L：ー メールアドレス：ー

大 分 県

こめのめぐみ
米の恵み

飼育管理	
出荷日齢：175〜180日齢	
出荷体重：110〜115kg	
指定肥育地・牧場 ：ー	
飼料の内容 ：給与する飼料総量に対して10%以上の米を配合した配合飼料を肥育後期（概ね60日間以上）に給与	

商標登録・GI登録・銘柄規約について
商標登録の有無：有
登録取得年月日：2017年8月4日
GI 登 録：未定
銘柄規約の有無：有
規約設定年月日：2016年7月28日
規約改定年月日：2016年12月1日

農場HACCP・JGAPについて
農場HACCP：無
JGAP：無

交配様式

雌	雌 （ランドレース×大ヨークシャー） ×
雄	雄 デュロック

主な流通経路および販売窓口
◆主 な と 畜 場 ：大分県畜産公社
◆主 な 処 理 場 ：同上
◆年 間 出 荷 頭 数 ：70,000頭
◆主 要 卸 売 企 業 ：ー
◆輸出実績国・地域 ：マカオ
◆今 後 の 輸 出 意 欲 ：有

販売指定店制度について
指定店制度：無
販促ツール：シール、のぼり、ミニのぼり、 ポスター、リーフレット

特長	● 大分米ポークブランド普及促進協議会が定めた基準を満たした大分県産豚の統一ブランド。 ● 米を給与しているため、脂肪中のオレイン酸含有率が高く、極上のうまみとなめらかな舌触り、クセのない香りが特徴となっている。 ● 大分県内の個別銘柄豚についても、基準を満たすものは「米の恵み」として認証している。

概要	管 理 主 体：大分米ポークブランド普及促進協議会 代 表 者：赤嶺 辰雄 会長 所 在 地：豊後大野市犬飼町田原158029	電 話：0973-78-8049 F A X：0973-78-8468 U R L：oitakomebuta.com メールアドレス：ー

大 分 県

さくらおう
桜 王

安全・安心・もちもちっとやわらかジューシー！
JA北九州ファーム (株)安岐農場の
SPF豚肉
桜王
トントン拍子のおいしさ！

飼育管理	
出荷日齢：180日齢	
出荷体重：約110kg	
指定肥育地・牧場 　：－	
飼料の内容 　：くみあい配合飼料。70日齢以降、 　　無薬	

商標登録・GI登録・銘柄規約について	
商標登録の有無：有	
登録取得年月日：2006年7月21日	
ＧＩ登録：未定	
銘柄規約の有無：無 規約設定年月日：－ 規約改定年月日：－	

農場HACCP・JGAPについて
農場HACCP：無
ＪＧＡＰ：無

交配様式

	雌	雄
雌	（ランドレース × 大ヨークシャー） ×	
雄	デュロック	

特長
- 大麦多給型の飼料で風味豊かな味わいに仕上げた。
- ＳＰＦ農場で徹底した衛生管理による健康飼育を手掛けている。

主な流通経路および販売窓口
◆主なと畜場 　：大分県畜産公社
◆主な処理場 　：同上
◆年間出荷頭数 　：15,000頭
◆主要卸売企業 　：全農大分県本部、全農ミートフーズ
◆輸出実績国・地域 　：無
◆今後の輸出意欲 　：無

販売指定店制度について
指定店制度：無
販促ツール：シール、のぼり、リーフレット

概要		
管理主体：JA北九州ファーム㈱安岐農場	電話：0978-66-7416	
代表者：稗田 直輝 代表取締役社長	ＦＡＸ：0978-66-7417	
所在地：国東市安岐町吉松3457-92	ＵＲＬ：kk-jachikusan.co.jp	
	メールアドレス：sewakif3457@delux.ocn.ne.jp	

大 分 県

やばけいげんきむらのくろぶたくん
耶馬渓元気村の黒豚くん

耶馬渓元気村の
黒豚くん®

飼育管理	
出荷日齢：240日齢	
出荷体重：110kg	
指定肥育地・牧場 　：－	
飼料の内容 　：配合飼料、地養素	

商標登録・GI登録・銘柄規約について	
商標登録の有無：有	
登録取得年月日：2000年3月17日	
ＧＩ登録：－	
銘柄規約の有無：無 規約設定年月日：－ 規約改定年月日：－	

農場HACCP・JGAPについて
農場HACCP：無
ＪＧＡＰ：無

交配様式

イギリス系バークシャー

特長
- 地下530mから汲み上げたミネラル水を与え、緑豊かな大自然の中で飼育している。
- 地養素を配合飼料に添加することで、肉の日もちが良く、ドリップが出ない。
- しゃぶしゃぶ料理の時もアクがでない。

主な流通経路および販売窓口
◆主なと畜場 　：日本フードパッカー川棚工場、 　　大分県畜産公社
◆主な処理場 　：同上
◆年間出荷頭数 　：2,500頭
◆主要卸売企業 　：日本フードパッカー、耶馬渓ライフ
◆輸出実績国・地域 　：無
◆今後の輸出意欲 　：有

販売指定店制度について
指定店制度：無
販促ツール：－

概要		
管理主体：㈲耶馬渓・高崎農園	電話：0979-56-3006	
代表者：高崎 俊一 代表取締役	ＦＡＸ：同上	
所在地：中津市耶馬渓町金吉5196-31	ＵＲＬ：－	
	メールアドレス：yabakei-takasaki1@nk.oct-net.jp	

宮崎県

あじ豚
（あじぶた）

飼育管理

出荷日齢：170～180日齢

出荷体重：115kg

指定肥育地・牧場
：－

飼料の内容
：100%植物性飼料。とうもろこし
ゼロ

商標登録・GI登録・銘柄規約について

商標登録の有無：有
登録取得年月日：2007年8月31日

GI 登 録：－

銘柄規約の有無：無
規約設定年月日：－
規約改定年月日：－

農場HACCP・JGAPについて

農場HACCP：－
JGAP：－

交配様式

雌（大ヨークシャー×ランドレース）
×
雄　　　　デュロック

特長

- 100%植物性飼料（マイロ、麦、精白米）を給与し育てている。
- 軟らかく、脂に深い味わいがある。

主な流通経路および販売窓口

- 主 な と 畜 場
：ナンチク

- 主 な 処 理 場
：同上

- 年 間 出 荷 頭 数
9,000頭
- 主 要 卸 売 企 業
：ナンチク

- 輸出実績国・地域
：無

- 今 後 の 輸 出 意 欲
：無

販売指定店制度について

指定店制度：有
販促ツール：－

概要

管 理 主 体	： あじ豚生産者グループ	電　　　　話	： 0983-27-0878
代 表 者	： 山道 義孝	F A X	： 0983-27-2946
所 在 地	： (有)宮崎第一ファーム、(株)ゲシュマック) 児湯郡川南町大字川南23028	U R L	： www.geschmack2002.com/
		メールアドレス	： fresh-one@coral.broba.cc

宮崎県

Mの国黒豚
（えむのくにくろぶた）

飼育管理

出荷日齢：250日齢

出荷体重：110～120kg

指定肥育地・牧場
：都城市

飼料の内容
：宮崎経済連の黒豚専用飼料

商標登録・GI登録・銘柄規約について

商標登録の有無：有
登録取得年月日：2007年10月19日

GI 登 録：未定

銘柄規約の有無：有
規約設定年月日：2003年4月1日
規約改定年月日：－

農場HACCP・JGAPについて

農場HACCP：－
JGAP：－

交配様式

バークシャー

特長

- 肉の繊維がキメ細かく、肉に甘みがあり、脂肪色は白い。
- 肥育後期の70日間以上、サツマイモを10%給与し、愛情を注ぎ丹精込めて大事に育てている。

主な流通経路および販売窓口

- 主 な と 畜 場
：ミヤチク高崎工場

- 主 な 処 理 場
：同上

- 年 間 出 荷 頭 数
：2,000頭
- 主 要 卸 売 企 業
：－

- 輸出実績国・地域
：無

- 今 後 の 輸 出 意 欲
：有

販売指定店制度について

指定店制度：無
販促ツール：シール、リーフレット、
ミニのぼり、のぼり

概要

管 理 主 体	： 都城農業協同組合(黒豚出荷者協議会)	電　　　　話	： 0986-22-9831
代 表 者	： 金丸 扶次敏	F A X	： 0986-22-9840
所 在 地	： 都城市上川東 3-4-1	U R L	： －
		メールアドレス	： －

宮 崎 県
おいもとん
おいも豚

飼育管理	
出荷日齢：195日齢	
出荷体重：110〜118kg	
指定肥育地・牧場 ：—	
飼料の内容 ：指定配合飼料（系統）	

商標登録・GI登録・銘柄規約について	
商標登録の有無：有 登録取得年月日：2010 年 4 月 30 日	
G I 登 録：未定	
銘柄規約の有無：無 規約設定年月日：— 規約改定年月日：—	

農場 HACCP・JGAP について	
農場 HACCP：—	
J G A P：—	

	交配様式	
雌	（ランドレース × 大ヨークシャー）	
	×	
雄	デュロック	
雌	（大ヨークシャー × ランドレース）	
	×	
雄	デュロック	

主な流通経路および販売窓口
◆主 な と 畜 場 ：ミヤチク高崎工場、同都農工場
◆主 な 処 理 場 ：同上
◆年 間 出 荷 頭 数 ：21,300 頭
◆主 要 卸 売 企 業 ：—
◆輸 出 実 績 国 ・ 地 域 ：中国、香港
◆今 後 の 輸 出 意 欲 ：有

販売指定店制度について
指定店制度：有 販促ツール：シール、ポスター、リーフレット

特長	● I S O22000 を取得した農場で飼養管理されている。 ● 栄養を考え、設計された系統の配合飼料に「おいも」、「大麦」をバランスよく添加し、一般豚に比べ少し長めに給与している。 ● 肉質は弾力性がありもっちりとした食感が特徴である。

概要	管 理 主 体：JA宮崎経済連 代 表 者：新森 雄吾 所 在 地：宮崎市霧島 1-1-1	電 話：0985-31-2134 F A X：0985-31-5762 U R L：www.miyachiku.jp メールアドレス：—

宮 崎 県
おすずとん
尾 鈴 豚

飼育管理	
出荷日齢：180日齢以上	
出荷体重：120kg	
指定肥育地・牧場 ：—	
飼料の内容 ：指定配合飼料	

商標登録・GI登録・銘柄規約について	
商標登録の有無：有 登録取得年月日：2007 年 10 月 30 日	
G I 登 録：—	
銘柄規約の有無：有 規約設定年月日：1983 年 10 月 規約改定年月日：—	

農場 HACCP・JGAP について	
農場 HACCP：—	
J G A P：—	

	交配様式	
雌	（ランドレース × 大ヨークシャー）	
	×	
雄	デュロック	

主な流通経路および販売窓口
◆主 な と 畜 場 ：ミヤチク
◆主 な 処 理 場 ：同上
◆年 間 出 荷 頭 数 ：20,000 頭
◆主 要 卸 売 企 業 ：—
◆輸 出 実 績 国 ・ 地 域 ：—
◆今 後 の 輸 出 意 欲 ：有

販売指定店制度について
指定店制度：有 販促ツール：シール、のぼり、パンフレット

特長	● ミネラル、カルシウムの強化。 ● 肉の臭みが少なく、軟らかい。

概要	管 理 主 体：農事組合法人尾鈴豚友会 代 表 者：服部 清二 代表理事 所 在 地：児湯郡川南町大字川南 18261-6	電 話：0983-27-3749 F A X：0983-27-3748 U R L：— メールアドレス：—

宮 崎 県

おとめぶた
おとめ豚

飼育管理	
出荷日齢：185日齢	
出荷体重：115kg	
指定肥育地・牧場 ：－	
飼料の内容 ：指定配合飼料	

商標登録・GI登録・銘柄規約について	
商標登録の有無：有 登録取得年月日：－	
ＧＩ　登　録：－	
銘柄規約の有無：無 規約設定年月日：－ 規約改定年月日：－	

農場HACCP・JGAPについて	
農場HACCP：申請中 ＪＧＡＰ：申請中	

交配様式

雌	（ランドレース×大ヨークシャー） × デュロック ＜ＳＰＦ＞
雄	

特長	●肉質の軟らかい「雌」のみを出荷、脂質はしっとりとした舌触りに特徴がある。

主な流通経路および販売窓口
◆主 な と 畜 場 ：都城市食肉センター
◆主 な 処 理 場 ：ジャパンミート
◆年 間 出 荷 頭 数 ：28,000頭
◆主 要 卸 売 企 業 ：－
◆輸出実績国・地域 ：－
◆今後の輸出意欲 ：－

販売指定店制度について
指定店制度：－ 販促ツール：－

概要	管 理 主 体：㈲レクスト 代 表 者：長友　浩人 所 在 地：えびの市大字坂元 1666-123	電　　　　話：0984-33-1814 Ｆ　Ａ　Ｘ：0984-33-1918 Ｕ　Ｒ　Ｌ：－ メールアドレス：rekusuro@carol.ocn.jp

---

宮 崎 県

からいもどん
からいもどん

飼育管理	
出荷日齢：260日齢	
出荷体重：120kg	
指定肥育地・牧場 ：生駒高原牧場	
飼料の内容 ：－	

商標登録・GI登録・銘柄規約について	
商標登録の有無：有 登録取得年月日：2000 年 3 月 17 日	
ＧＩ　登　録：－	
銘柄規約の有無：無 規約設定年月日：－ 規約改定年月日：－	

農場HACCP・JGAPについて	
農場HACCP：無 ＪＧＡＰ：無	

交配様式

バークシャー

特長	● 肉質はきめが細かく、軟らかい。 ● さらりとした味わいと深いうまみを持ち、脂身の甘さが特徴である。 ● 霧島連山の麓、自社農場の湧き水を飲み、厳選された飼料と適宜な運動でストレスをためないようにのびのび育てることを心掛けている。

主な流通経路および販売窓口
◆主 な と 畜 場 ：小林市食肉センター
◆主 な 処 理 場 ：桑水流畜産
◆年 間 出 荷 頭 数 ：6,000頭
◆主 要 卸 売 企 業 ：－
◆輸出実績国・地域 ：無
◆今後の輸出意欲 ：有

販売指定店制度について
指定店制度：有 販促ツール：シール、のぼり

概要	管 理 主 体：㈲桑水流畜産 代 表 者：桑水流　浩蔵 所 在 地：小林市東方 3941-2	電　　　　話：0984-22-8686 Ｆ　Ａ　Ｘ：0984-25-1129 Ｕ　Ｒ　Ｌ：kuwazuru.net/ メールアドレス：fwkh2123@mb.infoweb.ne.jp

宮 崎 県

かんのんいけぽーく
観音池ポーク

飼育管理

出荷日齢：190日齢

出荷体重：110〜115kg

指定肥育地・牧場

　：農事組合法人萩原養豚生産組合、
　　ＫＡファーム

飼料の内容

　：指定配合飼料

商標登録・GI登録・銘柄規約について

商標登録の有無：有

登録取得年月日：2014 年 11 月 7 日

ＧＩ　登　録：−

銘柄規約の有無：有

規約設定年月日：1990 年 10 月 12 日

規約改定年月日：−

農場 HACCP・JGAP について

農場 HACCP：−

ＪＧＡＰ：−

交配様式

雌	（ランドレース^雌 × 大ヨークシャー^雄）
	×
雄	デュロック

主な流通経路および販売窓口

◆ 主 な と 畜 場
　：ミヤチク

◆ 主 な 処 理 場
　：同上

◆ 年 間 出 荷 頭 数
　：15,000 頭

◆ 主 要 卸 売 企 業
　：ミヤチク

◆ 輸出実績国・地域
　：無

◆ 今後の輸出意欲
　：有

販売指定店制度について

指定店制度：無

販促ツール：−

特長

● 医薬品残留検査を定期的に実施して安全管理を行っている。
● 木酢酸（ネッカリッチ）とリサイクル飼料のパン粉の給与により臭みがなく、甘みがあっておいしい。
● キメ、締まりがあり脂肪の質が良い。

概要

管 理 主 体	㈲観音池ポーク	電 話	0986-58-5499
代 表 者	馬場 通 代表	F A X	0986-51-7655
所 在 地	都城市高城町石山 147-1	U R L	www.kannonike-pork.jp/
		メールアドレス	info@kannonike-pork.jp

宮 崎 県

きりしまくろぶた
霧島黒豚®

飼育管理

出荷日齢：230〜240日齢

出荷体重：110kg前後

指定肥育地・牧場
　：−

飼料の内容
　：発育段階ごとの特性にあった専用飼料

商標登録・GI登録・銘柄規約について

商標登録の有無：有

登録取得年月日：2003 年 9 月 5 日

ＧＩ　登　録：−

銘柄規約の有無：無

規約設定年月日：−

規約改定年月日：−

農場 HACCP・JGAP について

農場 HACCP：−

ＪＧＡＰ：−

交配様式

バークシャー

主な流通経路および販売窓口

◆ 主 な と 畜 場
　：都城ウェルネスミート

◆ 主 な 処 理 場
　：林兼産業　都城工場

◆ 年 間 出 荷 頭 数
　：59,000 頭

◆ 主 要 卸 売 企 業
　：林兼産業　畜産食品事業部

◆ 輸出実績国・地域
　：−

◆ 今後の輸出意欲
　：−

販売指定店制度について

指定店制度：−

販促ツール：−

特長

● 林兼グループの長年にわたる飼料の研究、開発、飼育技術により各発育段階ごとの特性にあった専用飼料を給与している。
● 健康でキメ細かな肉質とうま味に優れた均一性の高い黒豚である。
● 定期的に肉質調査を実施し、品質の向上と維持を図っている。

概要

管 理 主 体	キリシマドリームファーム㈱	電 話	0986-39-5000
代 表 者	新島 博隆	F A X	0986-39-5031
所 在 地	都城市安久町 3512 番地	U R L	www.hayashikane.co.jp/kurobuta/index.html
		メールアドレス	−

宮 崎 県

参協味蕾豚
（さんきょうみらいぶた）

飼育管理	
出荷日齢：190日齢	
出荷体重：110〜118kg	
指定肥育地・牧場 　：−	
飼料の内容 　：特別指定配合飼料。麦類と甘し 　　ょを多配	

商標登録・GI登録・銘柄規約について
商標登録の有無：有 登録取得年月日：2002年3月1日
Ｇ Ｉ 登 録：未定
銘柄規約の有無：無 規約設定年月日：− 規約改定年月日：−

農場HACCP・JGAPについて
農場HACCP：− ＪＧＡＰ：−

交配様式

	雌	雄
雌	（ランドレース×大ヨークシャー）	
	×	
雄	デュロック	

主な流通経路および販売窓口
◆主 な と 畜 場 　：小林市食肉センター
◆主 な 処 理 場 　：サンキョーミート霧島工場
◆年 間 出 荷 頭 数 　：23,000頭
◆主 要 卸 売 企 業 　：さくらや食産、伊藤ハム
◆輸 出 実 績 国・地 域 　：無
◆今 後 の 輸 出 意 欲 　：有

販売指定店制度について
指定店制度：無 販促ツール：シール、のぼり、はっ 　　　　　ぴ

特長	●マイロを主原料とし、麦類と甘しょを多配、外観の脂肪は白くもちのように良質で、肉色、キメ、しまりが一般豚と比べ優れ斉一性がある。 ●食味は脂肪と赤身のバランスに優れ、芳香性があり甘みが強い。 ●獣臭さがなく、鍋や煮込み料理においてアクが極端に少なく美味である。

概要	管 理 主 体：㈲宮崎参協グループ 代 表 者：細野 修二 所 在 地：児湯郡川南町大字川南7600-3	電 話：0983-27-0918 Ｆ Ａ Ｘ：0983-35-3068 Ｕ Ｒ Ｌ：− メールアドレス：mhf19980708@yahoo.co.jp

---

宮崎県・鹿児島県

大万吉豚
（だいまんきちぶた）

飼育管理	
出荷日齢：210日齢	
出荷体重：110kg	
指定肥育地・牧場 　：−	
飼料の内容 　：さつまいも、飼料米	

商標登録・GI登録・銘柄規約について
商標登録の有無：有 登録取得年月日：2015年6月19日
Ｇ Ｉ 登 録：未定
銘柄規約の有無：無 規約設定年月日：− 規約改定年月日：−

農場HACCP・JGAPについて
農場HACCP：− ＪＧＡＰ：−

交配様式

	雌	雄
	バークシャー × 中ヨークシャー	
雌	（ランドレース×大ヨークシャー）	
	×	
雄	デュロック	

主な流通経路および販売窓口
◆主 な と 畜 場 　：鹿児島食肉センター、都城ウェ 　　ルネスミート
◆主 な 処 理 場 　：鹿児島中央畜産、林兼産業
◆年 間 出 荷 頭 数 　：14,000頭
◆主 要 卸 売 企 業 　：−
◆輸 出 実 績 国・地 域 　：無
◆今 後 の 輸 出 意 欲 　：有

販売指定店制度について
指定店制度：無 販促ツール：のぼり、シール、リーフ 　　　　　レット

特長	●自然豊かな霧島連山の麓で育った豚です。 ●地下岩盤の割れ目からわき出す天然水を飲み、さつまいもと米で育て、 　ストレスを与えないよう育てています。

概要	管 理 主 体：中馬飼料㈲ 代 表 者：中馬 豊 所 在 地：都城市今町7516	電 話：0986-39-0201 Ｆ Ａ Ｘ：0986-39-0202 Ｕ Ｒ Ｌ：daimankiti.com メールアドレス：−

宮 崎 県

高城の里®
たかじょうのさと

飼育管理	
出荷日齢：190日齢	
出荷体重：115kg前後	
指定肥育地・牧場 ：高城	
飼料の内容 ：植物性主体で焼酎かす入り	

交配様式

雌	（大ヨークシャー × ランドレース）
	×
雄	デュロック

	（大ヨークシャー × ランドレース）
	×
	デュロック
	×
	ハイポー

| | 大ヨークシャー × ランドレース |
| | ハイポー |

商標登録・GI登録・銘柄規約について	
商標登録の有無：有	
登録取得年月日：2010年8月27日	
ＧＩ登録：－	
銘柄規約の有無：有	
規約設定年月日：2010年4月1日	
規約改定年月日：－	

農場HACCP・JGAPについて	
農場HACCP：無	
ＪＧＡＰ：無	

主な流通経路および販売窓口
◆主なと畜場 ：日本フードパッカー鹿児島
◆主な処理場 ：同上
◆年間出荷頭数 ：16,000頭
◆主要卸売企業 ：－
◆輸出実績国・地域 ：－
◆今後の輸出意欲 ：－

販売指定店制度について
指定店制度：－
販促ツール：－

特長
- 指定農場で育てた植物性飼料で仕上げた豚肉です。

概要		
管理主体：インターファーム㈱九州事業所	電話：0986-53-1577	
代表者：永井 賢一 代表取締役社長	ＦＡＸ：0986-53-1424	
所在地：都城市高城町有水1820	ＵＲＬ：－	
	メールアドレス：－	

宮 崎 県

どんぐりの恵み
どんぐりのめぐみ

Miyazaki Brand Pork Present

飼育管理	
出荷日齢：180日齢	
出荷体重：113kg	
指定肥育地・牧場 ：都城市・夏尾農場、小林市・小林農場	
飼料の内容 ：どんぐり粉、コプラフレーク、イムノビオス、カルスポリン、麦類多給	

商標登録・GI登録・銘柄規約について	
商標登録の有無：有	
登録取得年月日：2013年11月8日	
ＧＩ登録：未定	
銘柄規約の有無：有	
規約設定年月日：2014年11月	
規約改定年月日：－	

交配様式

雌	（ランドレース × 大ヨークシャー）
	×
雄	デュロック

農場HACCP・JGAPについて	
農場HACCP：無	
ＪＧＡＰ：無	

主な流通経路および販売窓口
◆主なと畜場 ：都城市食肉センター
◆主な処理場 ：ジャパンミート
◆年間出荷頭数 ：17,000頭
◆主要卸売企業 ：伊藤忠飼料
◆輸出実績国・地域 ：無
◆今後の輸出意欲 ：有

販売指定店制度について
指定店制度：有
販促ツール：シール、ポップ、パンフレット

特長
- コクがあるのにさっぱりとした味わい
- 脂にシャキシャキ感があり、ほど良い歯ざわりがある食感。

概要		
管理主体：ジャパンミート㈱	電話：0986-23-3200	
代表者：田中 和臣	ＦＡＸ：0986-23-3312	
所在地：都城市平江町37-8	ＵＲＬ：－	
	メールアドレス：info@japanmeat.jp	

宮 崎 県

にちなんもちぶた
日南もち豚

飼育管理	
出荷日齢：200日前後	
出荷体重：110kg前後	
指定肥育地・牧場	
：ナンチクファーム、守山北郷農場、守山細田農場（宮崎県日南市）	
飼料の内容	
：肥育期の飼料にコプラフレーク、カルスポリンを配合した専用飼料を給与	

商標登録・GI登録・銘柄規約について	
商標登録の有無：有	
登録取得年月日：2006年9月22日	
GI登録：未定	
銘柄規約の有無：有	
規約設定年月日：－	
規約改定年月日：－	

農場HACCP・JGAPについて	
農場HACCP：無	
JGAP：無	

交配様式

雌	（ランドレース × 大ヨークシャー）
	×
雄	デュロック

主な流通経路および販売窓口
◆主 な と 畜 場
：ナンチク
◆主 な 処 理 場
：同上
◆年 間 出 荷 頭 数
：20,000頭
◆主 要 卸 売 企 業
：関西ハニューフーズ
◆輸 出 実 績 国・地 域
：無
◆今 後 の 輸 出 意 欲
：無

販売指定店制度について
指定店制度：無
販促ツール：シール、パネル

特長	●クリーンな環境で元気に育ったSPF豚 ●こだわりの飼料を与え、肉質はキメ細かくコクが有り、まろやかで豚特有の臭みもなく後味はさっぱりしていて冷めても軟らかい。 ●特殊枝肉分割（肋骨5/6間で分割）で一般的なカタロースより長く、歩留まりが良いので使いやすい。 ●指定農場、指定飼料、等級「中」以上

概要	管 理 主 体：関西ハニューフーズ㈱	電 話：072-250-4488
	代 表 者：高橋 茂樹	FAX：072-250-5566
	所 在 地：大阪府堺市東区八下町1-122	URL：www.hanewfood.com
		メールアドレス：－

宮 崎 県

はざまのきなこぶた
はざまのきなこ豚

飼育管理	
出荷日齢：180日齢	
出荷体重：114kg	
指定肥育地・牧場	
：－	
飼料の内容	
：指定配合飼料	

商標登録・GI登録・銘柄規約について	
商標登録の有無：有	
登録取得年月日：1975年7月1日	
GI登録：取得済	
銘柄規約の有無：有	
規約設定年月日：1975年7月1日	
規約改定年月日：－	

農場HACCP・JGAPについて	
農場HACCP：－	
JGAP：－	

交配様式

雌	（ランドレース × 大ヨークシャー）
	×
雄	デュロック
	ハイポー

主な流通経路および販売窓口
◆主 な と 畜 場
：ミヤチク、スターゼン加世田など
◆主 な 処 理 場
：同上
◆年 間 出 荷 頭 数
：120,000頭
◆主 要 卸 売 企 業
：ミヤチク、スターゼン
◆輸 出 実 績 国・地 域
：無
◆今 後 の 輸 出 意 欲
：有

販売指定店制度について
指定店制度：無
販促ツール：のぼり（大・小）、シール

特長	●健康で安全な豚肉を生産するため厳選された「きなこ」を使用する。 ●指定配合飼料を与えた豚はまろやかで、甘みある肉質を特長としている。

概要	管 理 主 体：㈱はざま牧場	電 話：0986-36-0083
	代 表 者：永武 豊 代表取締役社長	FAX：0986-36-0798
	所 在 地：都城市野々美谷町1934-1	URL：www.f-hazama.co.jp
		メールアドレス：shop@f-hazama.co.jp

宮 崎 県

ひむかおさつぽーく
日向おさつポーク

飼育管理	
出荷日齢：170〜210日齢	
出荷体重：115kg	
指定肥育地・牧場 ：−	
飼料の内容 ：指定配合飼料、甘しょを60日以上給与	

商標登録・GI登録・銘柄規約について	
商標登録の有無：有	
登録取得年月日：2009 年 6 月12日	
ＧＩ登録：未定	
銘柄規約の有無：有	
規約設定年月日：−	
規約改定年月日：−	

農場 HACCP・JGAP について	
農場 HACCP：−	
ＪＧＡＰ：−	

交配様式

雌	（ランドレース × 大ヨークシャー）
雄	× デュロック
雌	（大ヨークシャー × ランドレース）
雄	× デュロック

主な流通経路および販売窓口
◆主 な と 畜 場 ：ミヤチク高崎工場
◆主 な 処 理 場 ：同上
◆年 間 出 荷 頭 数 ：7,200 頭
◆主 要 卸 売 企 業 ：−
◆輸出実績国・地域 ：無
◆今 後 の 輸 出 意 欲 ：無

販売指定店制度について
指定店制度：無
販促ツール：シール、パンフレット

特長
- 肥育仕上げ期に甘しょを 10％配合し、給与している。
- 臭みがなく肉に独特の甘みがある。

概要	管 理 主 体 ：南国興産㈱	電 話 ：0986-53-1041
	代 表 者 ：弓削 昭男	ＦＡＸ ：0986-53-1850
	所 在 地 ：都城市高城町有水 1941	ＵＲＬ ：nangokunet.co.jp
		メールアドレス ：−

宮 崎 県

まるみとん
まるみ豚

飼育管理	
出荷日齢：150〜180日齢	
出荷体重：115kg前後	
指定肥育地・牧場 ：−	
飼料の内容 ：自家配合	

商標登録・GI登録・銘柄規約について	
商標登録の有無：有	
登録取得年月日：2009 年 3 月	
ＧＩ登録：−	
銘柄規約の有無：無	
規約設定年月日：−	
規約改定年月日：−	

農場 HACCP・JGAP について	
農場 HACCP：有（2020 年 3 月）	
ＪＧＡＰ：−	

交配様式

雌	（ランドレース × 大ヨークシャー）
雄	× デュロック

主な流通経路および販売窓口
◆主 な と 畜 場 ：ミヤチク都農工場
◆主 な 処 理 場 ：同上
◆年 間 出 荷 頭 数 ：10,000 頭
◆主 要 卸 売 企 業 ：ミヤチク
◆輸出実績国・地域 ：香港
◆今 後 の 輸 出 意 欲 ：有

販売指定店制度について
指定店制度：無
販促ツール：−

特長
- エサ、水にこだわった飼養管理を徹底し、口蹄疫からの再生に挑んでいる。
- 「まるみ豚」はホームページから注文できる（精肉、加工品）
  三越恵比寿店に精肉店をオープン（2019 年 4 月）

概要	管 理 主 体 ：㈲協同ファーム	電 話 ：0983-27-4180
	代 表 者 ：日高 義暢	ＦＡＸ ：0983-27-4808
	所 在 地 ：児湯郡川南町大字平田 3403	ＵＲＬ ：www.marumiton.com
		メールアドレス ：info@marumiton.com

宮崎県

みなみのしまぶた
南の島豚

飼育管理
出荷日齢：240〜270日齢
出荷体重：105〜120kg
指定肥育地・牧場 ：－
飼料の内容 ：指定配合飼料

商標登録・GI登録・銘柄規約について
商標登録の有無：有 登録取得年月日：2005年2月1日
ＧＩ登録：2005年2月1日
銘柄規約の有無：無 規約設定年月日：－ 規約改定年月日：－

農場HACCP・JGAPについて
農場HACCP：－
ＪＧＡＰ：－

交配様式	
雌	雄
デュロック×アグー	
ランドレース×アグー	
雌	（ランドレース×大ヨークシャー）
雄	× デュロック

	主な流通経路および販売窓口
◆	主 な と 畜 場 ：南日本ハム、都城市食肉センター
◆	主 な 処 理 場 ：南日本ハム、林兼産業都城工場
◆	年 間 出 荷 頭 数 ：1,500頭
◆	主 要 卸 売 企 業 ：－
◆	輸 出 実 績 国・地 域 ：－
◆	今 後 の 輸 出 意 欲 ：有

販売指定店制度について
指定店制度：有 販促ツール：シール、のぼり

特長	● 「南の島豚」は霧島酒造と宮崎大学の協力のもと沖縄県の島豚との掛け合わせで誕生した。 ● 給与飼料はさつまいも由来の焼酎かすを配合、サシを入れる最先端の設計技術を取り入れている。 ● 肉質は子供たちが喜んで食べてくれるまろやかな味わい、調理してもジューシーで、ふっくら仕上がる。

概要	管 理 主 体：	永田種豚場㈱	電　　　話：	0983-27-0623
	代 表 者：	永田 茂民 代表取締役	ＦＡＸ：	0983-27-7271
	所 在 地：	児湯郡川南町大字川南13054-15	ＵＲＬ：	－
			メールアドレス：	－

宮崎県

みやざきぶらんどぽーく
宮崎ブランドポーク

飼育管理
出荷日齢：200日齢
出荷体重：115kg
指定肥育地・牧場 ：－
飼料の内容 ：－

商標登録・GI登録・銘柄規約について
商標登録の有無：有 登録取得年月日：2015年8月7日
ＧＩ登録：未定
銘柄規約の有無：有 規約設定年月日：2013年10月1日 規約改定年月日：－

農場HACCP・JGAPについて
農場HACCP：－
ＪＧＡＰ：－

交配様式	
雌	雄
（ランドレース×大ヨークシャー）	
雄	× デュロック
雌	（大ヨークシャー×ランドレース）
雄	× デュロック

	主な流通経路および販売窓口
◆	主 な と 畜 場 ：ミヤチク高崎工場、同都農工場
◆	主 な 処 理 場 ：同上
◆	年 間 出 荷 頭 数 ：278,000頭
◆	主 要 卸 売 企 業 ：ミヤチク
◆	輸 出 実 績 国・地 域 ：無
◆	今 後 の 輸 出 意 欲 ：有

販売指定店制度について
指定店制度：有 販促ツール：シール、のぼり、リーフレット、ポスター、はっぴ

特長	● 協議会の指定する食肉処理場で処理された豚肉。 ● 協議会の指定する産地、生産者が出荷する豚肉。 ● 生産性向上の取り組みを行った上で、生産者情報（飼養頭数、給与飼料）を開示できる。

概要	管 理 主 体：	ＪＡ宮崎経済連	電　　　話：	0985-31-2134
	代 表 者：	新森 雄吾	ＦＡＸ：	0985-31-5762
	所 在 地：	宮崎市霧島1-1-1	ＵＲＬ：	www.m-pork.com/
			メールアドレス：	－

宮 崎 県

みやざきぶらんどぽーくかんしょとん
宮崎ブランドポーク
かんしょ豚

飼育管理	
出荷日齢：200日齢	
出荷体重：115kg	
指定肥育地・牧場 ：－	
飼料の内容 ：経済連の配合飼料。甘しょ粉末、 大麦	

商標登録・GI登録・銘柄規約について	
商標登録の有無：有 登録取得年月日：1999年12月17日	
GI登録：未定	
銘柄規約の有無：有 規約設定年月日：1990年3月22日 規約改定年月日：2009年7月1日	

農場HACCP・JGAPについて	
農場HACCP：－	
JGAP：－	

交配様式		
雌	（ランドレース×大ヨークシャー） × デュロック	雄
雄		
雌	（大ヨークシャー×ランドレース） × デュロック	
雄		

主な流通経路および販売窓口
◆主なと畜場 ：ミヤチク高崎工場
◆主な処理場 ：同上
◆年間出荷頭数 ：6,300頭
◆主要卸売企業 ：－
◆輸出実績国・地域 ：無
◆今後の輸出意欲 ：無

販売指定店制度について
指定店制度：有 販促ツール：シール、のぼり、リー フレット

特長
- 県の系統豚「ハマユウ」をベースに経済連の飼養管理プログラムに基づき飼育されている。
- 給与飼料は仕上げ期の60日間、甘しょと大麦を添加するのが特徴である。

概要			
管理主体：JA宮崎経済連		電話：0985-31-2134	
代表者：新森雄吾		FAX：0985-31-5762	
所在地：宮崎市霧島1-1-1		URL：www.m-pork.com/	
		メールアドレス：－	

宮 崎 県

みやざきべいじゅぽーく
宮崎米寿ポーク

飼育管理	
出荷日齢：180～190日齢	
出荷体重：110～118kg	
指定肥育地・牧場 ：－	
飼料の内容 ：指定配合飼料（系統）。県内産飼 料米の米粉10％を配合飼料に添 加	

商標登録・GI登録・銘柄規約について	
商標登録の有無：有 登録取得年月日：2012年6月1日	
GI登録：未定	
銘柄規約の有無：無 規約設定年月日：－ 規約改定年月日：－	

農場HACCP・JGAPについて	
農場HACCP：－	
JGAP：－	

交配様式		
雌	（ランドレース×大ヨークシャー） × デュロック	雄
雄		
雌	（大ヨークシャー×ランドレース） × デュロック	
雄		

主な流通経路および販売窓口
◆主なと畜場 ：ミヤチク高崎工場、同都農工場
◆主な処理場 ：同上
◆年間出荷頭数 ：6,200頭
◆主要卸売企業 ：－
◆輸出実績国・地域 ：無
◆今後の輸出意欲 ：無

販売指定店制度について
指定店制度：有 販促ツール：シール、ポスター、リー フレット

特長
- ISO22000を取得した農場で飼養管理されている。
- 生後75日から出荷まで飼料米の米粉10％を配合飼料に添加している。
- 肉の食感はもちもち、脂身はあっさり。
- 獣臭さはほとんど感じられない。

概要			
管理主体：JA宮崎経済連		電話：0985-31-2134	
代表者：新森雄吾		FAX：0985-31-5762	
所在地：宮崎市霧島1-1-1		URL：www.miyachiku.jp	
		メールアドレス：－	

宮　崎　県

みやざき六穀豚
みやざきろっこくとん

交配様式

三種間交配種

飼育管理	
出荷日齢	180〜190日齢
出荷体重	110〜115kg
指定肥育地・牧場	：宮崎県、ジャパンファーム直営農場、預託農場
飼料の内容	：6種の穀物をバランス良く配合した指定配合飼料

商標登録・GI登録・銘柄規約について	
商標登録の有無	：無
登録取得年月日	：－
G I 登　録	：未定
銘柄規約の有無	：無
規約設定年月日	：－
規約改定年月日	：－

農場HACCP・JGAPについて	
農場HACCP	：無
J G A P	：無

主な流通経路および販売窓口	
◆主 な と 畜 場	：サンキョーミート
◆主 な 処 理 場	：同上
◆年 間 出 荷 頭 数	：10,000頭
◆主 要 卸 売 企 業	：米久
◆輸 出 実 績 国・地 域	：無
◆今 後 の 輸 出 意 欲	：無

販売指定店制度について	
指定店制度	：無
販促ツール	：シール、ボード、POP各種

特長
- 6種類の穀物（とうもろこし・マイロ・米・大麦・小麦・マイロ）をバランス良く配合した飼料を与え、肉のうまみ、まろやかなコクをつくり出すとともに、締まりのある肉質、淡い肉色、きれいな白上がりの脂肪色にもこだわりました。

概要			
管 理 主 体	：米久㈱	電　　　　話	：055-929-2821
代 表 者	：繁竹　輝之	F A X	：055-926-1502
所 在 地	：静岡県沼津市岡宮寺林1259番地	U R L	：www.yonekyu.co.jp/rokkokuton/
		メールアドレス	：－

宮　崎　県

美　麗　豚
みらいとん

交配様式

雌	（ランドレース × 大ヨークシャー）
	×
雄	デュロック

飼育管理	
出荷日齢	：185日齢
出荷体重	：115kg
指定肥育地・牧場	：－
飼料の内容	：指定配合飼料

商標登録・GI登録・銘柄規約について	
商標登録の有無	：無
登録取得年月日	：－
G I 登　録	：未定
銘柄規約の有無	：無
規約設定年月日	：－
規約改定年月日	：－

農場HACCP・JGAPについて	
農場HACCP	：申請中
J G A P	：申請中

主な流通経路および販売窓口	
◆主 な と 畜 場	：都城市食肉センター
◆主 な 処 理 場	：ジャパンミート
◆年 間 出 荷 頭 数	：28,000頭
◆主 要 卸 売 企 業	：－
◆輸 出 実 績 国・地 域	：無
◆今 後 の 輸 出 意 欲	：有

販売指定店制度について	
指定店制度	：無
販促ツール	：シール

特長
- 宮崎えびの高原「夢」牧場。
- しっかりしたお肉をきちんと届けます。

概要			
管 理 主 体	：㈲レクスト	電　　　　話	：0984-33-1814
代 表 者	：長友　浩人	F A X	：0984-33-1918
所 在 地	：えびの市大字坂元1666-123	U R L	：－
		メールアドレス	：rekusuto@carol.ocn.ne.jp

宮崎県 麦穂（むぎほ）

飼育管理
出荷日齢：180～210日齢
出荷体重：110～115kg
指定肥育地・牧場
：インターファーム高城第3農場
ほか
飼料の内容
：麦類を配合した飼料

商標登録・GI登録・銘柄規約について
商標登録の有無：有
登録取得年月日：2005年9月30日
GI登録：－
銘柄規約の有無：有
規約設定年月日：2004年10月1日
規約改定年月日：－

農場HACCP・JGAPについて
農場HACCP：－
JGAP：－

交配様式

雌　（大ヨークシャー × ランドレース）雄
×
雄　　　　　デュロック

主な流通経路および販売窓口
◆主 な と 畜 場
：南日本ハム
◆主 な 処 理 場
：同上
◆年 間 出 荷 頭 数
：7,000頭
◆主 要 卸 売 企 業
：－
◆輸 出 実 績 国・地 域
：無
◆今後の輸出意欲
：無

販売指定店制度について
指定店制度：－
販促ツール：－

特長
- ●豚の嫌な臭いが少ない。
- ●脂肪は白色で光沢があり、軟らかくて味が良い。

概要		
管 理 主 体：南日本ハム㈱	電 話：0982-54-4186	
代 表 者：徳丸 四郎 代表取締役	F A X：0982-54-4187	
所 在 地：日向市財光寺1193	U R L：www.minami-nipponham.co.jp/	
	メールアドレス：－	

宮崎県 ヨシチクのEM豚（よしちくのいーえむとん）

飼育管理
出荷日齢：220日齢
出荷体重：115kg
指定肥育地・牧場
：－
飼料の内容
：完全無薬（哺乳～仕上げ期の間、
抗生物質オールフリー）。EM菌

商標登録・GI登録・銘柄規約について
商標登録の有無：有
登録取得年月日：2007年7月6日
GI登録：未定
銘柄規約の有無：無
規約設定年月日：－
規約改定年月日：－

農場HACCP・JGAPについて
農場HACCP：－
JGAP：－

交配様式

雌　（ランドレース × 大ヨークシャー）雄
×
雄　　　　　デュロック

雌　（大ヨークシャー × ランドレース）
×
雄　　　　　デュロック

主な流通経路および販売窓口
◆主 な と 畜 場
：南九州畜産興業
◆主 な 処 理 場
：同上
◆年 間 出 荷 頭 数
：1,000頭
◆主 要 卸 売 企 業
：－
◆輸 出 実 績 国・地 域
：無
◆今後の輸出意欲
：有

販売指定店制度について
指定店制度：有
販促ツール：シール、のぼり

特長
- ●薬に頼らず、飼育された安心安全の豚肉。
- ●EM菌には抗酸化作用があるので鮮度が長持ちする。
- ●オレイン酸の含有量が豊富で、嫌な臭いがなく、軟らかくてジューシー。

概要		
管 理 主 体：㈱吉玉畜産	電 話：0982-33-1087	
代 表 者：吉玉 勇作 代表取締役	F A X：0982-20-2982	
所 在 地：延岡市柚木町738	U R L：yoshichiku.net	
	メールアドレス：－	

宮崎県

わとんあじさい
和豚味彩

飼育管理	
出荷日齢：180日齢	
出荷体重：113kg	
指定肥育地・牧場 ：宮崎、鹿児島	
飼料の内容 ：指定配合飼料。コプラフレーク、 　麦類10%以上	

商標登録・GI登録・銘柄規約について

商標登録の有無：有
登録取得年月日：2018年12月9日

GI 登 録：未定

銘柄規約の有無：有
規約設定年月日：－
規約改定年月日：－

農場HACCP・JGAPについて

農場HACCP：有 or 無（年月日）
JGAP：有 or 無（年月日）

交配様式

	雌	雄
雌	（ランドレース×大ヨークシャー）	
	×	
雄	デュロック	

特長
- 一番しぼりのやし油（コプラフレーク）、麦類10%以上が入った専用飼料の効果で、脂肪は白く、締まりの良い豚肉ができる。
- あっさりとした後味と深いコク、うまみが特徴。

主な流通経路および販売窓口

◆主 な と 畜 場
：都城市食肉センター

◆主 な 処 理 場
：ジャパンミート

◆年 間 出 荷 頭 数
：100,000頭
◆主 要 卸 売 企 業
：－

◆輸出実績国・地域
：無

◆今 後 の 輸 出 意 欲
：有

販売指定店制度について

指定店制度：無
販促ツール：シール、のぼり、パンフレット

概要	管 理 主 体：ジャパンミート㈱ 代 表 者：田中　和臣 所 在 地：都城市平江町37-8	電 話：0986-23-3200 F A X：0986-23-3312 U R L：－ メールアドレス：－

鹿児島県

かごしまおーえっくす
鹿児島OX

飼育管理	
出荷日齢：175日齢	
出荷体重：115kg前後	
指定肥育地・牧場 ：－	
飼料の内容 ：－	

商標登録・GI登録・銘柄規約について

商標登録の有無：無
登録取得年月日：－

GI 登 録：未定

銘柄規約の有無：有
規約設定年月日：1999年11月11日
規約改定年月日：－

農場HACCP・JGAPについて

農場HACCP：無
JGAP：無

交配様式

	雌	雄
雌	ケンボローアジア	
	×	
雄	（バークシャー×デュロック）	

特長
- 優良血統を掛け合わせたハイブリッド。
- 飼料は麦、いも、マイロに竹酢液を添加、とうもろこしは一切使わず純植物性飼料で育てている。

主な流通経路および販売窓口

◆主 な と 畜 場
：加世田食肉センター

◆主 な 処 理 場
：コワダヤ

◆年 間 出 荷 頭 数
：10,000頭
◆主 要 卸 売 企 業
：プリマハムほか

◆輸出実績国・地域
：無

◆今 後 の 輸 出 意 欲
：無

販売指定店制度について

指定店制度：無
販促ツール：－

概要	管 理 主 体：㈲大迫ファーム 代 表 者：大迫　尚至 所 在 地：薩摩郡さつま町宮之城屋地2771	電 話：0996-53-0563 F A X：0996-52-3736 U R L：www.asahi-farm.jp メールアドレス：asahifarmjimu@gmail.com

鹿児島県

かごしまくろぶた
かごしま黒豚

交配様式

バークシャー
（アメリカバークシャー種除く）

飼育管理	
出荷日齢：230〜270日齢	
出荷体重：約110kg	
指定肥育地・牧場 :協議会会員農場	
飼料の内容 :協議会基準（甘しょを10〜20%含む）に準じる	

商標登録・GI登録・銘柄規約について
商標登録の有無：有
登録取得年月日：1999年4月2日
GI登録：未定
銘柄規約の有無：有
規約設定年月日：1990年10月18日
規約改定年月日：2007年7月24日

農場HACCP・JGAPについて
農場HACCP：−
JGAP：−

主な流通経路および販売窓口
◆主なと畜場 :県下複数の施設
◆主な処理場 :同上
◆年間出荷頭数 :176,000頭
◆主要卸売企業 :−
◆輸出実績国・地域 :香港、シンガポール、マカオ、台湾、ベトナム
◆今後の輸出意欲 :有

販売指定店制度について
指定店制度：有
販促ツール：のぼり、ポスター

特長
- 県黒豚生産者協議会会員が県内で生産、肥育、出荷したバークシャー種（アメリカバークシャー除く）の黒豚。
- 出荷前の60日以上、甘しょを10〜20%含む飼料を給与し、約230〜270日齢で出荷する。
- 肉は繊維が細かく、光沢と弾力に富み、よく締まっている。脂肪のとける温度が高く、べとつかずさっぱりしている。
- うまみを引きだすアミノ酸の含有量が多く、小味がする。

概要
管 理 主 体 ： 鹿児島県黒豚生産者協議会
代 表 者 ： 川崎 高義
所 在 地 ： 鹿児島市鴨池新町10-1
電 話 ： 099-286-3224
F A X ： 099-286-5599
U R L ： www.k-kurobuta.com
メールアドレス ： k-kurobuta@po.minc.ne.jp

鹿児島県

かごしまだぶるえっくす
鹿児島XX

交配様式

雌 雄
ケンボローアジア×ケンボロー265

飼育管理	
出荷日齢：180日齢	
出荷体重：110〜120kg	
指定肥育地・牧場 :−	
飼料の内容 :仕上げ期にマイロ、麦、イモ類、竹酢液	

商標登録・GI登録・銘柄規約について
商標登録の有無：有
登録取得年月日：2008年4月18日
GI登録：−
銘柄規約の有無：有
規約設定年月日：2008年12月1日
規約改定年月日：−

農場HACCP・JGAPについて
農場HACCP：無
JGAP：無

主な流通経路および販売窓口
◆主なと畜場 :鹿児島食肉センター
◆主な処理場 :鹿児島ミート販売
◆年間出荷頭数 :10,000頭
◆主要卸売企業 :鹿児島ミート販売
◆輸出実績国・地域 :無
◆今後の輸出意欲 :無

販売指定店制度について
指定店制度：有
販促ツール：−

特長
- 優れた血統を掛け合わせたハイブリッド豚。
- 仕上げ期にはマイロ、麦、いも類に竹酢液を配合、肉質はナチュラルで味わい深い。

概要
管 理 主 体 ： ㈲大迫ファーム
代 表 者 ： 大迫 尚至
所 在 地 ： 薩摩郡さつま町宮之城屋地2771
電 話 ： 0996-53-0563
F A X ： 0996-52-3736
U R L ： −
メールアドレス ： asahifarmjimu@gmail.com

鹿児島県

かごしまもちぶた
鹿児島もち豚

飼育管理

出荷日齢：190〜210日齢

出荷体重：110〜120kg

指定肥育地・牧場
：鹿児島県

飼料の内容
：仕上げ期に麦類を10%添加した
　飼料を給餌

商標登録・GI登録・銘柄規約について

商標登録の有無：無
登録取得年月日：－

GI登録：未定

銘柄規約の有無：無
規約設定年月日：－
規約改定年月日：－

農場HACCP・JGAPについて

農場HACCP：未定

JGAP：未定

交配様式

雌	雄
雌（大ヨークシャー×ランドレース） × 雄　デュロック	
雌（ランドレース×大ヨークシャー） × 雄　デュロック	

主な流通経路および販売窓口

◆主なと畜場
：西日本ベストパッカー

◆主な処理場
：同上

◆年間出荷頭数
：42,000頭

◆主要卸売企業
：プリマハム

◆輸出実績国・地域
：無

◆今後の輸出意欲
：有

販売指定店制度について

指定店制度：無
販促ツール：シール

特長
● 肉質研究牧場にて繁殖、育成後、預託農場へ移動させて肥育を行うツーサイトシステムを採用。

概要

管理主体	㈲肉質研究牧場	電話	099-478-8010
代表者	松本 哲明	FAX	099-478-8030
所在地	曽於郡大崎町野方5950	URL	－
		メールアドレス	－

鹿児島県

かごしまろっこくとん
かごしま六穀豚

飼育管理

出荷日齢：180〜190日齢

出荷体重：110〜115kg

指定肥育地・牧場
：鹿児島県、ジャパンファーム直営農
　場、預託農場

飼料の内容
：6種の穀物をバランス良く配合
　した指定配合飼料

商標登録・GI登録・銘柄規約について

商標登録の有無：無
登録取得年月日：－

GI登録：未定

銘柄規約の有無：無
規約設定年月日：－
規約改定年月日：－

農場HACCP・JGAPについて

農場HACCP：無

JGAP：無

交配様式

三種間交配種

主な流通経路および販売窓口

◆主なと畜場
：サンキョーミート

◆主な処理場
：同上

◆年間出荷頭数
：60,000頭

◆主要卸売企業
：米久

◆輸出実績国・地域
：無

◆今後の輸出意欲
：無

販売指定店制度について

指定店制度：無
販促ツール：シール、ボード、POP
　　　　　　各種

特長
● 6種類の穀物（とうもろこし・マイロ・米・大麦・小麦・マイロ）をバランス良く配合した飼料を与え、肉のうまみ、まろやかなコクをつくり出すとともに、締まりのある肉質、淡い肉色、きれいな白上がりの脂肪色にもこだわりました。

概要

管理主体	米久㈱	電話	055-929-2821
代表者	繁竹 輝之	FAX	055-926-1502
所在地	静岡県沼津市岡宮寺林1259	URL	www.yonekyu.co.jp/rokkokuton/
		メールアドレス	－

鹿児島県・宮崎県

甘熟豚 南国スイート
（かんじゅくぶた　なんごくすいーと）

KANJUKUBUTA　Nangoku Sweet

甘熟豚 南国スイート

飼育管理
出荷日齢：約210日齢
出荷体重：約125kg
指定肥育地・牧場 ：鹿屋市、都城市
飼料の内容 ：肉豚後期飼料（自家配合）

商標登録・GI登録・銘柄規約について
商標登録の有無：有
登録取得年月日：2014年9月5日
G I 登 録：－
銘柄規約の有無：無
規約設定年月日：－
規約改定年月日：－

農場HACCP・JGAPについて
農場HACCP：無
J G A P：無

交配様式	
雌 雄	雌 （ランドレース×ラージホワイト） × 雄 デュロック

主な流通経路および販売窓口
◆主 な と 畜 場 ：鹿児島食肉センター
◆主 な 処 理 場 ：クオリティミート
◆年 間 出 荷 頭 数 ：6,000頭
◆主 要 卸 売 企 業 ：カミチク
◆輸出実績国・地域 ：香港
◆今 後 の 輸 出 意 欲 ：有

販売指定店制度について
指定店制度：無
販促ツール：ポスター、のぼり、シール、棚帯、パネルなど

特長	●餌にパイン粕を加えることで肉に甘みを出している。肥育期間を普通の豚よりも1～2カ月伸ばすことで、肉のうまみが熟成される。 ●仕上げ期に大麦をふんだんに与えることで、脂のドリップが抑制される。 ●国産豚や輸入豚に比べ、雑味が少なくうまみを感じやすいという数値結果が出ている（2017年8月㈱味香り戦略研究所の分析結果）

概要	管 理 主 体：㈱クオリティミート	電 話：099-262-5729
	代 表 者：上村 昌志 代表取締役	F A X：099-262-5731
	所 在 地：鹿児島市下福元町7852 鹿児島食肉センター内	U R L：－
		メールアドレス：－

鹿 児 島 県

九州もち豚
（きゅうしゅうもちぶた）

飼育管理
出荷日齢：190～210日齢
出荷体重：110～120kg
指定肥育地・牧場 ：鹿児島県
飼料の内容 ：－

商標登録・GI登録・銘柄規約について
商標登録の有無：無
登録取得年月日：－
G I 登 録：未定
銘柄規約の有無：無
規約設定年月日：－
規約改定年月日：－

農場HACCP・JGAPについて
農場HACCP：未定
J G A P：未定

交配様式	
雌 雄	
雌 雄	（大ヨークシャー×ランドレース） × バークシャー
雌 雄	（ランドレース×大ヨークシャー） × バークシャー

主な流通経路および販売窓口
◆主 な と 畜 場 ：西日本ベストパッカー
◆主 な 処 理 場 ：同上
◆年 間 出 荷 頭 数 ：18,000頭
◆主 要 卸 売 企 業 ：プリマハム
◆輸出実績国・地域 ：無
◆今 後 の 輸 出 意 欲 ：無

販売指定店制度について
指定店制度：無
販促ツール：－

特長	●肉質研究牧場にて繁殖、育成後、預託農場へ移動させて肥育を行うツーサイトシステムを採用。 ●近商ストアオリジナルブランド。

概要	管 理 主 体：㈲肉質研究牧場	電 話：099-478-8010
	代 表 者：松本 哲明	F A X：099-478-8030
	所 在 地：曽於郡大崎町野方5950	U R L：－
		メールアドレス：－

鹿児島県

桜島美湯豚
（さくらじまびゆうとん）

飼育管理	
出荷日齢：180〜200日齢	
出荷体重：110kg前後	
指定肥育地・牧場	
：大隅養豚生産組合	
飼料の内容	
：オリジナル全植物性タンパク飼料、カルスポリン、コプラフレーク	

商標登録・GI登録・銘柄規約について	
商標登録の有無：有	
登録取得年月日：2002年8月9日	
GI登録：－	
銘柄規約の有無：有	
規約設定年月日：2001年4月1日	
規約改定年月日：－	

農場HACCP・JGAPについて	
農場HACCP：－	
JGAP：－	

交配様式

雌 （ランドレース × 大ヨークシャー）
×
雄 バークシャー

主な流通経路および販売窓口	
◆主なと畜場	
：大隅ミート食肉センター	
◆主な処理場	
：大隅ミート産業	
◆年間出荷頭数	
：38,000頭	
◆主要卸売企業	
：プリマハム、ニチレイ、JA全農、日本ハムグループ	
◆輸出実績国・地域	
：－	
◆今後の輸出意欲	
：有	

販売指定店制度について	
指定店制度：無	
販促ツール：シール、のぼり、パネル	

特長
- 桜島に隣接する垂水市の標高約550mの高原農場にてオリジナルの全植物性タンパク飼料と地下約1,300mよりわき出たミネラル分の豊富な温泉水を飲んで健やかに育てた。
- 品種はシムコSPFの雌豚（LW）に系統純粋黒豚（B）の雄を交配して生まれた高品種の豚。
- 肉質は光沢よく、脂は白く締まりも良好でキメ細やか。
- 味は食感良く、獣臭も少ない。
- ジューシーでまろやか、ほのかに甘みを感じる小味のきいたおいしさ。

概要		
管理主体：	大隅ミート産業㈱	電話：0994-32-6111
代表者：	小森 浩一 代表取締役	FAX：0994-32-0097
所在地：	垂水市本城3914	URL：www.b-post.com/oosumimeat/
		メールアドレス：biyuton@dolphin.ocn.ne.jp

鹿児島県

さつま美食豚
（さつまびしょくとん）

飼育管理	
出荷日齢：190〜230日齢	
出荷体重：115〜120kg	
指定肥育地・牧場	
：県内契約生産農場	
飼料の内容	
：専用配合飼料	

商標登録・GI登録・銘柄規約について	
商標登録の有無：有	
登録取得年月日：－	
GI登録：未定	
銘柄規約の有無：有	
規約設定年月日：2003年10月	
規約改定年月日：－	

農場HACCP・JGAPについて	
農場HACCP：無	
JGAP：無	

交配様式

雌 （ランドレース × 大ヨークシャー）
×
雄 デュロック

主な流通経路および販売窓口	
◆主なと畜場	
：JA食肉かごしま	
◆主な処理場	
：同上	
◆年間出荷頭数	
：250頭	
◆主要卸売企業	
：－	
◆輸出実績国・地域	
：無	
◆今後の輸出意欲	
：無	

販売指定店制度について	
指定店制度：無	
販促ツール：－	

特長
- サツマイモ、大麦、お茶の成分を飼料として与えた豚の中から、適度に脂ののったものを厳選。
- 肥育日数は通常より10〜30日間長いため、肉のうまみが増し、さらにビタミンE、リノール酸、リノレン酸を多く含む。

概要		
管理主体：	鹿児島県経済農業協同組合連合会	電話：099-258-5415
代表者：	永福 喜作 経営管理委員会会長	FAX：099-257-4197
所在地：	鹿児島市鴨池新町15	URL：－
		メールアドレス：－

鹿児島県
薩摩美豚
さつまびとん

飼育管理	
出荷日齢：200〜210日齢	
出荷体重：約115kg	
指定肥育地・牧場 ：県内のみ	
飼料の内容 ：指定配合飼料、有機酸	

商標登録・GI登録・銘柄規約について	
商標登録の有無：有 登録取得年月日：1995年8月31日	
ＧＩ登録：−	
銘柄規約の有無：無 規約設定年月日：− 規約改定年月日：−	

農場HACCP・JGAPについて	
農場HACCP：無	
ＪＧＡＰ：無	

交配様式

雌	（ランドレース × 大ヨークシャー）
	×
雄	デュロック
雌	（大ヨークシャー × ランドレース）
	×
雄	デュロック
	ハイブリッド種など

主な流通経路および販売窓口
◆ 主 な と 畜 場 ：鹿児島食肉センター
◆ 主 な 処 理 場 ：鹿児島中央畜産
◆ 年 間 出 荷 頭 数 ：6,000頭
◆ 主 要 卸 売 企 業 ：鹿児島中央畜産
◆ 輸出実績国・地域 ：−
◆ 今 後 の 輸 出 意 欲 ：−

販売指定店制度について
指定店制度：− 販促ツール：−

	特長	● 産地は鹿児島県産のみ。 ● 農場では土着菌を豚舎の敷料に用いることで豚のストレスを緩和している。 ● 有機酸を添加した独自飼料を給与することで、より高品質な豚肉に仕上げた。 ● キメ細やかで軟らかな肉質、うま味、ほのかな甘み、豊かな風味が自慢。

概要	管 理 主 体：鹿児島中央畜産㈱ 代 表 者：八重倉 剛 所 在 地：鹿児島市七ッ島1-2-11	電 話：099-261-2944 Ｆ Ａ Ｘ：099-262-0492 Ｕ Ｒ Ｌ：− メールアドレス：−

鹿児島県
さつま六穀豚
さつまろっこくとん

飼育管理	
出荷日齢：約180〜190日齢	
出荷体重：約110〜115kg	
指定肥育地・牧場 ：鹿児島県・川平ファーム（コワダヤ関連会社）	
飼料の内容 ：6種類の穀物をメーンとした飼料に甘薯（さつまいも）をバランスよく配合した指定配合飼料	

商標登録・GI登録・銘柄規約について	
商標登録の有無：無 登録取得年月日：−	
ＧＩ登録：未定	
銘柄規約の有無：無 規約設定年月日：− 規約改定年月日：−	

農場HACCP・JGAPについて	
農場HACCP：無	
ＪＧＡＰ：無	

交配様式

雌	（ランドレース × 大ヨークシャー）
	×
雄	デュロック

主な流通経路および販売窓口
◆ 主 な と 畜 場 ：加世田食肉センター
◆ 主 な 処 理 場 ：コワダヤ
◆ 年 間 出 荷 頭 数 ：5,000頭
◆ 主 要 卸 売 企 業 ：米久
◆ 輸出実績国・地域 ：無
◆ 今 後 の 輸 出 意 欲 ：無

販売指定店制度について
指定店制度：無 販促ツール：シール、ポスター、ボード、POP各種

	特長	● 6種類の穀物（とうもろこし、大麦、小麦、米、マイロ、大豆）をメーンにした飼料に甘薯（さつまいも）をバランス良く配合した飼料を与え、味（うま味、脂の甘み）を追求。 ● 川平ファームにて母豚飼育〜繁殖〜肥育までの一貫生産を行っています。

概要	管 理 主 体：米久㈱ 代 表 者：繁竹 輝之 所 在 地：静岡県沼津市岡宮寺林1259	電 話：055-929-2821 Ｆ Ａ Ｘ：055-926-1502 Ｕ Ｒ Ｌ：www.yonekyu.co.jp/rokkokuton/ メールアドレス：−

鹿児島県

三味豚
（さんみとん）

飼育管理	
出荷日齢：185日齢	
出荷体重：約115kg	
指定肥育地・牧場	
：第一農場・鹿屋市下堀町3391-3	
第二農場・鹿屋市吾平町上名1692	
飼料の内容	
：肥育仕上げの飼料でとうもろこ	
しの代わりにマイロを10%入れ	
る	

商標登録・GI登録・銘柄規約について
商標登録の有無：有
登録取得年月日：2002年4月26日
GI 登 録：未定
銘柄規約の有無：無
規約設定年月日：－
規約改定年月日：－

農場HACCP・JGAPについて
農場HACCP：無
JGAP：無

交配様式

雌	（ハイポーD×ハイポーC）
	×
雄	ハイポーAB

主な流通経路および販売窓口
◆主 な と 畜 場
：鹿児島食肉センター
◆主 な 処 理 場
：鹿児島中央畜産
◆年 間 出 荷 頭 数
：15,000頭
◆主 要 卸 売 企 業
：タケダハム
◆輸出実績国・地域
：無
◆今後の輸出意欲
：無

販売指定店制度について
指定店制度：無
販促ツール：シール

特長
- 農場は3サイト方式による一貫経営、平成23年4月より管理獣医師の指導のもと農場HACCPの導入にも取り組んでいる。
- 肥育後期の飼料に麹菌入りの発酵飼料とビタミンEを強化することで肉豚の健康状態や肉の酸化防止効果を高めてドリップロスの少ない肉となる。
- 肥育仕上げの飼料でとうもろこしの代わりにマイロを10%入れることで脂身がより白く、枝肉のしまりがあり、食べた時にジューシーで甘くしっかりとした歯ごたえになる。

概要			
管 理 主 体：木下養豚㈲		電　　　　　話：0994-43-5030	
代 表 者：木下 高志		F A X：0994-43-5583	
所 在 地：鹿屋市下堀町3391-3		U R L：www.kishita-youton.co.jp	
		メールアドレス：info@kishita-youton.co.jp	

鹿児島県

茶美豚
（ちゃーみーとん）

飼育管理	
出荷日齢：180〜190日齢	
出荷体重：110〜115kg	
指定肥育地・牧場	
：県内契約生産農場	
飼料の内容	
：専用配合飼料	

商標登録・GI登録・銘柄規約について
商標登録の有無：有
登録取得年月日：－
GI 登 録：未定
銘柄規約の有無：有
規約設定年月日：1999年4月1日
規約改定年月日：－

農場HACCP・JGAPについて
農場HACCP：無
JGAP：無

交配様式

雌	（ランドレース×大ヨークシャー）	雄
雌	×	
雄	デュロック	
雌	（大ヨークシャー×ランドレース）	
	×	
雄	デュロック	

主な流通経路および販売窓口
◆主 な と 畜 場
：JA食肉かごしま
◆主 な 処 理 場
：同上
◆年 間 出 荷 頭 数
：240,000頭
◆主 要 卸 売 企 業
：－
◆輸出実績国・地域
：香港、マカオ、台湾
◆今後の輸出意欲
：有

販売指定店制度について
指定店制度：無
販促ツール：シール、のぼり、ミニの
ぼり、リーフレット

特長
- お茶の成分が入った飼料を与えて育てた。
- 茶成分の「カテキン」効果により、一般豚と比べうまみ成分（イノシン酸）やビタミンE、さらにはコレステロールの低下作用を持つリノール酸、リノレン酸を多く含んでいる。

概要			
管 理 主 体：鹿児島県経済農業協同組合連合会		電　　　　　話：099-258-5415	
代 表 者：永福 喜作 経営管理委員会会長		F A X：099-257-4197	
所 在 地：鹿児島市鴨池新町15		U R L：www.karen-ja.or.jp	
		メールアドレス：－	

鹿児島県
てんけいびとん
天恵美豚

	飼育管理
出荷日齢：200〜210日齢	
出荷体重：115kg前後	
指定肥育地・牧場 ：鹿児島県、宮崎県	
飼料の内容 ：有機酸	

商標登録・GI登録・銘柄規約について
商標登録の有無：有
登録取得年月日：2001年3月16日
GI登録：未定
銘柄規約の有無：無
規約設定年月日：－
規約改定年月日：－

農場HACCP・JGAPについて
農場HACCP：無
JGAP：無

雌	交配様式	雄
雌	（ランドレース×大ヨークシャー） ×	
雄	デュロック	
雌	（大ヨークシャー×ランドレース） ×	
雄	デュロック	
	ハイブリッド種など	

	主な流通経路および販売窓口
◆主なと畜場	：ナンチク
◆主な処理場	：同上
◆年間出荷頭数	：33,000頭
◆主要卸売企業	：ナンチク
◆輸出実績国・地域	：シンガポール、香港
◆今後の輸出意欲	：有

販売指定店制度について
指定店制度：無
販促ツール：シール、のぼり、ポスター

特長
- 産地は宮崎、鹿児島の両県にまたがる。
- 農場では土着菌を豚舎の敷料に用いることで豚のストレスを緩和している。
- 有機酸を添加した独自飼料を給与することで、より高品質な豚肉に仕上げた。
- キメ細やかで軟らかな肉質、うま味、ほのかな甘み、豊かな風味が自慢。

概要	管理主体	：㈱ナンチク	電話	：0986-76-1200
	代表者	：福田 博史 代表取締役	FAX	：0986-76-1216
	所在地	：曽於市末吉町二之方1828	URL	：www.nanchiku.co.jp/
			メールアドレス	：－

鹿児島県
どんぐりくろぶた
どんぐり黒豚

	飼育管理
出荷日齢：240〜270日齢	
出荷体重：約110kg	
指定肥育地・牧場 ：鹿児島県曽於市・尾込牧場	
飼料の内容 ：ドングリの粉末を給与。また麦類を多くし、焼酎かすなどもブレンドした飼料。	

商標登録・GI登録・銘柄規約について
商標登録の有無：有
登録取得年月日：2009年12月18日
GI登録：未定
銘柄規約の有無：無
規約設定年月日：－
規約改定年月日：－

農場HACCP・JGAPについて
農場HACCP：無
JGAP：無

交配様式
バークシャー

	主な流通経路および販売窓口
◆主なと畜場	：都城市食肉センター
◆主な処理場	：林兼産業・都城工場
◆年間出荷頭数	：約600頭
◆主要卸売企業	：ビンショク
◆輸出実績国・地域	：無
◆今後の輸出意欲	：無

販売指定店制度について
指定店制度：無
販促ツール：シール、パネル、棚帯、CD

特長
- 肥育期間の長さと餌へのこだわりにより、肉のきめ、しまりが良い。
- 獣臭もほとんどなく、脂身がさっぱりとしつこくないうま味のある豚肉です。

概要	管理主体	：㈱ビンショク	電話	：0846-29-0046
	代表者	：新田 和秋 代表取締役社長	FAX	：0846-29-0324
	所在地	：広島県竹原市西野町1791-1	URL	：www.binshoku.jp
			メールアドレス	：info@binshoku.jp

鹿児島県

なんしゅうくろぶた
南州黒豚

かごしま黒豚証明書
この黒豚は、鹿児島県黒豚生産者協議会会員の生産したものです。

生産者　南州黒豚会
発行者　南州農場 株式会社

飼育管理	
出荷日齢：概ね230日齢	
出荷体重：110kg	
指定肥育地・牧場 　　：大隅地方	
飼料の内容 　　：甘しょを10%以上添加した飼料	

商標登録・GI登録・銘柄規約について	
商標登録の有無：無 登録取得年月日：－	
G I 登　録：無	
銘柄規約の有無：無 規約設定年月日：－ 規約改定年月日：－	

農場HACCP・JGAPについて	
農場HACCP：有（2015年3月31日） JGAP：有（2018年12月27日）	

交配様式

バークシャー

特長	● 臭みがなくジューシーで甘みが強く、おいしい食味を有する。 ● 登記・登録した鹿児島の種豚を飼養している。

主な流通経路および販売窓口

- ◆主なと畜場
　：協同組合南州高山ミートセンター
- ◆主な処理場
　：同上
- ◆年間出荷頭数
　：15,000頭
- ◆主要卸売企業
　：南州農場
- ◆輸出実績国・地域
　：香港、マカオ、シンガポール
- ◆今後の輸出意欲
　：有

販売指定店制度について

指定店制度：有
販促ツール：シール、のぼり、ポスター、パネル

概要	管理主体　：南州農場㈱ 代表者　：本田 玲子 社長 所在地　：肝属郡南大隅町根占横別府2843	電話　：0994-24-3971 FAX　：0994-24-3955 URL　：www.nanshunojo.or.jp メールアドレス：info@nanshunojo.or.jp

---

鹿児島県

なんしゅうなちゅらるぽーく
南州ナチュラルポーク

鹿児島
ナチュラルポーク
おいしさって、愛だ。
南州農場

飼育管理	
出荷日齢：190日齢	
出荷体重：110kg	
指定肥育地・牧場 　：肝属郡南大隅町	
飼料の内容 　：純植物性専用飼料	

商標登録・GI登録・銘柄規約について	
商標登録の有無：無 登録取得年月日：－	
G I 登　録：無	
銘柄規約の有無：無 規約設定年月日：－ 規約改定年月日：－	

農場HACCP・JGAPについて	
農場HACCP：有（2015年3月31日） JGAP：有（2018年12月27日）	

交配様式

雌	雌　　　　　　雄 （ランドレース×大ヨークシャー）
	×
雄	デュロック

特長	● 純植物性飼料のため、できた豚肉は豚本来の味わいで、あっさりと獣臭さがなく、アクが少なく、日持ちするおいしい豚肉。 ● 仕上げ期にはとうもろこしは不使用。

主な流通経路および販売窓口

- ◆主なと畜場
　：協同組合南州高山ミートセンター
- ◆主な処理場
　：同上
- ◆年間出荷頭数
　：65,000頭
- ◆主要卸売企業
　：南州農場
- ◆輸出実績国・地域
　：香港、マカオ、シンガポール
- ◆今後の輸出意欲
　：有

販売指定店制度について

指定店制度：無
販促ツール：シール、パネル

概要	管理主体　：南州農場㈱ 代表者　：本田 玲子 社長 所在地　：肝属郡南大隅町根占横別府2843	電話　：0994-24-3971 FAX　：0994-24-3955 URL　：www.nanshunojo.or.jp メールアドレス：info@nanshunojo.or.jp

鹿児島県

ひこちゃんぼくじょうたからぶた
ひこちゃん牧場たから豚

飼育管理
出荷日齢：180日齢
出荷体重：110～120kg
指定肥育地・牧場 ：－
飼料の内容 ：指定配合飼料

商標登録・GI登録・銘柄規約について
商標登録の有無：有 登録取得年月日：2003年5月29日
ＧＩ登録：
銘柄規約の有無：無 規約設定年月日：－ 規約改定年月日：－

農場HACCP・JGAPについて
農場HACCP：無
ＪＧＡＰ：無

交配様式

ハイポー

主な流通経路および販売窓口
◆主 な と 畜 場 ：－
◆主 な 処 理 場 ：－
◆年 間 出 荷 頭 数 ：25,000頭
◆主 要 卸 売 企 業 ：－
◆輸出実績国・地域 ：－
◆今 後 の 輸 出 意 欲 ：－

販売指定店制度について
指定店制度：－ 販促ツール：シール、パネル

特長	● 脂肪の質が良く、軟らかい肉質と甘み、コクのある味わいが特徴。安心安全を重視した飼育管理を徹底している

概要	管 理 主 体 ：㈲ひこちゃん牧場 代 表 者 ：吉田 勘太 所 在 地 ：曽於市財部町大字北俣8533-1	電 話 ：0986-28-5515 Ｆ Ａ Ｘ ：0986-28-5516 Ｕ Ｒ Ｌ ：www.hikochan.co.jp メールアドレス ：－

鹿児島県

みなみさつまとん　なすか
南さつま豚　南州華

鹿児島産南さつま豚
南州華
なすか

飼育管理
出荷日齢：180日
出荷体重：115kg
指定肥育地・牧場 ：鹿児島県
飼料の内容 ：とうもろこし、小麦、マイロ、大麦、米、大豆、甘しょ

商標登録・GI登録・銘柄規約について
商標登録の有無：無 登録取得年月日：－
ＧＩ登録：未定
銘柄規約の有無：無 規約設定年月日：－ 規約改定年月日：－

農場HACCP・JGAPについて
農場HACCP：無
ＪＧＡＰ：無

交配様式

雌　　　　雄
ハイポー×デュロック

主な流通経路および販売窓口
◆主 な と 畜 場 ：加世田食肉センター
◆主 な 処 理 場 ：コワダヤ
◆年 間 出 荷 頭 数 ：12,000頭
◆主 要 卸 売 企 業 ：コワダヤ
◆輸出実績国・地域 ：無
◆今 後 の 輸 出 意 欲 ：無

販売指定店制度について
指定店制度：無 販促ツール：無

特長	● 肥育後期に大麦、小麦、とうもろこし、マイロ、大豆、米、さつまいもを配合した飼料で育てています。肉質は軟らかく、脂肪は白く、甘みがある。

概要	管 理 主 体 ：窪ファーム㈱ 代 表 者 ：吉田 誠 代表取締役 所 在 地 ：南さつま市加世田内山田80	電 話 ：0993-53-2661 Ｆ Ａ Ｘ ：0993-52-7255 Ｕ Ｒ Ｌ ：－ メールアドレス ：－

鹿児島県

めぐみのくろぶた
恵味の黒豚

交配様式

バークシャー

飼育管理
出荷日齢：約210～240日
出荷体重：約110～120kg
指定肥育地・牧場 ：鹿児島県
飼料の内容 ：仕上げに甘藷を配合した飼料を 　給餌

商標登録・GI 登録・銘柄規約について
商標登録の有無：有 登録取得年月日：−
G I 登 録：未定
銘柄規約の有無：無 規約設定年月日：− 規約改定年月日：−

農場 HACCP・JGAP について
農場 HACCP：未定
J G A P：未定

主な流通経路および販売窓口
◆主 な と 畜 場 ：西日本ベストパッカー
◆主 な 処 理 場 ：同上
◆年 間 出 荷 頭 数 ：28,000 頭
◆主 要 卸 売 企 業 ：プリマハム
◆輸出実績国・地域 ：無
◆今 後 の 輸 出 意 欲 ：有

販売指定店制度について
指定店制度：無 販促ツール：シール

特長
●肉質研究牧場にて繁殖、育成後、預託農場へ移動させて肥育を行うツーサイトシステムを採用。

概要	管 理 主 体：㈲肉質研究牧場 代 表 者：松本 哲明 所 在 地：曽於郡大崎町野方 5950	電 話：099-478-8010 F A X：099-478-8030 U R L：− メールアドレス：−

鹿 児 島 県

やごろうどん
やごろう豚

えさ・水・環境にこだわり
(有)大成畜産
鹿児島黒豚

〒899-8102
鹿児島県曽於市大隅町岩川6134番地1
TEL 0994-82-5857 FAX 0994-82-5853

黒豚

交配様式

バークシャー

飼育管理
出荷日齢：190～210日齢
出荷体重：115kg前後
指定肥育地・牧場 ：本場農場、串良農場
飼料の内容 ：オリジナル指定配合飼料

商標登録・GI 登録・銘柄規約について
商標登録の有無：有 登録取得年月日：2003 年 12 月 12 日
G I 登 録：−
銘柄規約の有無：無 規約設定年月日：− 規約改定年月日：−

農場 HACCP・JGAP について
農場 HACCP：有（2019 年 5 月 24 日）
J G A P：無

主な流通経路および販売窓口
◆主 な と 畜 場 ：サンキョーミート、ジャパンミート、大隅ミート、コワダヤ
◆主 な 処 理 場 ：同上
◆年 間 出 荷 頭 数 ：10,000 頭
◆主 要 卸 売 企 業 ：サンキョーミート、ジャパンミート、大隅ミート、コワダヤ
◆輸出実績国・地域 ：−
◆今 後 の 輸 出 意 欲 ：−

販売指定店制度について
指定店制度：− 販促ツール：−

特長
●脂質に優れた品種を選抜し、生産と肥育を分離した 2 サイト方式で消費者に安心安全な豚肉を供給する体制を確立している。
●飼料にはマイロ、小麦、飼料米などを主体とした独自の配合飼料を与えている。

概要	管 理 主 体：㈲大成畜産 代 表 者：大成 英雄 所 在 地：曽於市大隅町大谷 5066-6	電 話：099-482-4338 F A X：099-482-0375 U R L：oonari-chikusan.com メールアドレス：−

鹿児島県

やごろうどんおーえっくす
やごろう豚OX

えさ・水・環境にこだわり
（有）大成畜産
鹿児島県産
やごろう豚

〒899-8102
鹿児島県曽於市大隅町岩川6134番地1
TEL 0994-82-5857 FAX 0994-82-5853

飼育管理	
出荷日齢：	170〜190日齢
出荷体重：	115kg前後
指定肥育地・牧場	
：月野農場、本田農場、本場農場	
飼料の内容	
：オリジナル指定配合飼料	

商標登録・GI登録・銘柄規約について	
商標登録の有無：無	
登録取得年月日：－	
ＧＩ登録：－	
銘柄規約の有無：無	
規約設定年月日：－	
規約改定年月日：－	

農場HACCP・JGAPについて	
農場HACCP：有（2019年5月24日）	
ＪＧＡＰ：－	

交配様式

デュロック

雌	雄
バークシャー × デュロック	

主な流通経路および販売窓口
◆主なと畜場 ：サンキョーミート、ジャパンミート、大隅ミート、コワダヤ
◆主な処理場 ：同上
◆年間出荷頭数 ：20,000頭
◆主要卸売企業 ：サンキョーミート、ジャパンミート、大隅ミート、コワダヤ
◆輸出実績国・地域 ：無
◆今後の輸出意欲 ：無

販売指定店制度について
指定店制度：無
販促ツール：－

特長
- 脂質に優れた品種を選抜した独自の高品種豚。
- 農場では生産と肥育を分離した2サイト方式で消費者に安心安全な豚肉を供給する体制を確立している。
- 飼料にはマイロ、小麦、飼料米などを主体とした独自の配合飼料を与えている。

概要	管理主体：㈲大成畜産	電話：099-482-4338
	代表者：大成 英雄	ＦＡＸ：099-482-0375
	所在地：曽於市大隅町大谷5066-6	ＵＲＬ：oonari-chikusan.com
		メールアドレス：－

鹿児島県

ゆすのきポーク・さつまゆすのき
ゆすのきポーク・薩摩ゆすのき

鹿児島厳選
ゆすのきポーク
自然の恵みを受けた
選ばれたポークです。

イサミ指定 ゆすのき養豚
イサミポーク
薩摩ゆすのき
鹿児島の自然の恵みで育てた安全ポーク

飼育管理	
出荷日齢：	180〜200日齢
出荷体重：	110〜115kg前後
指定肥育地・牧場	
：ゆすのき養豚	
飼料の内容	
：地養素を混ぜた専用配合飼料	

商標登録・GI登録・銘柄規約について	
商標登録の有無：無	
登録取得年月日：－	
ＧＩ登録：－	
銘柄規約の有無：無	
規約設定年月日：－	
規約改定年月日：－	

農場HACCP・JGAPについて	
農場HACCP：無	
ＪＧＡＰ：無	

交配様式

雌	（ランドレース × 大ヨークシャー） ×
雄	デュロック

主な流通経路および販売窓口
◆主なと畜場 ：鹿児島食肉センター
◆主な処理場 ：鹿児島ミート販売
◆年間出荷頭数 ：7,000頭
◆主要卸売企業 ：タケダハム
◆輸出実績国・地域 ：無
◆今後の輸出意欲 ：無

販売指定店制度について
指定店制度：無
販促ツール：シール

特長
- 鹿児島県川辺の豊かな自然の中で、ゆっくりと健康に育ちました。
- 配合飼料にはトウモロコシ・マイロ・小麦を主原料に地養素をプラスして給与し、動物性飼料および油脂を抑え、ビタミンE・オレイン酸が豊富な特別な飼料で育てています。
- また、名水百選「清水の湧水」の近隣地域の地下水を飲水に使用しています。

概要	管理主体：ゆすのき養豚㈲	電話：0993-56-4234
	代表者：柞木 健二	ＦＡＸ：0993-56-4234
	所在地：南九州市川辺町田辺田3261	ＵＲＬ：－
		メールアドレス：－

沖縄県 あぐー

飼育管理		主な流通経路および販売窓口

<table>
<tr><td colspan="2">飼育管理</td></tr>
<tr><td>出荷日齢：240日齢</td></tr>
<tr><td>出荷体重：110kg前後</td></tr>
<tr><td>指定肥育地・牧場
　：協議会各会員の銘柄を参照</td></tr>
<tr><td>飼料の内容
　：協議会各会員の銘柄を参照</td></tr>
</table>

（商標登録：ＪＡおきなわ銘柄豚推進協議会）

交配様式

協議会各会員の銘柄を参照

商標登録・GI登録・銘柄規約について

商標登録の有無：有
登録取得年月日：1996年12月25日

ＧＩ登録：未定

銘柄規約の有無：有
規約設定年月日：2007年6月4日
規約改定年月日：－

農場HACCP・JGAPについて

農場HACCP：無
ＪＧＡＰ：無

主な流通経路および販売窓口

◆主なと畜場
　：沖縄県食肉センター、名護市食肉センター
◆主な処理場
　：協議会各会員の銘柄を参照

◆年間出荷頭数
　：30,000頭
◆主要卸売企業
　：協議会各会員の銘柄を参照

◆輸出実績国・地域
　：無

◆今後の輸出意欲
　：無

販売指定店制度について

指定店制度：有
販促ツール：シール、のぼり

特長
● 「JAおきなわ銘柄豚推進協議会」は県内外の消費者に対して、安全安心な沖縄ブランド豚肉「あぐー」を提供する豚肉の生産者や販売者が適正に定められた一定のルールの下で、品質の高い「あぐー」の生産販売をするようブランドを管理する組織である。（会員企業は令和2年1月末時点で沖縄県食肉センター、我那覇畜産、那覇ミート、ミーティッジ、がんじゅう、琉球飼料、カネマサミート、マグナス製薬の8社。各ブランドの詳細は協議会各会員の欄を参照）

概要	管　理　主　体：　JAおきなわ銘柄豚推進協議会 代　表　者：　JAおきなわ 所　在　地：　那覇市壺川2-9-1	電　　話：098-831-5170 ＦＡＸ：098-853-9385 ＵＲＬ：－ メールアドレス：－

沖縄県 沖縄あぐ〜

<table>
<tr><td colspan="2">飼育管理</td></tr>
<tr><td>出荷日齢：240日齢</td></tr>
<tr><td>出荷体重：110kg前後</td></tr>
<tr><td>指定肥育地・牧場
　：沖縄県食肉センター指定農場</td></tr>
<tr><td>飼料の内容
　：あぐー豚専用飼料</td></tr>
</table>

（商標登録：ＪＡおきなわ銘柄豚推進協議会）

交配様式

　　　　雌　　　　　　雄
ランドレース×アグー

雌　（大ヨークシャー×ランドレース）
　　　　　　×
雄　　　　アグー

商標登録・GI登録・銘柄規約について

商標登録の有無：無
登録取得年月日：－

ＧＩ登録：未定

銘柄規約の有無：有
　（ＪＡおきなわ銘柄豚推進協議会会員）
規約設定年月日：2007年6月4日
　　　　　　　　　　（協議会規約）
規約改定年月日：－

農場HACCP・JGAPについて

農場HACCP：有（2018年3月30日）
ＪＧＡＰ：無

主な流通経路および販売窓口

◆主なと畜場
　：沖縄県食肉センター
◆主な処理場
　：同上

◆年間出荷頭数
　：17,000頭
◆主要卸売企業
　：－

◆輸出実績国・地域
　：香港

◆今後の輸出意欲
　：有

販売指定店制度について

指定店制度：有
販促ツール：シール、のぼり、ポスター

特長
● 琉球在来豚「アグー」は通常豚に比べ霜降りが多く甘みやうまみが多く含まれている。
● 肉質は軟らかく、おいしい。
● 脂肪融点が低い。
● 肉の色沢がよい。
● 臭みがなく、通常豚肉比べあくが少ない。

概要	管　理　主　体：　㈱沖縄県食肉センター 代　表　者：　崎原　勲 所　在　地：　南城市大里字大城1927	電　　話：098-945-3029 ＦＡＸ：098-945-3742 ＵＲＬ：www.pig-osc.jp メールアドレス：－

沖 縄 県

ちゅらしまあぐー
美ら島あぐー

（商標登録：ＪＡおきなわ銘柄豚推進協議会）

飼育管理
出荷日齢：250日齢
出荷体重：120〜130kg前後
指定肥育地・牧場 　：那覇ミート指定農場（８カ所）
飼料の内容 　：天然ハーブ

商標登録・GI登録・銘柄規約について
商標登録の有無：無 登録取得年月日：−
ＧＩ登　録：−
銘柄規約の有無：有 　（ＪＡおきなわ銘柄豚推進協議会会員） 規約設定年月日：2007年6月4日 　　　　　　　　　　（協議会規約） 規約改定年月日：−

農場HACCP・JGAPについて
農場HACCP：無
ＪＧＡＰ：無

交配様式

雌	（ランドレース × 大ヨークシャー） × アグー
雄	
雌	（大ヨークシャー × ランドレース） × アグー
雄	

特長
- アグーブランド。
- 農場では肉豚の免疫効果を高める天然ハーブ入り飼料（オレガノ抽出物および健康を維持するベタイン）を与え、健康でおいしい豚肉に仕上げている。

主な流通経路および販売窓口
◆主 な と 畜 場 　：沖縄県食肉センター
◆主 な 処 理 場 　：那覇ミート大里工場
◆年 間 出 荷 頭 数 　：2,940頭
◆主 要 卸 売 企 業 　：伊藤ハム、エスフーズ、日本ハム
◆輸出実績国・地域 　：香港、マカオ
◆今後の輸出意欲 　：有

販売指定店制度について
指定店制度：有 販促ツール：−

概要	管 理 主 体	：㈱那覇ミート
	代 表 者	：諸見 康秀 代表取締役
	所 在 地	：南城市大里字大城 1912-1

電　　話：098-943-6066
ＦＡＸ：098-943-6029
ＵＲＬ：www.nahameat.com/
メールアドレス：−

沖 縄 県

なきじんあぐー
今帰仁アグー

NAKIJIN AGOO

飼育管理
出荷日齢：360〜400日齢
出荷体重：80〜90kg
指定肥育地・牧場 　：沖縄県今帰仁村内の専用牧場
飼料の内容 　：専用飼料（Non-GMO）

商標登録・GI登録・銘柄規約について
商標登録の有無：有 登録取得年月日：2012年3月16日
ＧＩ登　録：未定
銘柄規約の有無：有 規約設定年月日：2000年12月1日 規約改定年月日：−

農場HACCP・JGAPについて
農場HACCP：無
ＪＧＡＰ：無

交配様式

沖縄在来種（DNA解析でアジア系イノシシ・ブタのクラスターに入る豚の系統）

特長
- 遺伝的に脂肪融点が低く、筋繊維が細かい。
- 獣臭、灰汁が少ない。
- 性成熟が早いため、脂が多くなる。
- 安心とおいしさを追求し、米やアルファルファー、甘藷蔓などを主体に遺伝子組み換えや、ヘキサン処理のない厳選した飼料を給餌している。
- 放牧あり、豚舎内の臭気少なく管理している。
- 日本唯一の在来種で遺伝資源、文化資源、食料資源として重要な存在である。

主な流通経路および販売窓口
◆主 な と 畜 場 　：名護市食肉センター
◆主 な 処 理 場 　：今帰仁アグーミートセンター
◆年 間 出 荷 頭 数 　：400頭
◆主 要 卸 売 企 業 　：−
◆輸出実績国・地域 　：中国、香港
◆今後の輸出意欲 　：有

販売指定店制度について
指定店制度：無 販促ツール：シール、のぼり、パンフレット、ポスター

概要	管 理 主 体	：農業生産法人㈲今帰仁アグー
	代 表 者	：高田 勝
	所 在 地	：国頭郡今帰仁村字運天 927

電　　話：0980-56-3543
ＦＡＸ：0980-56-2349
ＵＲＬ：−
メールアドレス：nakijinnagu2000@yahoo.co.jp

沖縄県
紅あぐー
（べにあぐー）

（商標登録：ＪＡおきなわ銘柄豚推進協議会）

飼育管理	
出荷日齢：240日齢	
出荷体重：110kg	
指定肥育地・牧場 ：喜納畜産	
飼料の内容 ：指定配合飼料	

商標登録・GI登録・銘柄規約について	
商標登録の有無：有	
登録取得年月日：－	
ＧＩ登録：未定	
銘柄規約の有無：無	
規約設定年月日：－	
規約改定年月日：－	

農場HACCP・JGAPについて	
農場HACCP：－	
ＪＧＡＰ：－	

交配様式

雌	雄
アグー × ランドレース	

主な流通経路および販売窓口
◆主なと畜場 ：名護市食肉センター
◆主な処理場 ：がんじゅう
◆年間出荷頭数 ：3,500頭
◆主要卸売企業 ：琉球ミート
◆輸出実績国・地域 ：無
◆今後の輸出意欲 ：無

販売指定店制度について
指定店制度：有
販促ツール：シール、のぼり、リーフレット

特長
- トレーサビリティシステムを導入し、生産から販売まで一貫して管理している。
- 給与飼料は乳酸菌を主体としたオリジナルで琉球在来種の「アグー」を飼育。コクとうまみのある赤身、甘みのある脂身の絶妙なバランスが特徴である。

概要		
管理主体：㈱がんじゅう	電話：098-957-2929
代表者：桃原 清一郎	ＦＡＸ：098-957-2986
所在地：中頭郡読谷村字伊良皆225	ＵＲＬ：www.benibuta.co.jp
	メールアドレス：info@benibuta.co.jp

沖縄県
紅豚
（べにぶた）

飼育管理	
出荷日齢：210日齢	
出荷体重：110kg	
指定肥育地・牧場 ：喜納畜産、宜野座畜産、安次富畜産	
飼料の内容 ：指定配合飼料	

商標登録・GI登録・銘柄規約について	
商標登録の有無：有	
登録取得年月日：－	
ＧＩ登録：未定	
銘柄規約の有無：無	
規約設定年月日：－	
規約改定年月日：－	

農場HACCP・JGAPについて	
農場HACCP：－	
ＪＧＡＰ：－	

交配様式

雌	（ランドレース × 大ヨークシャー） × デュロック
雄	

主な流通経路および販売窓口
◆主なと畜場 ：名護市食肉センター
◆主な処理場 ：がんじゅう
◆年間出荷頭数 ：3,500頭
◆主要卸売企業 ：－
◆輸出実績国・地域 ：無
◆今後の輸出意欲 ：無

販売指定店制度について
指定店制度：有
販促ツール：シール、のぼり、リーフレット

特長
- トレーサビリティシステム採用、農場から食卓まで責任を持って安心安全を届ける。
- オリジナルの配合飼料、こだわりの自然環境のもと最高品質を誇る豚肉。
- 豚特有の臭みがなくジューシーで軟らかな肉質とさっぱりとした脂身が特徴である。

概要		
管理主体：㈱がんじゅう	電話：098-957-2929
代表者：桃原 清一郎	ＦＡＸ：098-957-2986
所在地：中頭郡読谷村字伊良皆225	ＵＲＬ：www.benibuta.co.jp
	メールアドレス：info@benibuta.co.jp

沖縄県

やんばるあぐー

（商標登録：ＪＡおきなわ銘柄豚推進協議会）

飼育管理
出荷日齢：240日齢
出荷体重：110〜120kg前後
指定肥育地・牧場 　：−
飼料の内容 　：指定配合飼料

商標登録・GI登録・銘柄規約について
商標登録の有無：有 登録取得年月日：−
ＧＩ登録：−
銘柄規約の有無：有 （ＪＡおきなわ銘柄豚推進協議会会員） 規約設定年月日：2007年6月4日 （協議会規約） 規約改定年月日：−

農場HACCP・JGAPについて
農場HACCP：−
ＪＧＡＰ：−

交配様式

雌	雄
ケンボローA	×	アグー

主な流通経路および販売窓口
◆主なと畜場 　：名護市食肉センター
◆主な処理場 　：同上
◆年間出荷頭数 　：4,200頭
◆主要卸売企業 　：−
◆輸出実績国・地域 　：香港
◆今後の輸出意欲 　：有

販売指定店制度について
指定店制度：無 販促ツール：シール、のぼり、パンフレット、証明書

特長
- ケンボローAに雄の琉球在来種アグーを交配することで肉質、脂質が優れた豚肉に仕上がった。
- 飼料は麦を主体に与那国島原産の化石サンゴ（天然カルシウム、ミネラルが豊富）、泡盛の酒かす、海藻、よもぎ、ビール酵母、糖みつなどをブレンドした飼料を給与している

概要	管理主体　：農業生産法人㈲我那覇畜産 代表者　：我那覇　明 所在地　：名護市字大川69番地	電話　：0980-55-8822 ＦＡＸ：0980-55-8285 ＵＲＬ：www.shimakuru.jp/ メールアドレス：ganaha69@kushibb.jp

---

沖縄県

やんばる島豚

（商標登録：ＪＡおきなわ銘柄豚推進協議会）

飼育管理
出荷日齢：240日齢
出荷体重：120kg前後
指定肥育地・牧場 　：−
飼料の内容 　：指定配合飼料

商標登録・GI登録・銘柄規約について
商標登録の有無：有 登録取得年月日：−
ＧＩ登録：−
銘柄規約の有無：有 （ＪＡおきなわ銘柄豚推進協議会会員） 規約設定年月日：2007年6月4日 （協議会規約） 規約改定年月日：−

農場HACCP・JGAPについて
農場HACCP：−
ＪＧＡＰ：−

交配様式

雌	雄
雌 雄	（デュロック×バークシャー） × アグー
雌 雄	（バークシャー×デュロック） × アグー

主な流通経路および販売窓口
◆主なと畜場 　：名護市食肉センター
◆主な処理場 　：同上
◆年間出荷頭数 　：3,600頭
◆主要卸売企業 　：−
◆輸出実績国・地域 　：香港
◆今後の輸出意欲 　：有

販売指定店制度について
指定店制度：無 販促ツール：シール、のぼり、パンフレット、証明書

特長
- 琉球在来種アグーを交配することで肉質、脂質が優れた豚肉に仕上がった。
- 飼料は麦を主体に与那国島原産の化石サンゴ（天然カルシウム、ミネラルが豊富）、泡盛の酒かす、海藻、よもぎ、ビール酵母、糖みつなどをブレンドした飼料を給与している。

概要	管理主体　：農業生産法人㈲我那覇畜産 代表者　：我那覇　明 所在地　：名護市字大川69番地	電話　：0980-55-8822 ＦＡＸ：0980-55-8285 ＵＲＬ：www.shimakuru.jp/ メールアドレス：ganaha69@kushibb.jp

沖縄県
山原豚
(やんばるとん)

飼育管理	
出荷日齢：210日齢	
出荷体重：110〜120kg	
指定肥育地・牧場 ：−	
飼料の内容 ：指定配合飼料	

商標登録・GI登録・銘柄規約について	
商標登録の有無：有	
登録取得年月日：−	
GI登録：−	
銘柄規約の有無：無	
規約設定年月日：−	
規約改定年月日：−	

農場HACCP・JGAPについて	
農場HACCP：−	
JGAP：−	

交配様式

雌		雄
ケンボローA	×	PIC365
ケンボローA	×	デュロック

主な流通経路および販売窓口
◆主なと畜場 ：名護市食肉センター
◆主な処理場 ：同上
◆年間出荷頭数 ：6,600頭
◆主要卸売企業 ：−
◆輸出実績国・地域 ：香港
◆今後の輸出意欲 ：有

販売指定店制度について
指定店制度：無
販促ツール：シール、のぼり、パンフレット、証明書

特長
- 飼料は麦を主体に与那国島原産の化石サンゴ（天然カルシウム、ミネラルが豊富）、泡盛の酒かす、海藻、よもぎ、ビール酵母、糖みつなどをブレンドした飼料を給与。
- 農場には豚の体内外の環境を整えるためEM菌（有用微生物群）を散布している。

概要
管理主体：農業生産法人㈲我那覇畜産	電話：0980-55-8822
代表者：我那覇 明	FAX：0980-55-8285
所在地：名護市字大川69	URL：www.shimakuru.jp/
	メールアドレス：ganaha69@kushibb.jp

沖縄県
琉香豚
(りゅうかとん)

飼育管理	
出荷日齢：180〜230日齢	
出荷体重：100〜110kg前後	
指定肥育地・牧場 ：那覇ミート指定農場（18カ所）	
飼料の内容 ：天然ハーブ	

商標登録・GI登録・銘柄規約について	
商標登録の有無：無	
登録取得年月日：−	
GI登録：−	
銘柄規約の有無：無	
規約設定年月日：−	
規約改定年月日：−	

農場HACCP・JGAPについて	
農場HACCP：無	
JGAP：無	

交配様式

	雌		雄
雌	（ランドレース×大ヨークシャー）		
	×		
雄	デュロック		
雌	（大ヨークシャー×ランドレース）		
	×		
雄	デュロック		

主な流通経路および販売窓口
◆主なと畜場 ：沖縄県食肉センター
◆主な処理場 ：那覇ミート大里工場
◆年間出荷頭数 ：109,000頭
◆主要卸売企業 ：伊藤ハム、エスフーズ、日本ハム
◆輸出実績国・地域 ：香港、マカオ
◆今後の輸出意欲 ：有

販売指定店制度について
指定店制度：有
販促ツール：−

特長
- 原種豚農場から加工販売に至るまで自社独自の一貫生産システムで育てた「安心安全」ブランド。
- 農場では肉豚の免疫効果を高める天然ハーブ入り飼料（オレガノ抽出物および健康を維持するベタイン）を与え、健康でおいしい豚肉に仕上げている。

概要
管理主体：㈱那覇ミート	電話：098-943-6066
代表者：諸見 康秀 代表取締役	FAX：098-943-6029
所在地：南城市大里字大城1912-1	URL：www.nahameat.com/
	メールアドレス：−

沖縄県

琉球あぐー（りゅうきゅうあぐー）

（商標登録：ＪＡおきなわ銘柄豚推進協議会）

飼育管理
出荷日齢：250日齢
出荷体重：120〜130kg前後
指定肥育地・牧場 ：北国ファーム
飼料の内容 ：天然ハーブ

商標登録・GI登録・銘柄規約について
商標登録の有無：無 登録取得年月日：－
ＧＩ登録：－
銘柄規約の有無：有 （ＪＡおきなわ銘柄豚推進協議会会員） 規約設定年月日：2007年6月4日 （協議会規約） 規約改定年月日：－

農場 HACCP・JGAP について
農場 HACCP：無
ＪＧＡＰ：無

交配様式

アグー

主な流通経路および販売窓口
◆主なと畜場 ：沖縄県食肉センター
◆主な処理場 ：那覇ミート大里工場
◆年間出荷頭数 ：560頭
◆主要卸売企業 ：伊藤ハム、エスフーズ、日本ハム
◆輸出実績国・地域 ：無
◆今後の輸出意欲 ：有

販売指定店制度について
指定店制度：有 販促ツール：－

特長
- アグーブランド。
- 品種交配はアグー × アグー。
- 農場では肉豚の免疫効果を高める天然ハーブ入り飼料（オレガノ抽出物および健康を維持するベタイン）を与え、健康でおいしい豚肉に仕上げている。

概要	管理主体	：㈱那覇ミート	電話	：098-943-6066
	代表者	：諸見 康秀 代表取締役	ＦＡＸ	：098-943-6029
	所在地	：南城市大里字大城 1912-1	ＵＲＬ	：www.nahameat.com/
			メールアドレス	：－

沖縄県

琉球まーさん豚あぐー（りゅうきゅうまーさんとんあぐー）

（商標登録：ＪＡおきなわ銘柄豚推進協議会）

飼育管理
出荷日齢：240日齢
出荷体重：120kg前後
指定肥育地・牧場 ：名護市源河2534-171
飼料の内容 ：配合飼料

商標登録・GI登録・銘柄規約について
商標登録の有無：無 登録取得年月日：－
ＧＩ登録：未定
銘柄規約の有無：有 （ＪＡおきなわ銘柄豚推進協議会会員） 規約設定年月日：2007年6月4日 （協議会規約） 規約改定年月日：－

農場 HACCP・JGAP について
農場 HACCP：－
ＪＧＡＰ：－

交配様式

雌	アグー
雄	雌 × 雄 （ランドレース × 大ヨークシャー）
	アグー

主な流通経路および販売窓口
◆主なと畜場 ：名護市食肉センター
◆主な処理場 ：同上
◆年間出荷頭数 ：1,000頭
◆主要卸売企業 ：沖縄畜産工業
◆輸出実績国・地域 ：無
◆今後の輸出意欲 ：無

販売指定店制度について
指定店制度：有 販促ツール：シール

特長
- 源河の自然豊かな場所で育った健康な豚。
- 生産者は島袋養豚場（名護市、代表＝島袋弘三）

概要	管理主体	：生産者：島袋養豚場	電話	：0980-58-1194
		販売者：沖縄畜産工業	ＦＡＸ	：同上
	代表者	：島袋 弘三	ＵＲＬ	：－
	所在地	：名護市源河 1587	メールアドレス	：－

沖縄県

りゅうきゅうろいやるぽーく
琉球ロイヤルポーク

飼育管理	
出荷日齢	180日齢以上
出荷体重	105〜115kg
指定肥育地・牧場	：自社直営農場および契約農場
飼料の内容	：専用飼料を出荷前60日間150kg 以上給与する

商標登録・GI登録・銘柄規約について	
商標登録の有無：有	
登録取得年月日：2015 年 9 月 18 日	
GI 登 録：未定	
銘柄規約の有無：有	
規約設定年月日：2006 年 4 月	
規約改定年月日：－	

農場HACCP・JGAPについて	
農場 HACCP：－	
JGAP：－	

交配様式

	雌	雄
雌	（ランドレース × 大ヨークシャー）	
	×	
雄	デュロック	
	など三元豚（指定農場のみ）	

特長	● 飼料には麦、甘しょ、木酢酸などを配合し与えた。 ● 肉は獣臭がなく甘みとコクがある

主な流通経路および販売窓口
◆主 な と 畜 場 ：名護市食肉センター
◆主 な 処 理 場 ：やんばるミートプラザ
◆年 間 出 荷 頭 数 ：19,000 頭
◆主 要 卸 売 企 業 ：－
◆輸 出 実 績 国・地 域 ：無
◆今 後 の 輸 出 意 欲 ：有

販売指定店制度について
指定店制度：無
販促ツール：シール

概要	管 理 主 体	： 琉球協同飼料㈱ （やんばるミートプラザ）	電 話	： 0980-53-7053
	代 表 者	： 山内 康三	FAX	： 0980-53-7043
	所 在 地	： 名護市世冨慶 755 番地	URL メールアドレス	： － ： yanbalmeatplaza@rkf.jp

---

全 国

こくさんこだわりぽーく
国産こだわりポーク

飼育管理	
出荷日齢	180日齢
出荷体重	115kg
指定肥育地・牧場	：宮崎県、青森県、岩手県、北海道
飼料の内容	：専用飼料

商標登録・GI登録・銘柄規約について	
商標登録の有無：無	
登録取得年月日：－	
GI 登 録：－	
銘柄規約の有無：無	
規約設定年月日：－	
規約改定年月日：－	

農場HACCP・JGAPについて	
農場 HACCP：無	
JGAP：無	

交配様式

ハイブリッド

特長	● 仕上げ飼料にニンニクを加えることにより、肉中のビタミンB_1含有量が多く、締りが良く、軟らかい肉質になっています。

主な流通経路および販売窓口
◆主 な と 畜 場 ：南さつま食肉センター、三沢市食肉処理センター、道央食肉センター
◆主 な 処 理 場 スターゼンミートプロセッサー ：加世田工場、青森工場、石狩工場
◆年 間 出 荷 頭 数 120,000 頭
◆主 要 卸 売 企 業 ：スターゼン
◆輸 出 実 績 国・地 域 ：無
◆今 後 の 輸 出 意 欲 ：有

販売指定店制度について
指定店制度：無
販促ツール：シール、パネル

概要	管 理 主 体	： ㈲ホクサツえびのファーム（えびの農場・日南農場）他	電 話	： 0984-33-5186
	代 表 者	： 畠山 敦	FAX	： 0984-33-5720
	所 在 地	： えびの市大字原田字木場添 1678-2	URL メールアドレス	： － ： －

国産美味豚

全国

こくさんびみとん
国産美味豚

飼育管理

出荷日齢：170〜190日齢

出荷体重：110〜120kg

指定肥育地・牧場

　：秋田県、岩手県

飼料の内容

　：いなげや指定配合飼料

　　亜麻仁油、えごま油粕を添加

商標登録・GI登録・銘柄規約について

商標登録の有無：無

登録取得年月日：－

ＧＩ登録：未定

銘柄規約の有無：無

規約設定年月日：－

規約改定年月日：－

農場HACCP・JGAPについて

農場HACCP：－

ＪＧＡＰ：－

交配様式

雌	交配様式	雄
雌	（大ヨークシャー × ランドレース）	
	×	
雄	デュロック	
雌	（ランドレース × 大ヨークシャー）	
	×	
雄	デュロック	

特長
- 仕上げ飼料に亜麻仁油やえごま油粕を配合し給与することにより、必須脂肪酸のひとつである α‐リノレン酸が多く含まれている脂肪酸バランスに配慮した健康追求型の豚肉となっている。
- 生産者・加工場・販売者が全農安心システムを取得しており、購入者が生産履歴等の情報を確認することができる。

主な流通経路および販売窓口

◆ 主 な と 畜 場
　：秋田県食肉流通公社、いわちく

◆ 主 な 処 理 場
　：同上

◆ 年 間 出 荷 頭 数
　：25,000頭

◆ 主 要 卸 売 企 業
　：ＪＡ全農ミートフーズ

◆ 輸出実績国・地域
　：無

◆ 今後の輸出意欲
　：－

販売指定店制度について

指定店制度：有

販促ツール：シール、のぼり、ポスターなど

概要

概要		
管 理 主 体 ： ＪＡ全農ミートフーズ㈱	電 話 ： －	
代 表 者 ： 福田 武弘 代表取締役社長	ＦＡＸ ： －	
所 在 地 ： 東京都港区港南 2-12-33	ＵＲＬ ： －	
	メールアドレス ： －	

ハーブ豚

全国

ハーブ豚
ハーブ豚

日本のこだわり生産者から。

やさしい風味、洗練の味わい。

飼育管理

出荷日齢：平均180日齢

出荷体重：平均110-120kg

指定肥育地・牧場

　：日清丸紅飼料指定農場

飼料の内容

　：日清丸紅飼料専用飼料（ハーブ豚用）

商標登録・GI登録・銘柄規約について

商標登録の有無：有

登録取得年月日：2014 年 3 月 14 日

ＧＩ登録：未定

銘柄規約の有無：有

規約設定年月日：1997 年

規約改定年月日：2016 年 12 月 1 日

農場HACCP・JGAPについて

農場HACCP：無

ＪＧＡＰ：無

交配様式

雌	交配様式	雄
雌	（ランドレース × 大ヨークシャー）	
	×	
雄	デュロック	
	ほか	

特長
- 4種のハーブ（ジンジャー・シナモン・ナツメグ・オレガノ）配合の専用飼料を給与、ドリップが少なく、じわっとした甘みのある脂身が特長です。
- 年1回、生産農場に肉質検査を含む10項目の検査を義務付けています。

主な流通経路および販売窓口

◆ 主 な と 畜 場
　：宮城県食肉流通公社、県北食肉センター、スターゼンミートプロセッサー阿久根工場ほか

◆ 主 な 処 理 場
　：－

◆ 年 間 出 荷 頭 数
　：約 80,000 頭

◆ 主 要 卸 売 企 業
　：伊藤ハム、スターゼングループ

◆ 輸出実績国・地域
　：－

◆ 今後の輸出意欲
　：－

販売指定店制度について

指定店制度：無

販促ツール：リーフレット、シール、ミニのぼり

概要

概要		
管 理 主 体 ： 日清丸紅飼料㈱	電 話 ： 03-5201-3230	
代 表 者 ： 川合 紳二 代表取締役社長	ＦＡＸ ： 03-5201-1324	
所 在 地 ： 東京都中央区日本橋室町 4-5-1	ＵＲＬ ： www.mn-feed.com（会社 web サイト）	
さくら室町ビル 4F	www.herb-mura.com（ブランドサイト・ハーブ村）	

瑞穂のいも豚（みずほのいもぶた）

全国

飼育管理	
出荷日齢	180日齢
出荷体重	110〜115kg
指定肥育地・牧場	： —
飼料の内容	：瑞穂のいも豚専用飼料

商標登録・GI登録・銘柄規約について	
商標登録の有無	有
登録取得年月日	2005年4月22日
GI登録	未定
銘柄規約の有無	有
規約設定年月日	2006年3月2日
規約改定年月日	2010年4月19日

農場HACCP・JGAPについて	
農場HACCP	無
JGAP	無

交配様式

雌	（ランドレース × 大ヨークシャー）
	×
雄	デュロック

特長
- 加熱保水性（加熱処理後の肉中水分量）が高い。
- ビタミンEの含有が高く、保水性を維持する。
- 獣臭が少ない。
- 違いの分かる軟らかな肉質。

主な流通経路および販売窓口	
◆主なと畜場	：東京都食肉市場、茨城県食肉市場
◆主な処理場	： —
◆年間出荷頭数	：25,000頭
◆主要卸売企業	：石橋ミート、伸越商事、日南、茨城畜産商事
◆輸出実績国・地域	：無
◆今後の輸出意欲	：有

販売指定店制度について	
指定店制度	有
販促ツール	シール、POP、のれん、のぼり、小旗、料理レシピ

概要		
管理主体	：フィード・ワン㈱	
代表者	：柴本 幹也 事務局責任者	
所在地	：茨城県神栖市東深芝2-6	
電話	：0299-91-1818	
FAX	：0299-91-1822	
URL	： —	
メールアドレス	： —	

麦小町®（むぎこまち）

全国

飼育管理	
出荷日齢	183日齢前後
出荷体重	113kg前後
指定肥育地・牧場	：自社農場：北海道、青森県、秋田県、宮崎県。預託生産農場：北海道、岩手県、佐賀県、長崎県、熊本県、宮崎県、鹿児島県、大分県、福岡県
飼料の内容	：仕上期に麦類15%以上、ビタミンE添加、ハーブ抽出物添加の指定配合飼料

商標登録・GI登録・銘柄規約について	
商標登録の有無	有
登録取得年月日	2015年5月15日
GI登録	—
銘柄規約の有無	有
規約設定年月日	2015年
規約改定年月日	—

農場HACCP・JGAPについて	
農場HACCP	無
JGAP	無

交配様式

雌	（大ヨークシャー × ランドレース）
	×
雄	デュロック

大ヨークシャー × ランドレース

大ヨークシャー、ハイポー、ケンボロー

特長
- 生産から処理・加工、販売までを一貫してニッポンハムグループで管理しています。
- 仕上期にハーブ抽出物を添加した植物性主体の飼料を与えています。
- SQF認証を受けた工場で、徹底した品質管理体制のもと処理されています。

主な流通経路および販売窓口	
◆主なと畜場	：SQF認証取得工場（日本フードパッカー5工場、日本フードパッカー鹿児島）
◆主な処理場	：同上
◆年間出荷頭数	：240,000頭
◆主要卸売企業	： —
◆輸出実績国・地域	：無
◆今後の輸出意欲	：無

販売指定店制度について	
指定店制度	無
販促ツール	—

概要		
管理主体	：インターファーム㈱	
代表者	：永井 賢一 代表取締役社長	
所在地	：青森県上北郡おいらせ町松原1-73-1020	
電話	：0178-52-4182	
FAX	：0178-52-4187	
URL	：www.nipponham.co.jp/products/mugikomachi/	
メールアドレス	： —	

銘柄豚肉取り扱い

企業・団体紹介

有限会社オインク

愛知県西尾市一色町千間千生新田１７９-２０

素材以外にも加工品群が人気に

オンリーワンの銘柄としてオインク（愛知県西尾市、渡邉勝行代表）が育てる「三河おいんく豚」。大ヨークシャーの雌とランドレースの雄を掛け合わせた豚を母豚に、デュロックの雄を交配させたもの。母豚はすべて春野種豚場から月に１２～１５頭程度導入、デュロックの精液は㈲メンデルジャパンから導入している。

脂肪に甘みがあり、風味が良く、あっさり食べることができる。肉食も鮮やかでキメ細かく、ビタミンが豊富。調理してもあくが出にくく、軟らかな食感とジューシーさが特長となっている。ハム・ソーセージの主原料としても地元企業に重宝されている。

年間出荷頭数は約１万頭。名古屋市中央卸売市場南部市場、東三河食肉流通センターに出荷しており、取引は相対で行う。出荷日齢は約１８０日。出荷体重は約１１５kg。

飼料はとうもろこし主体に穀類が７割。豚肉本来のおいしさを追求し動物由来の飼料原料や食品残さは使用せず、飼料会社の協力を得て現在の配合飼料を完成させた。主原料のとうもろこしについても徹底した検査を実施するなど、安全性を追求している。

これらの飼料は加熱処理されており殺菌性が高く、消化率も向上させてきた。その結果、ビタミンＥの含有量が高く、最終商品にパックされた状態でもドリップが出にくいのが特長。また、変色しづらく日持ちが良い豚肉に仕上がるという。

飲料水についても豚肉の安全性を守るため、貯水タンク内で上水道を酸化還元水にして給与。「餌も水も人が摂取できるものしか与えない」のが渡邉代表の考え方だ。快適な環境で使用管理される豚はグループ単位でのトレーサビリティにも対応している。

出荷頭数は増加傾向にあり、近年は畜舎を拡大させてきたが、昨年西尾市で発生したCSFの影響で出荷が一時制限されるなど逆風も。ただ、こだわりの食材を取り扱う地場スーパーとの取引が新たに生まれるなど、出荷頭数は前年並みで推移しているという。

同社ではモモ肉を主原料にした「三河おいんく豚カレー」（赤＝愛知の赤みそ入り、緑＝西尾の抹茶入り、白＝米粉使用）３種、「どて煮」「豚角煮」などの調理加工食品なども道の駅などで販売。昨年販売を開始した三河おいんく豚カレー（白）は地元の米「矢作の恵」の米粉を使ったカレールーを用いたもの。

三河おいんく豚カレーは昨年７月、ポップカルチャーの総合誌「BRUTUS」の企画「名古屋の正解」で地元の名品として取り上げられたのを機に、「TSUTAYA」の売り場でコラボ販売。TSUTAYA側からの提案で雑誌BRUTUSと三河おいんく豚カレーが並べて販売された。

以前からPRに注力してきた渡邉代表だが、「食べて味のある、おいしい豚肉を安定供給することに引き続き取り組みたい」と語る。

「三河おいんく豚」のロゴ

人気の「三河おいんく豚カレー」

「TSUTAYA」の売り場でコラボ販売

杉本食肉産業株式会社

名古屋市昭和区緑町2-20

ことし創業 120 年、「百年の匠」新たに

　小売、卸、外食、ギフトなど食肉に関して幅広く事業を展開する杉本食肉産業は量販店やホテル・レストランなどさまざまな販路を有するが、近年、国内外での出店に積極的で自社グループの販路を拡大する動きがある。

　地産地消にも注力する同社では、地元の生産者によって育てられた豚を、オンレール加工体制が敷かれ、安全・安心が確立された市場でと畜、解体された商品として供給できることを最大の強みとしている。

　豚肉については牛肉のシェアが高いため、売上構成比自体は企業内でそれほど高くはないものの、取扱数量は国産だけで年間約800〜900 t。国産と輸入物の取扱比率は約半々。輸入物は北米や欧州などの産地から仕入れ、主に業務用に仕向ける。

　量販店向けのセット商品、自社製品の総菜や加工品が好調に推移していることなどから取扱数量を年々伸ばしてきたが、CSFの影響で集荷拠点である名古屋市中央卸売市場南部市場の集荷頭数が落ち込んだこともあり、昨年はやや数量を落とした。

　国産については約8割をオリジナルブランドで占め、「愛知みかわ豚」、名古屋食肉三水会協同組合で扱う「知多三元豚」のほか、同社の高島屋および松坂屋の店舗で販売する「尾州豚」、同じくグループの「杉本ミートチェン」の店舗で取り扱う「三河おいんく豚」、家庭用総菜材料販売などを手掛ける㈱ショクブンのPB「尾張豚」などを販売する。

　愛知みかわ豚、尾州豚、尾張豚については商標登録済み。尾州豚は百貨店での取り扱いが10年以上となり認知度を向上させているほか、愛知みかわ豚については県内の優秀な生産者と品質向上のため密に情報交換し、現場の声をフィードバックし付加価値を高めている。

　この愛知みかわ豚を活用した食肉加工品は以前からギフトでも人気の商品。中でもモモ肉を秘伝の香辛料と天然塩を使用した調味液に1カ月漬け込み熟成する「手づくり骨付きハム」は、しっとりなめら

「尾張豚」のロゴ

「百年の匠」は
パッケージを一新

かな口当たりが特長でホテルや外食からの引き合いも強い。

　また、HACCP対応の総菜専門工場「スギモトデリカファクトリー」では総菜類の開発も加速。ことし創業120年を迎える同社はデリカファクトリーで製造される総菜商品・加工品を「百年の匠」シリーズとしてNB展開している。

　ギフトは百貨店、量販店、商社、カタログギフト、プレゼントキャンペーンなど幅広いチャネルで供給されており、同社では「商品価値を高めるとともに、スギモトブランドを向上させていきたい」としている。

スギモトデリカファクトリー

豊橋飼料株式会社

愛知県豊橋市明海町5-9

量販店への供給メインに加工品も開発

豊橋飼料は飼料事業、畜産事業、環境事業、食品販売事業を展開。食品販売事業として取り扱う「秀麗豚」「味麗（みらい）」「愛豚（まなぶた）」などのブランドが高い評価を得ている。

商品はメーカーなどを通じて量販店、外食店などへ流通しているが、約7割は量販店で販売。こだわりの差別化商品として位置付けられている。また、同社のギフト事業で取り扱う調理加工品群も開発が進んでおり、通販で商品を供給している。

同社が直接販売する頭数は8万5千頭と増加基調。銘柄別の取扱頭数は「秀麗豚」3万頭、「味麗」2万頭、「三河純粋黒豚」1,500頭など。一般豚は3万7,500頭。

「秀麗豚」は自社造成の種雌豚「サーティー」（LWまたはWL）にデュロック種の雄を交配したLWD。中部、関東の指定農場で生産され、部分肉の形で中部、関東、関西で販売している。出荷前に80日を目安とした休薬期間を設け、木酢液と海藻粉末を添加した混合飼料「秀麗」入りの配合飼料で肥育する。

「味麗」は、品種は「秀麗豚」と同じだが小麦を添加した専用飼料で生産される。ほかに天然鉱石トルマリン水の給与や生菌剤P・Bio-2の添加などで肉質の違いを打ち出す。茨城県の指定農場から年間2万6,000千頭が出荷され、うち1万3,000頭を関東営業部が直接販売している。

「三河純粋黒豚」は、国内の種豚生産会社から導入した英国系種豚をもとに、グループ会社である三遠丸ト販売㈱の直営農場「黒豚ハイランド」で麦を加えた専用飼料を与え240日間肥育している。と畜

場、部分肉処理場を特定し、量販店に直接販売している。

素材以外では調理加工食品の開発にも注力。同社のギフト事業で取り扱う秀麗豚のメンチカツや炭火焼き豚、三河黒豚のハンバーグやジャンボ肉まんなどラインアップが充実してきており、通販で販売されている。

また、種豚の分野では、原種豚農場「豊橋飼料種豚センター」で種雄豚150頭、種雌豚250頭を保有し、純粋種および種雌豚を生産。種雌豚では、種雌豚「サーティー」を全国の養豚農家に年間5,000頭以上、販売してきた。現在、欧州の多産系の遺伝子を導入する研究が進行中。また、種雄豚「デュロック」も脂肪交雑が入りやすいよう改良を加えて提供している。

「秀麗豚」をメインに据えた量販店の売り場

ミートプラザタカノ

大阪市住之江区南港南 5-2-48

卸売市場直結、高品質な豚肉を全国に供給

大阪市の豚肉・豚内臓肉卸のミートプラザタカノ（瀬戸口典子社長）は、大阪市中央卸売市場南港市場内に営業本部を構えており、南港市場の豚枝肉せりでの購買のほか、九州など全国からセット・パーツで豚肉を仕入れている。骨付きロースや皮付き豚などの扱いもあり、卸先は大阪府内を中心に、関西圏のみならず全国各地にわたる。

せりで1頭買いし、市場併設加工場でパーツに

同社の最大の強みは、高品質な豚肉の提供へのこだわり。国産のみを取り扱い、各産地から厳選した豚肉を仕入れているほか、南港市場での買い入れにおいては、1頭1頭を吟味して仕入れるため、サシの入り具合、脂の乗り、バラの厚み、重量、色味、体形などを品定めし、顧客の細かな要望に応じた品物を提供できる。

南港市場で仕入れた枝肉は、市場内の食肉加工事業会社である大阪市仲卸食肉加工㈱で分割。市場併設の加工場であることから、市場の枝肉冷蔵庫から加工場までオンレール移動で枝肉を運ぶことができ、外気に触れず、一定の温度帯を維持した衛生的で高品質な豚肉の提供が可能。

卸先は各地の仲卸業者や食肉専門店、量販店のほか、飲食店への販売も増えている。セット販売、パーツ販売に加えて、小分けカットした小ロットでの販売も実施。とくにこの小ロット販売が飲食店向けとして高いニーズにつながっている。加えて豚内臓肉が居酒屋や焼きとん店といった飲食店向けとして高い人気を獲得しており、今後はこうした飲食店を中心とする小口の注文への対応を強化していきたい方針で、引き続き加工度の高い商品づくりに力を入れていく。

産地振興にも尽力、ブランド豚肉も多数取り扱う

取り扱いブランドは、南港市場出荷豚のうち、とくに厳選された豚肉が認定される「大阪南港プレミアムポーク」、脂の甘さが特長である大阪府泉佐野市のブランド豚「川上さん家の犬鳴豚（犬鳴ポーク）」、「兵庫県食品認証」を得た豚肉ブランド「ひょうご雪姫ポーク」、奈良県産「郷ポーク」、鹿児島県が誇る「かごしま黒豚」など。また、南港市場に出荷されているブランド豚はせり落とすことができるため、出荷状況に応じて対応が可能。同社は豚肉産業の活性化のため、産地ブランド豚の開拓や産地振興にも尽力しており、さらに業界を盛り上げるべく今後も力を尽くしていく方針だ。

「大阪南港プレミアムポーク」

「川上さん家の犬鳴豚（犬鳴ポーク）」

「ひょうご雪姫ポーク」

「郷ポーク」

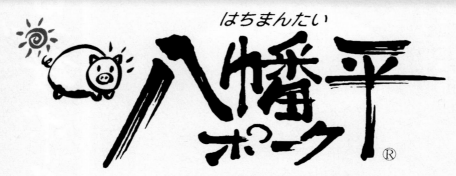

銘柄豚肉ハンドブック2020

令和2年3月31日発行

発行所　**株式会社食肉通信社**

発行人　西村　久
編集人　西川　元啓

大阪本社　〒550-0005　大阪市西区西本町3-1-48　銀泉西本町ビル2F
　　　　　TEL.06-6538-5505　FAX.06-6538-5510

東京支社　〒103-0001　東京都中央区日本橋小伝馬町18-1　ハニー小伝馬町ビル
　　　　　TEL.03-3663-2011　FAX.03-3663-2015

九州支局　〒812-0029　福岡県福岡市博多区古門戸町3-12　やま利ビル
　　　　　TEL.092-271-7816　FAX.092-291-2995

本体価格　1,000円（税　別）

ＵＲＬ　https:www.shokuniku.co.jp　ISBN978-4-87988-145-8

印刷所　㈱松下印刷